热带气旋年鉴

2020

中国气象局　编

气象出版社
China Meteorological Press

图书在版编目（CIP）数据

热带气旋年鉴. 2020 / 中国气象局编. -- 北京 :
气象出版社, 2022.7
ISBN 978-7-5029-7741-2

Ⅰ. ①热… Ⅱ. ①中… Ⅲ. ①北太平洋－低压(气象)－2020－年鉴 Ⅳ. ①P732.3-54

中国版本图书馆CIP数据核字(2022)第103069号

审图号：GS（2022）2241号

热带气旋年鉴 2020
Redai Qixuan Nianjian 2020

出版发行：气象出版社
地　　址：北京市海淀区中关村南大街46号　　**邮政编码**：100081
电　　话：010-68407112（总编室）　010-68408042（发行部）
网　　址：http://www.qxcbs.com　　**E-mail**：qxcbs@cma.gov.cn
责任编辑：隋珂珂　　**终　　审**：吴晓鹏
责任校对：张硕杰　　**责任技编**：赵相宁
封面设计：地大彩印设计中心
印　　刷：北京中科印刷有限公司
开　　本：889 mm×1194 mm　1/16　　**印　　张**：14.25
字　　数：380千字
版　　次：2022年7月第1版　　**印　　次**：2022年7月第1次印刷
定　　价：300.00元

本书如存在文字不清、漏印以及缺页、倒页、脱页等，请与本社发行部联系调换。

本书编委会

前　言

热带气旋是热带或副热带洋面上出现并可能移向陆地的急速旋转的大气涡旋系统,也是影响我国的主要灾害性天气系统之一。在其活动的过程中,常伴随狂风、暴雨、巨浪和风暴潮。热带气旋影响陆地时，虽有解除部分地区干旱的作用，但也会给人民生命财产造成巨大损失。

我国北起辽宁，南至海南、广东、广西沿海一带，每年都有可能遭受热带气旋的袭击，其中又以登陆海南、广东、福建、浙江、台湾五省的热带气旋次数为最多。

自新中国成立以来，我国探测热带气旋的手段逐渐增多，热带气旋科研工作也取得了一定的成绩，热带气旋预报水平不断提高。为了适应农业、工业、国防和科学技术现代化的需要，满足各级气象业务及科研、国防、经济建设等要求，中国气象局上海台风研究所受中国气象局委托具体负责整编出版《热带气旋年鉴》。《热带气旋年鉴》(原名《台风年鉴》) 自 1949 年起，每年出版一册，一直持续至今。

承蒙中国气象局国家气象中心、国家卫星气象中心、各有关省（区、市）气象局及有关气象台（站）、应急管理部国家减灾中心的大力支持和协助，使得本年鉴中的热带气旋路径、降水、大风、卫星云图、灾情等资料的整编得以顺利完成，在此一并表示感谢。

《热带气旋年鉴 2020》编制工作由中国气象局上海台风研究所白莉娜、万日金和郭蓉完成，图幅由鲁小琴、白莉娜和郭蓉完成。2020 年热带气旋最佳路径定位定强由白莉娜、郭蓉、鲁小琴（上海台风研究所），许映龙、钱传海（国家气象中心），林良勋（广东省气象台），邓志、潘宁（福建省气象台)，赵金彪（广西壮族自治区气象台)，蔡亲波、郑艳（海南省气象台)和潘劲松（浙江省气象台)等完成。2020年热带气旋在我国影响时的降水、大风分布由万日金(上海台风研究所)、姚建群(上海市气象台)和高晓梅(潍坊市气象台）完成。

《热带气旋年鉴2020》的内容包括2020年热带气旋概况、路径、大风区域演变图、卫星云图以及热带气旋在我国影响时的降水、大风分布和引发的灾情，还包括热带气旋的相关资料和图表。

说 明

1. 基本说明

本年鉴主要整编西北太平洋和南海的热带气旋概况、热带气旋路径、卫星云图、大风区域演变情况，热带气旋在我国影响时的降水量和大风的分布图以及灾情等基本资料。根据《热带气旋等级》国家标准（GB/T 19201—2006），将热带气旋分为以下六个等级：

（1）热带低压（tropical depression）：

底层中心附近最大平均风速达到 10.8 ~ 17.1 m/s（相当于风力 6 ~ 7 级）。

（2）热带风暴（tropical storm）：

底层中心附近最大平均风速达到 17.2 ~ 24.4 m/s（相当于风力 8 ~ 9 级）。

（3）强热带风暴（severe tropical storm）：

底层中心附近最大平均风速达到 24.5 ~ 32.6 m/s（相当于风力 10 ~ 11 级）。

（4）台风（typhoon）：

底层中心附近最大平均风速达到 32.7 ~ 41.4 m/s（相当于风力 12 ~ 13 级）

（5）强台风（severe typhoon）：

底层中心附近最大平均风速达到 41.5 ~ 50.9 m/s（相当于风力 14 ~ 15 级）。

（6）超强台风（super typhoon）：

底层中心附近最大平均风速≥ 51.0 m/s（相当于风力 16 级或以上）

本年鉴所用时间一律为北京时（特别标注除外）。

2. 热带气旋的概述及特点

西北太平洋台风（台风、强台风、超强台风简称台风）、强热带风暴和热带风暴出现次数等统计表（表 3.1.1 ~ 表 3.1.7）中的“常年平均”均指 1951—2020 年 70 年的气候平均值。

3. 热带气旋中心位置资料表

（1）“中心气压”指热带气旋中心海平面最低气压。

（2）“最大风速”指热带气旋中心附近最大 2 min 平均风速。

（3）“△”表示热带气旋已转变为温带气旋。

4. 热带气旋纪要表

（1）“发现点”指热带气旋路径的起始点。

（2）热带气旋在我国的登陆地点，一般精确到县或市，如广东徐闻，即广东省徐闻县。登陆地点也可跨县或市，如台湾新港花莲。自 2018 年起，经第八届全国台风及海洋气象专家工作组会议审议决定，除台湾、舟山、香港、海南以外，新增福建省平潭市东山县和广东省汕头市南澳岛（县）为台风登陆点。热带气旋在我国登陆后越过海面，再次在我国登陆，则依次列出登陆地点。

（3）“转向”指路径总的趋向由偏西方向转为向偏东方向移动。

东转向：东经 140° 以东转向。中转向：东经 125° ～ 140° 转向。西转向：东经 120°～ 125°转向。南海转向：在南海海面或台湾海峡转向。登陆转向：在我国登陆后转向。

5. 热带气旋降水

（1）热带气旋和其他天气系统共同造成的降水，仍列入整编。

（2）“日降水量图”指前一日 20 时—当日 20 时的降水总量分布。

“总降水量图”指一次热带气旋过程在我国引起的降水总量分布。按 10 mm、25 mm、50 mm、100 mm、200 mm……等级分析等雨量线，如等值线很密时可跨级分析。大的降水中心，一般标注其最大的总降水量数值。

（3）“降水日数图”指一次热带气旋过程在我国引起的降水总量≥ 10 mm 的降水日数分布图。

（4）我国沿海岛屿的总降水量和降水日数，由于距离陆地较远，不进行分析，用数字标注。

6. 热带气旋大风

（1）热带气旋与其他天气系统共同造成的大风，仍列入整编。

（2）“大风区域演变图”指一次热带气旋过程中逐日的风区演变。根据卫星微波遥感洋面风信息 ASCAT 资料分析而成。图中标注的是日期，时间为每天 08 时；点线表示 6 级风以上区域，点短划线表示 8 级风以上区域，实线表示 10 级风以上区域。

7. 灾情

由应急管理部国家减灾中心提供。

8. 云图

根据中国气象局国家卫星气象中心提供的云图资料绘制。

9. 地面气象观测站资料

由中国气象局国家气象信息中心提供。

10. 500 hPa 高度场

采用 NCEP/NCAR 再分析格点（2.5° ×2.5°）资料绘制。

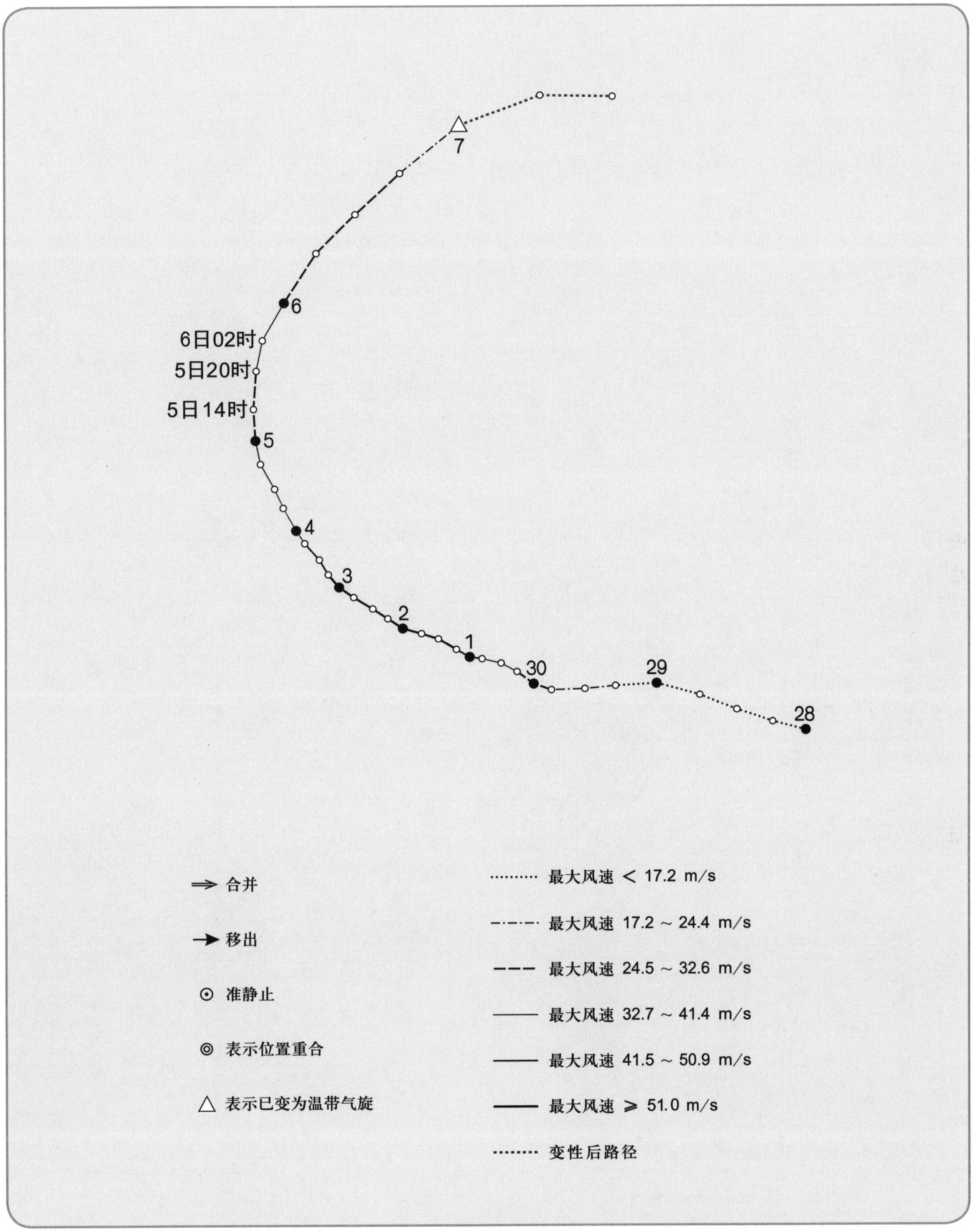
7
6
6日02时
5日20时
5日14时
5
4
3
2
1
30
29
28
合并
移出
准静止
表示位置重合
表示已变为温带气旋
最大风速 < 17.2 m/s
最大风速 17.2 ~ 24.4 m/s
最大风速 24.5 ~ 32.6 m/s
最大风速 32.7 ~ 41.4 m/s
最大风速 41.5 ~ 50.9 m/s
最大风速 ⩾ 51.0 m/s
变性后路径

热带气旋路径图例

目 录

1　2020 年热带气旋概述

1.1　2020 年热带气旋活动特点及影响

1.1.1　2020 年热带气旋活动特点

（1）热带气旋生成频数偏少，群发性特征显著

2020 年西北太平洋和南海的热带气旋共有 26 个，其中超强台风 3 个，强台风 5 个，台风 5 个，强热带风暴 5 个，热带风暴 5 个，热带低压 3 个。达到热带风暴级别以上的热带气旋为 23 个（图 1.1.1、表 1.1.1），较常年平均（26.8 个）偏少近 4 个。

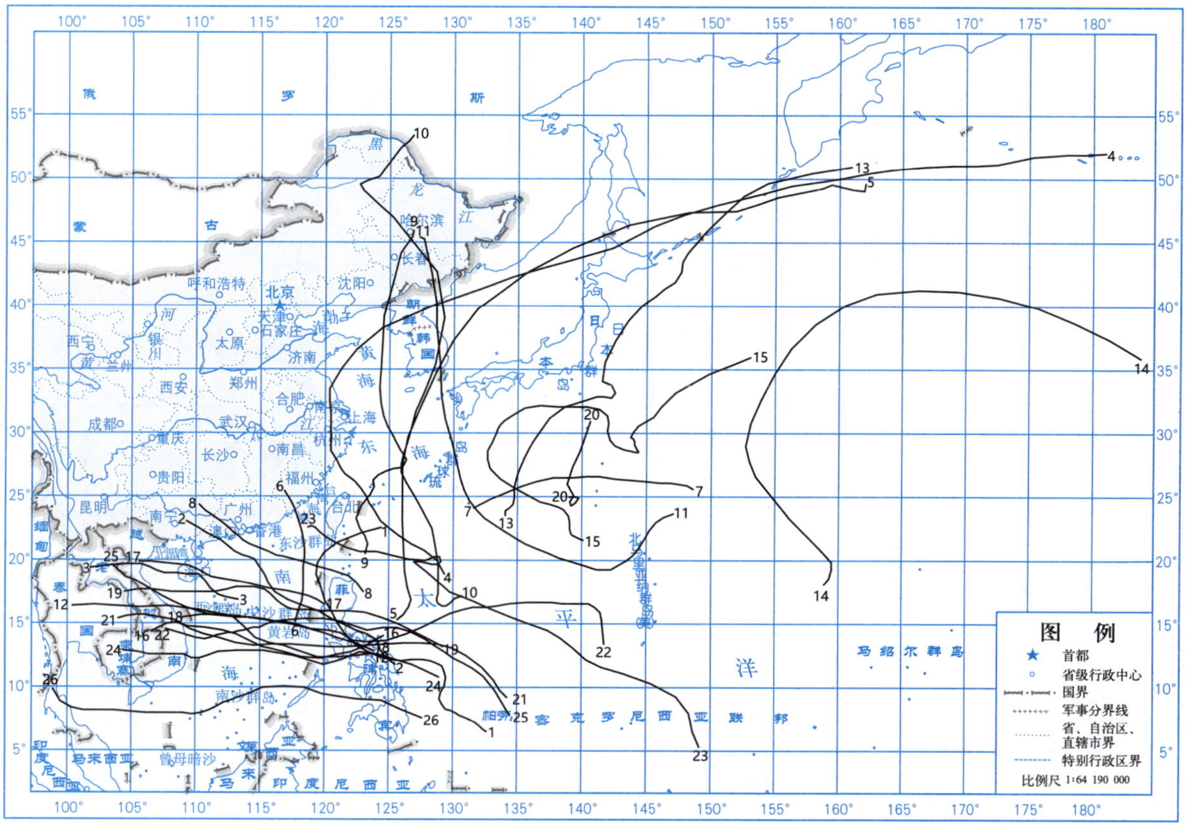

图 1.1.1　2020 年热带气旋路径图

从 2020 年西北太平洋和南海的热带气旋（热带风暴及以上）生成月际分布看（图 1.1.2），阶段性、群发性特征显著。1—4 月、7 月没有热带气旋生成，其中 7 月“空台”是自 1949 年有气象记录以来首次出现。8 月热带气旋活跃，较常年偏多；其中 8 月上旬有 4 个热带气旋生成，且有 3 个热带气旋（“森拉克”“黑格比”“米克拉”）登陆我国；8 月底—9 月初，三个热带气旋（“巴威”“美莎克”“海神”）连续北上影响东北，历史罕见。10—11 月共 9 个热带气旋生成，较常年平均偏多 2.8 个，其中 8 个热带气旋西行或西北行进入南海，重创菲律宾、越南等国。

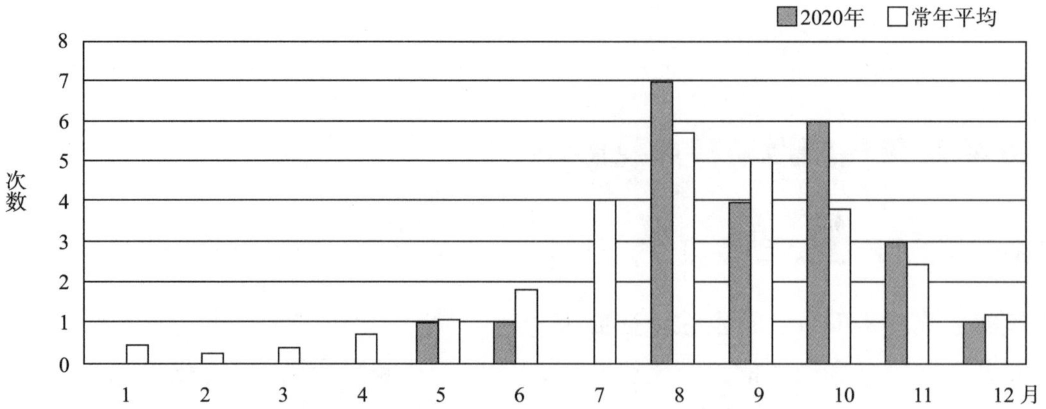

图 1.1.2　西北太平洋和南海台风、强热带风暴、热带风暴出现次数

2020 年南海海域共有 15 个热带气旋（除热带低压外）活动，显著多于常年平均（9.87 个）。在南海海域生成为热带风暴级以上的热带气旋有 9 个，另有 6 个由西北太平洋移入南海海域。月际分布与常年相比，南海海域 1—4 月和 7 月没有热带气旋活动，9 月较常年平均偏少，其他月份均较常年平均偏多，尤其是 10—11 月南海热带气旋活跃，较常年偏多（8 个），较常年平均偏多 5.1 个（图 1.1.3、表 1.1.2）。

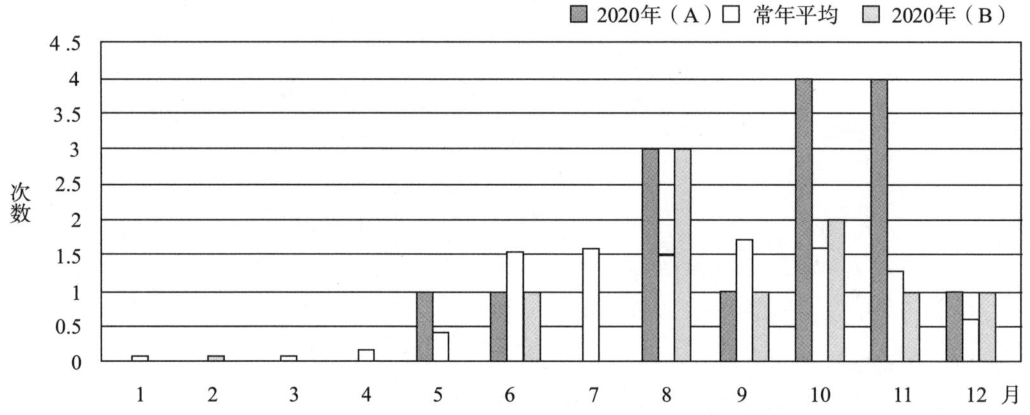

图 1.1.3　南海台风、强热带风暴、热带风暴出现次数

注：（A）西北太平洋进入南海和南海产生的台风、强热带风暴、热带风暴出现次数；
（B）南海产生的台风、强热带风暴、热带风暴或由西北太平洋产生的热带低压移入南海后加强为热带风暴级的出现次数。

（2）生成源地偏西偏北，南海生成热带气旋偏多

2020 年西北太平洋热带气旋（除热带低压外）生成源地平均位置为 16.9°N、127.0°E，较常年平均略偏西偏北。其中 150°E 以东生成热带气旋仅有 1 个，较常年平均值偏少 4.5 个；南海海域生成的热带气旋为 9 个，占全年总数的 39.1 %，较常年平均偏多 4.5 个；120°~ 150°E 生成的热带气旋为 13 个，较常年平均偏少（图 1.1.4）。

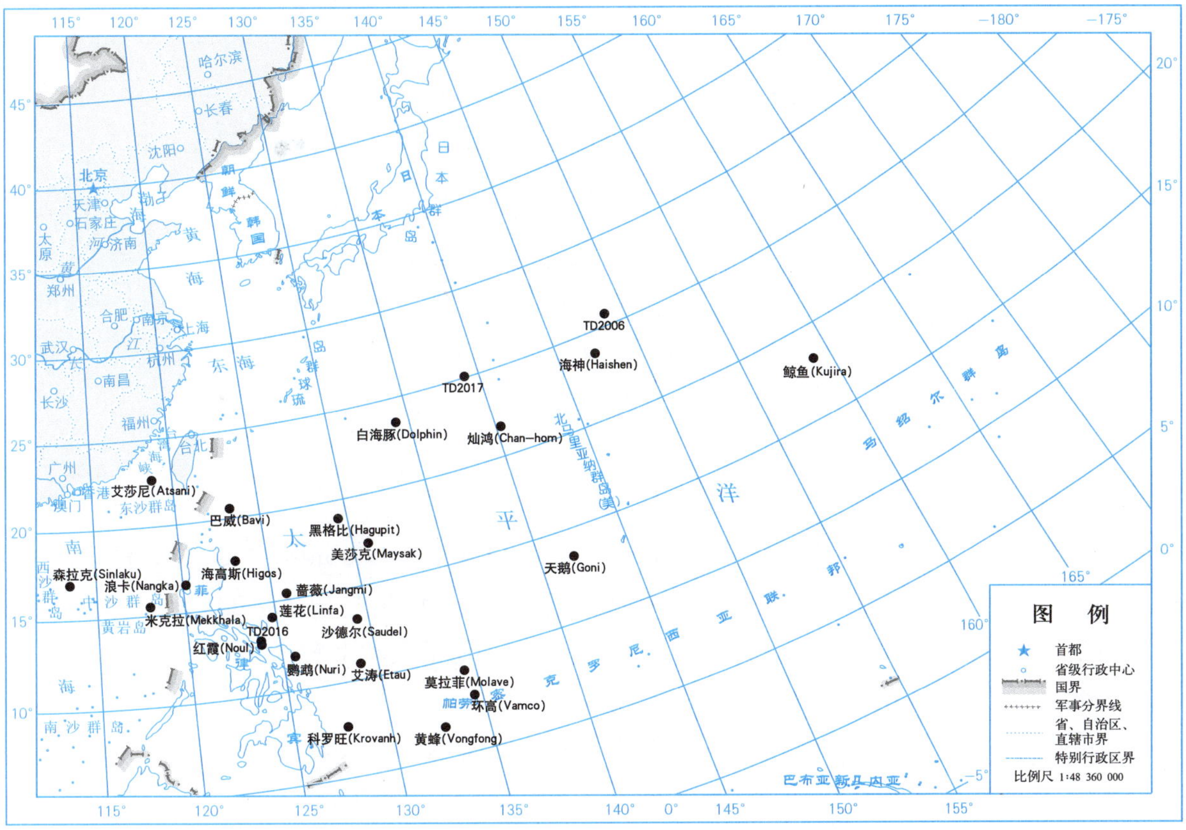

图 1.1.4 2020 年热带气旋生成源地位置图

2020 年热带气旋（除热带低压外）在西北太平洋海域生成源地最南的是第 2020 号强热带风暴“艾莎尼”（Atsani），生成位置为 5.3°N、149.3°E；生成源地最北的是第 2010 号超强台风“海神”（Haishen），生成位置为 23.7°N、147.3°E；生成源地最西的是第 2003 号热带风暴“森拉克”（Sinlaku），生成位置为 16.9°N、113.5°E；生成源地最东的是第 2013 号台风“鲸鱼”（Kujira），生成位置为 18.1°N、159.0°E。

（3）热带气旋路径趋势以西行为主

2020 年生成的热带气旋路径趋势以西行路径为主（12 个），占全年热带气旋的 46.2%。其次分别为西北行 5 个、北行 4 个、东北行 2 个、东转向、中转向和登陆后转向各 1 个。其中转向路径的热带气旋为 3 个，较常年平均（12.5 个）显著偏少。从转向路径的月际分布来看，8—10 月均有 1 个热带气旋转向，其余月份转向路径均未出现（图 1.1.5、表 1.1.3）。

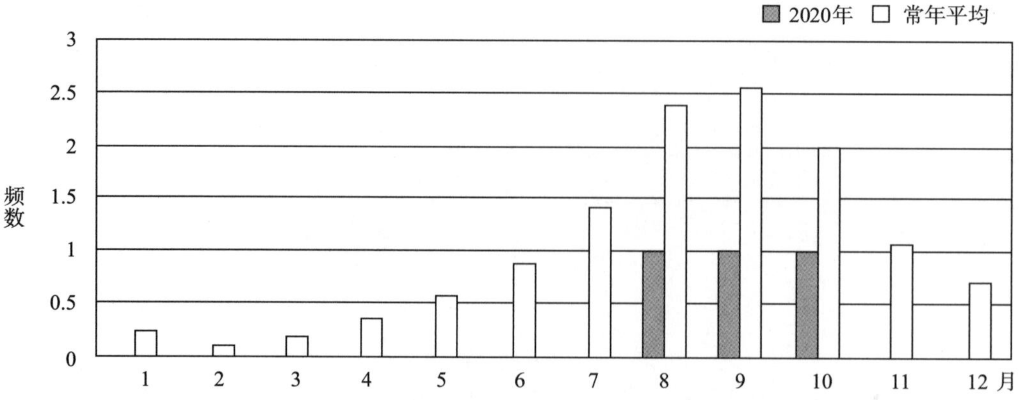

图 1.1.5　台风、强热带风暴、热带风暴转向次数（以转向点的时间统计）

（4）热带气旋平均强度偏弱

2020 年热带气旋（不包括热带低压）强度偏弱，平均强度为 36.0 m/s、968 hPa，低于常年平均（39.8 m/s、965 hPa）。热带风暴和强热带风暴风级（近中心最大风速为 17.2 ~ 32.6 m/s）有 10 个，占全年总数的 43.5%，较常年平均（37.7%）偏多。台风级（近中心最大风速 33 ~ 40 m/s）和超强台风（近中心最大风速为≥ 52 m/s）出现频率较常年平均偏少（图 1.1.6、表 1.1.4）。

近中心最低气压极值以 980 ~ 989 hPa 的频率最多，占全年频率总数的 21.7%，较常年平均（17.2%）偏多；近中心最低气压极值在低于 940 hPa 的频率显著低于常年平均值；没有出现低于 900 hPa 的极值（图 1.1.7、表 1.1.5）。

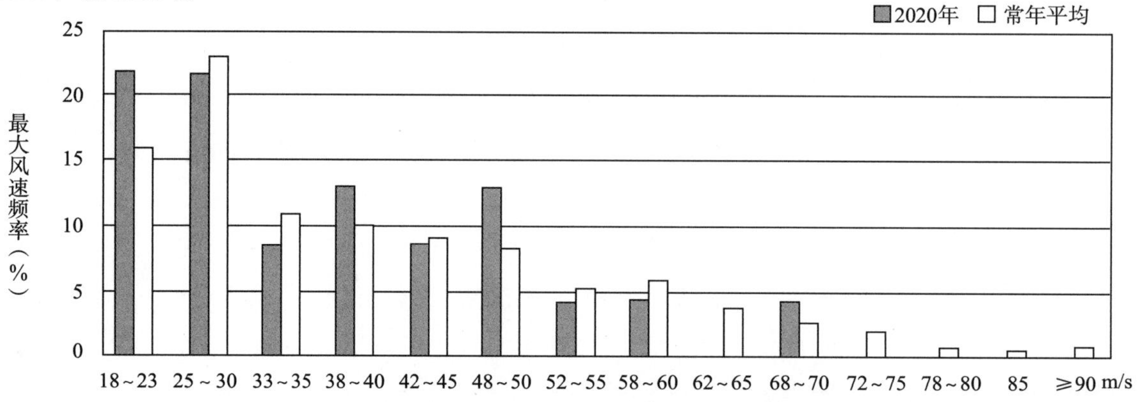

图 1.1.6　台风、强热带风暴、热带风暴最大风速极值频率分布

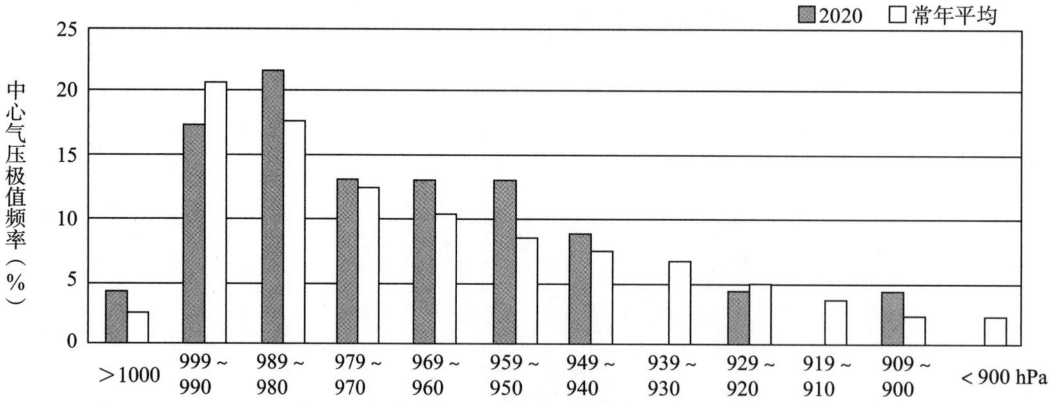

图 1.1.7　台风、强热带风暴、热带风暴中心气压极值频率分布

（5）登陆个数 / 次数偏少、登陆强度偏弱、近海快速增强

2020 年登陆我国的热带气旋有 6 个，共 6 次登陆，登陆个数和次数较常年平均（8.9 个 /11.9 次）偏少。热带气旋登陆时间集中，其中 8 月有 4 个登陆，占全年的 2/3；6 月和 10 月分别有 1 个登陆。从热带气旋登陆地区分布看，其中，海南和广东各 2 次、福建和浙江各 1 次；除浙江外，其余省（市）的登陆次数都较常年平均偏少（图 1.1.8、表 1.1.6 和表 1.1.7）。

从热带气旋登陆强度来看，平均登陆强度为 28.5 m/s、982.2 hPa，弱于常年平均登陆强度值。其中，登陆强度为台风级有 2 次；热带低压、热带风暴、强热带风暴和强台风级登陆的各 1 次。2004 号强台风"黑格比"登陆浙江乐清时中心风速达 42 m/s（14 级），为本年度登陆我国最强的热带气旋。

登陆的 6 个热带气旋中，有 4 个（"黑格比""米克拉""海高斯""浪卡"）以生命史最大强度登陆我国，其中有 3 个（"黑格比""米克拉""海高斯"）经历了近海快速增强。

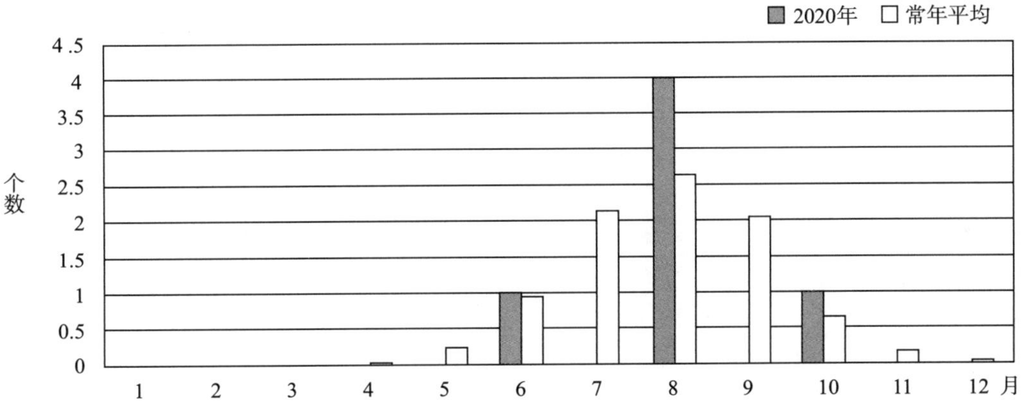

图 1.1.8 热带气旋登陆中国的个数

1.1.2 2020 年严重影响我国的热带气旋概况

2020 年共有 19 个热带气旋给我国带来了风雨影响，其中有 12 个热带气旋在海南、广东、广西、云南、福建、浙江、上海、山东、辽宁、吉林、黑龙江、内蒙古 12 个省（区、市）引发了不同程度的灾情和经济损失，总计受灾人数达到 1062.7 万人，死亡 8 人，紧急转移 55.6 万人，农作物受灾面积达到 386.32 万公顷，农作物绝收面积为 17.24 万公顷，倒塌房屋 6400 间，直接经济损失达到 309.4 亿元。其中第 2009 号超强台风"美莎克"是 2020 年影响我国时造成的灾情和经济损失最为严重的台风。

第 2009 号超强台风"美莎克"是由 8 月 28 日早晨位于美国塞班岛以西约 1600 km 的西北太平洋洋面上一个热带低压发展形成。形成后低压中心向西南方向缓慢移动，夜间增强为热带风暴，随后折向偏北，继续增强为强热带风暴，30 日凌晨增强为台风。尔后，"美莎克"加速向北偏西方向移动，进一步增强为强台风，穿过琉球群岛，于 9 月 1 日进入东海南部海域，并增强至超强台风，达到其生命史最大强度，近中心最大风速为 52 m/s，中心最低气压为 940 hPa。之后，"美

莎克”移速放缓，加大向北移动的分量，2 日凌晨减弱为强台风，夜间穿过朝鲜海峡，于 3 日凌晨登陆韩国庆尚南道沿海。登陆后，“美莎克”继续减弱为台风，并快速移入日本海海域，随后二次登陆朝鲜东北部沿海，于 3 日下午移入我国吉林省境内。尔后，“美莎克”转向西北，强度减弱为热带风暴，4 日早晨发生变性，并折向东北方向缓慢移动，途经黑龙江省、内蒙古自治区，于 6 日早晨在蒙古境内减弱消散。

受超强台风“美莎克”影响，8 月 31 日—9 月 5 日，广东和平、福建沿海部分、浙江沿海部分及玉环、安徽南部局部、江苏局部、山东胶东半岛沿海及泰山、辽宁局部、吉林部分、黑龙江大部、内蒙古东部局部出现最大风力 6 ~ 7 级、阵风 7 ~ 10 级；吉林珲春、黑龙江局部、内蒙古东部局部出现最大风力 8 级、阵风 9 ~ 11 级；黑龙江东宁出现最大风力 8 级（19.5 m/s）、阵风 11 级（32.1 m/s)，为本次超强台风影响过程风极值。

受其影响，8 月 31 日—9 月 6 日，广东东部局部、江西局部、福建局部、浙江部分、上海南汇、安徽东部南部部分、江苏部分、山东东部局部、河北北部局部、辽宁部分、吉林南部局部、黑龙江部分、内蒙古东部部分总雨量为 10 ~ 50 mm；浙江东部局部、江苏局部、辽宁局部、吉林大部、黑龙江部分、内蒙古东北部局部总雨量为 50 ~ 158 mm；其中吉林梅河口总雨量为 157.5 mm，3 日雨量为 152.6 mm，分别为本次强台风影响过程总雨量及日雨量极值；江苏六合 1 日 14 时雨量为 57.9 mm，为本次超强台风影响过程时雨量极值。

“美莎克”是 2020 年西北太平洋首个超强台风，进入我国东北时减弱为热带风暴，但仍给内蒙古、辽宁、吉林和黑龙江省（区）带来了较严重的灾情。总计受灾人数为 686.4 万人，紧急转移 3.5 万人，农作物受灾面积达到 307.15 千公顷，农作物绝收面积达 9.83 千公顷，倒塌房屋 1100 间，直接经济损失达到 129.3 亿元（表 2.10.2）。

表 1.1.1　近十年西北太平洋台风、强热带风暴、热带风暴出现次数（2011—2020 年）

年份	1月	2月	3月	4月	5月	6月	7月	8月	9月	10月	11月	12月	合计
2011					2	3	4	3	7	1		1	21
2012			1		1	4	4	5	5	3	1	1	25
2013	1	1				4	3	7	7	6	2		31
2014	2	1		2		2	5	1	5	2	2	1	23
2015	1	1	2	1	2	2	4	4	4	4	1	1	27
2016							4	8	6	5	2	1	26
2017				1		1	8	6	4	4	2	2	28
2018	1	1	1			4	5	9	4	1	3		29
2019	1	1				1	4	5	6	4	6	1	29
2020					1	1		7	4	6	3	1	23

（续表）

年份	1 月	2 月	3 月	4 月	5 月	6 月	7 月	8 月	9 月	10 月	11 月	12 月	合计
常年平均	0.44	0.24	0.39	0.67	1.04	1.81	4.01	5.73	5.06	3.77	2.44	1.20	26.81

表 1.1.2 近十年南海台风、强热带风暴、热带风暴出现次数（2011—2020 年）

年份	1 月	2 月	3 月	4 月	5 月	6 月	7 月	8 月	9 月	10 月	11 月	12 月	合计
2011(A)						2	1		2	2		1	8
2012(A)			1			2	1	2	1	1	1	1	10
2013(A)	1	1				2	2	2	2	2	2		14
2014(A)		1				2	1		2		1	2	9
2015(A)			1			1	1		1	2		1	7
2016(A)							2	1	2	3	1	1	10
2017(A)						1	4	3	2	1	3	3	17
2018(A)	1	1				2	1	1	2	1	2		11
2019(A)	1						2	1	1	1	1	2	9
2020(A)					1	1		3	1	4	4	1	15
常年平均	0.07	0.04	0.07	0.14	0.40	0.94	1.56	1.47	1.71	1.59	1.29	0.59	9.87
2011(B)						2			1				3
2012(B)			1			1	1		1				4
2013(B)		1				1	1	1	1		1		6
2014(B)						1					1		2
2015(B)						1			1				2
2016(B)							1	1	1				3
2017(B)						1	4	1	2		3		11
2018(B)	1					1	1	1	1		2		7
2019(B)	1						2	1	1	1	1		7
2020(B)						1		3	1	2	1	1	9

注：（A）西北太平洋进入南海和南海产生的台风、强热带风暴、热带风暴出现次数；

（B）南海产生的台风、强热带风暴、热带风暴或由西北太平洋产生的热带低压移入南海后增强为热带风暴级的出现次数。

表 1.1.3　近十年台风、强热带风暴、热带风暴转向次数（2010—2020 年）

年份	1 月	2 月	3 月	4 月	5 月	6 月	7 月	8 月	9 月	10 月	11 月	12 月	合计
2011					2	1	1	2	2				8
2012					1	2	1	1	2	3	1		11
2013						1		1	2	5			9
2014						1	2	1	3	2	1		10
2015					2		1	4	3	2	1		13
2016								2	3	3	2		10
2017				1		1	1	2	2	2			9
2018			1			1	2	4	2	1	1		12
2019							1	2	3	4	3		13
2020								1	1	1			3
常年平均	0.23	0.11	0.19	0.37	0.57	0.89	1.41	2.39	2.56	2.00	1.07	0.71	12.50

表 1.1.4　近十年台风、强热带风暴、热带风暴中心最大风速极值频率（%）分布（2011—2020 年）

年份	风速（m/s）														
	18～23	25～28	33～35	38～40	42～45	48～50	52～55	58～60	62～65	68～70	72～75	78～80	85	≥ 90	合计
2011	38.10	23.81	9.52		4.76	4.76	4.76	4.76	9.52						100
2012	12.00	28.00	4.00	12.00	16.00	8.00	4.00	8.00	8.00						100
2013	29.03	22.58	6.45	3.23	12.90	6.45	3.23	9.68	3.23			3.23			100
2014	26.09	26.09	4.35		8.70	4.35	4.35	4.35	4.35	13.04	4.35				100
2015	14.81	7.41	7.41		11.11	3.70	25.93	14.81	11.11	3.70					100
2016	30.77	19.23	3.85		7.69	7.69	11.54	3.85	3.85	3.85	7.69				100
2017	39.29	17.86	3.57	10.71	14.29		10.71	3.57							
2018	20.69	27.59	6.90	3.45	10.34	3.45		13.79	10.34	3.45					100
2019	27.59	13.79	10.34	6.90	10.34	10.34	3.45	6.90	6.90	3.45					100
2020	21.74	21.74	8.70	13.04	8.70	13.04	4.35	4.35		4.35					100
常年平均	15.95	22.94	11.00	10.12	9.16	8.23	5.28	5.97	3.85	2.83	2.11	0.90	0.64	0.99	100

表 1.1.5 近十年台风、强热带风暴、热带风暴中心气压极值频率（%）分布（2011—2020 年）

年份	气压（hPa）												
	1004 ~ 1000	999 ~ 990	989 ~ 980	979 ~ 970	969 ~ 960	959 ~ 950	949 ~ 940	939 ~ 930	929 ~ 920	919 ~ 910	909 ~ 900	< 900	合计
2011	4.76	28.57	19.05	14.29		4.76	4.76	9.52	4.76	9.52			100
2012		12.00	24.00	8.00	20.00	8.00	8.00		8.00	12.00			100
2013	12.90	12.90	22.58	6.45	3.23	12.90	9.68	3.23	6.45	6.45		3.23	100
2014	4.35	21.74	26.09	4.35	4.35	4.35	4.35	4.35	4.35	4.35	13.04	4.35	100
2015		18.52	3.70	7.41		11.11	7.41	33.33	7.41	7.41	3.70		100
2016		26.92	23.08	3.85		7.69	11.54	7.69	3.85	3.85	3.85	7.69	100
2017	3.57	35.71	17.86	3.57	10.71	14.29		10.71	3.57				100
2018	10.34	13.79	27.59	3.45	6.90	10.34	3.45		10.34	6.90	3.45	3.45	100
2019		27.59	13.79	10.34	13.79	3.45	10.34	3.45	6.90	6.90	3.45		100
2020	4.35	17.39	21.74	13.04	13.04	13.04	8.70		4.35		4.35		100
常年平均	2.61	20.82	17.62	12.49	10.40	8.52	7.52	6.58	4.84	3.55	2.39	2.58	100

表 1.1.6 近十年在我国登陆的热带气旋个数（2011—2020 年）

年份	1 月	2 月	3 月	4 月	5 月	6 月	7 月	8 月	9 月	10 月	11 月	12 月	合计
2011						3	1	1	1	1			7
2012						1	1	5					7
2013						1	3	4	1	1			10
2014						1	2	1	3				7
2015						1	1	1	1	1			5
2016					1		2	2	2	2			9
2017						1	3	2	2	1			9
2018						2	3	5	2				12
2019							1	3	1	1			6
2020						1		4		1			6
常年平均	0	0	0	0.03	0.24	0.93	2.13	2.64	2.04	0.66	0.20	0.03	8.91

表 1.1.7　近十年热带气旋在我国登陆的地区分布（2011—2020 年）

年份	广西	广东（香港）	海南	台湾	福建	浙江	上海	江苏	山东	辽宁	天津	合计
2011		2/4	3	1	0/1				1			7/10
2012		3		2	0/1	1		1				7/8
2013		3	2	1	3/4	1						10/11
2014	0/1	2/4	2	2/3	1/2	0/1	0/1		0/1			7/15
2015		2	1	2	0/2							5/7
2016	0/1	4	2	2	1/3							9/12
2017		6	1	2	0/2							9/11
2018*		3/7	2/4	2/2	1/2	2/2	3/3		0/1			12/20
2019	0/1	0/1	3	1	0/1	2			0/2			6/11
2020		2	2		1	1						6/6
常年平均	0.03/0.51	4.63/5.33	1.97/2.06	2.00/2.07	0.60/1.74	0.54/0.69	0.07/0.11	0.06/0.09	0.14/0.29	0.04/0.16	0/0.01	8.91/11.94

注：分母为首次和多次登陆次数，分子为第一次登陆次数，如两者相同，则用整数表示。

* 2018 年 1812 号强台风“云雀”（Jongdari）登陆浙江平湖—上海金山交界，在表 1.17 的分省统计中，浙江和上海各算登陆 1 次；在全年合计中，只算登陆 1 次。

1.2　2020 年热带气旋纪要表

2020 年西北太平洋热带气旋纪要表

序号	中央气象台编号	国际编号	中英文名称	起讫日期（月．日）	强度	达到热带风暴强度开始日期（月．日）	中心气压极值（hPa）	最大风速极值（m/s）	发现点 北纬（°N）	发现点 东经（°E）	路径趋势
1	2001	2001	黄蜂（Vongfong）	5.9—5.18	强台风	5.12	950	48	6.5	132.8	西北行
2	2002	2002	鹦鹉（Nuri）	6.10—6.14	热带风暴	6.12	995	20	11.8	125.7	西北行
3	2003	2003	森拉克（Sinlaku）	7.31—8.3	热带风暴	8.1	992	18	16.9	113.5	西行
4	2004	2004	黑格比（Hagupit）	8.1—8.12	强台风	8.1	965	42	18.9	129.5	西转向
5	2005	2005	蔷薇（Jangmi）	8.7—8.14	热带风暴	8.9	992	23	15.3	125.8	东北行
6	2006	2006	米克拉（Mekkhala）	8.9—8.11	台风	8.10	975	38	15.2	117.9	北上
7				8.9—8.13	热带低压		1012	15	25.6	148.8	西行
8	2007	2007	海高斯（Higos）	8.16—8.19	台风	8.18	970	35	17.5	123.2	西北行
9	2008	2008	巴威（Bavi）	8.21—8.28	强台风	8.22	950	45	20.5	123.3	北上
10	2009	2009	美莎克（Maysak）	8.28—9.6	超强台风	8.28	940	52	17.2	130.9	北上

（续表）

序号	中央气象台编号	国际编号	中英文名称	起讫日期（月.日）	强度	达到热带风暴强度开始日期（月.日）	中心气压极值（hPa）	最大风速极值（m/s）	发现点 北纬（°N）	发现点 东经（°E）	路径趋势
11	2010	2010	海神（Haishen）	8.31—9.8	超强台风	9.1	920	60	23.7	147.3	西北行
12	2011	2011	红霞（Noul）	9.15—9.19	强热带风暴	9.16	985	25	12.7	124	西行
13	2012	2012	白海豚（Dolphin）	9.20—9.29	强热带风暴	9.21	980	30	23.5	134.2	东北行
14	2013	2013	鲸鱼（Kujira）	9.26—10.2	台风	9.27	975	33	18.1	159	东转向
15	2014	2014	灿鸿（Chan-hom）	10.4—10.17	台风	10.5	965	38	21.6	140.3	中转向
16	2015	2015	莲花（Linfa）	10.7—10.12	热带风暴	10.11	995	20	14.1	124.8	西行
17	2016	2016	浪卡（Nangka）	10.11—10.14	强热带风暴	10.12	988	25	16.5	120.2	西行
18				10.14—10.16	热带低压		1000	15	12.9	124.0	西行
19	2017	2017	沙德尔（Saudel）	10.19—10.26	台风	10.20	965	38	13.2	129.4	西行
20				10.20—10.23	热带低压		1008	15	25.0	139.1	北上
21	2018	2018	莫拉菲（Molave）	10.23—10.29	强台风	10.24	950	48	9.2	134.4	西行
22	2019	2019	天鹅（Goni）	10.26—11.6	超强台风	10.28	900	70	13.4	141.9	西行
23	2020	2020	艾莎尼（Atsani）	10.29—11.7	强热带风暴	11.1	985	28	5.3	149.3	西北行
24	2021	2021	艾涛（Etau）	11.7—11.11	强热带风暴	11.9	985	25	10.8	129.1	西行
25	2022	2022	环高（Vamco）	11.8—11.16	强台风	11.9	945	48	7.8	134.6	西行
26	2023	2023	科罗旺（Krovanh）	12.18—12.25	热带风暴	12.20	1000	18	7.6	127.8	西行

1.3　2020 年登陆我国的热带气旋纪要表

2020 年登陆我国的热带气旋纪要表

序号	中央气象台编号	国际编号	中英文名称	强度	在我国登陆 地点	在我国登陆 时间	最大 风力（级）	最大 风速（m/s）	中心气压（hPa）
2	2002	2002	鹦鹉（Nuri）	热带风暴	广东阳江海陵岛	6 月 14 日 08 时 50 分	8	20	995
3	2003	2003	森拉克（Sinlaku）	热带风暴	海南万宁	8 月 1 日 07 时 15 分	6	13	995
4	2004	2004	黑格比（Hagupit）	强台风	浙江乐清	8 月 4 日 03 时 30 分	14	42	965
6	2006	2006	米克拉（Mekkhala）	台风	福建漳浦	8 月 11 日 07 时 30 分	13	38	975
8	2007	2007	海高斯（Higos）	台风	广东珠海	8 月 19 日 05 时 50 分	12	33	975
17	2016	2016	浪卡（Nangka）	强热带风暴	海南琼海	10 月 13 日 19 时 35 分	10	25	988

1.4 2020 年热带气旋对我国的影响简表

2020 年热带气旋对我国的影响简表

中央气象台编号	中英文名称	热带气旋对我国的影响			
		项目	日期	概况	极值
2002	鹦鹉（Nuri）	大风	6.14	广东阳江、上川岛和广西宜州出现最大风力 6 级、阵风 7 ~ 8 级	广东上川岛 11.5（20.1）m/s 广东阳江 10.6（20.5）m/s
		降水	6.13—6.14	海南大部、广东中南部部分、广西中部部分和东北部局部、福建中南部局部总雨量为 10 ~ 50 mm；海南澄迈、广东西南部局部、广西浦北总雨量为 50 ~ 79 mm	广西浦北 78.4 mm（1 d）
2003	森拉克（Sinlaku）	大风	7.31—8.2	海南珊瑚和西沙、广东沿海局部、广西南部部分、江西龙南出现最大风力 6 ~ 7 级、阵风 7 ~ 10 级	江西龙南 16.1（26.2）m/s
		降水	7.31—8.4	海南局部、广东大部、广西大部、云南中南部部分、贵州西南部部分及台江、湖南南部局部、江西西南部部分及宜丰、福建中南部部分总雨量为 10 ~ 50 mm；海南大部、广东中南部部分、广西局部、云南文山和罗平、贵州兴义、江西遂川和兴国总雨量为 50 ~ 150 mm；海南珊瑚、广东沿海局部、广西东兴总雨量为 150 ~ 209 mm	广东汕尾 208.3 mm（3 d）
2004	黑格比（Hagupit）	大风	8.3—8.6	福建三沙、浙江沿海大部、上海奉贤和松江、江苏南部局部、安徽黄山和太湖出现最大风力 6 ~ 7 级、阵风 7 ~ 11 级；浙江南部沿海局部出现最大风力 8 ~ 9 级阵风 10 ~ 13 级；浙江乐清出现最大风力 11 级、阵风 14 级；浙江玉环出现最大风力 14 级、阵风 16 级	浙江玉环 42.1（55.0）m/s
		降水	8.3—8.7	福建部分、江西临川和宜黄、浙江部分、安徽绩松和绩溪、江苏南部局部、辽宁南部局部、吉林南部局部、黑龙江南部局部总雨量为 10 ~ 50 mm；浙江东部部分、上海大部、江苏南部局部、辽宁南部局部总雨量为 50 ~ 150 mm；浙江沿海局部、上海南部局部总雨量为 150 ~ 324 mm	浙江平湖 323.9 mm（1 d）
2006	米克拉（Mekkhala）	大风	8.11	福建南部部分出现最大风力 6 ~ 7 级、阵风 9 ~ 11 级；福建南部局部及九仙山出现最大风力 8 ~ 9 级阵风 10 ~ 13 级	福建平和 22.9（32.3）m/s 福建龙海 21.3（37.3）m/s
		降水	8.9—8.11	海南西沙、广东局部、广西富川、湖南南部局部、江西南部部分、福建南部及沿海部分总雨量为 10 ~ 50 mm；广东南澳和饶平、江西龙南、福建南部局部总雨量为 50 ~ 126 mm	福建漳浦 125.3 mm（1 d）

（续表）

中央气象台编号	中英文名称	热带气旋对我国的影响			
		项目	日期	概　况	极 值
2007	海高斯（Higos）	大风	8.18—8.19	广东中东部部分、广西融安和临桂、江西兴国和瑞金、福建南部局部出现最大风力 6 ～ 7 级、阵风 7 ～ 11 级；广东上川岛和高要出现最大风力 8 级、阵风 9 ～ 10 级；广东珠海出现最大风力 10 级、阵风 12 级	广东珠海 25.7（36.6）m/s
		降水	8.18—8.20	海南大部、广东部分、广西部分、云南东南部局部、贵州中东部大部、重庆局部、湖北西南部局部、湖南南部部分及西北部局部、江西南部部分、福建南部局部总雨量为 10 ～ 50 mm；海南西部局部、广东部分、广西部分、贵州东部局部、湖南西北部局部、湖北西南部局部、江西崇义和大余、福建永安总雨量为 50 ～ 150 mm；广东沿海局部、广西金秀、湖南龙山总雨量为 150 ～ 187 mm	广西金秀 186.5 mm（1 d）
2008	巴威（Bavi）	大风	8.22—8.28	江西铅山、福建东北部部分、浙江沿海局部、安徽黄山、江苏西连岛、山东局部、辽宁北镇、吉林珲春、内蒙古东部局部、黑龙江通河出现最大风力 6 ～ 7 级、阵风 7 ～ 9 级	江苏西连岛 16.5（19.8）m/s 浙江玉环 14.0（24.0）m/s
		降水	8.22—8.28	江西东北部部分、福建部分、浙江大部、上海东北部部分、江苏大部、安徽中南部部分、山东东部部分、河北局部、辽宁部分、吉林大部、黑龙江中南部部分、内蒙古东部局部总雨量为 10 ～ 50 mm；福建局部、浙江长兴、安徽 d 长、江苏部分、山东东南部部分、辽宁中东部部分、吉林中西部部分、黑龙江中南部部分、内蒙古东部局部总雨量为 50 ～ 150 mm；江苏建湖、山东诸城和即墨、辽宁长海和庄河总雨量为 150 ～ 186 mm	山东即墨 185.7 mm（1 d）
2009	美莎克（Maysak）	大风	8.31—9.5	广东和平、福建沿海部分、浙江沿海部分及玉环、安徽南部局部、江苏局部、山东胶东半岛沿海及泰山、辽宁局部、吉林部分、黑龙江大部、内蒙古东部局部出现最大风力 6 ~ 7 级、阵风 7 ~ 10 级；吉林珲春、黑龙江局部、内蒙古局部出现最大风力 8 级、阵风 9 ～ 11 级	黑龙江东宁 19.5（32.1）m/s
		降水	8.31—9.6	广东东部局部、江西局部、福建局部、浙江部分、上海南汇、安徽东部南部部分、江苏部分、山东东部局部、河北北部局部、辽宁部分、吉林南部局部、黑龙江部分、内蒙古东部部分总雨量为 10 ~ 50 mm；浙江东部局部、江苏局部、辽宁局部、吉林大部、黑龙江部分、内蒙古东北部局部总雨量为 50 ～ 158 mm	吉林梅河口 157.5 mm（1 d）
2010	海神（Haishen）	大风	9.6—9.8	浙江沿海局部、山东北部局部及胶东半岛东部、河南北部部分、河北局部、北京佛爷顶、辽宁长兴岛、吉林局部、黑龙江部分、内蒙古东部局部出现最大风力 6 ～ 7 级、阵风 7 ～ 11 级；江苏西连岛和山东泰山出现最大风力 8 级、阵风 9 级	江苏西连岛 20.5（27.3）m/s 河北冀州 15.9（28.9）m/s

（续表）

中央气象台编号	中英文名称	热带气旋对我国的影响			
		项目	日期	概　况	极 值
		降水	9.7—9.9	河南局部、山东部分、河北局部、辽宁东部部分、吉林东北部局部、黑龙江部分、内蒙古东南部局部总雨量为 10 ~ 50 mm；辽宁东部局部、吉林大部、黑龙江中南部大部总雨量为 50 ~ 152 mm	黑龙江绥芬河 151.6 mm（2 d）
2011	红霞（Noul）	大风	9.17—9.19	海南局部、广东徐闻和上川岛、广西东兴和防城港出现最大风力 6 ~ 7 级、阵风 7 ~ 8 级；海南三亚出现最大风力 8 级、阵风 10 级	海南三亚 18.4（28.1）m/s
		降水	9.16—9.19	海南部分、广东大部、广西部分、云南南部局部、湖南南部局部、江西南部局部、福建南部部分总雨量为 10 ~ 50 mm；海南东部部分、广东南部部分、广西沿海局部、云南河口、江西井冈山、福建平和总雨量为 50 ~ 150 mm；海南南部局部总雨量为 150 ~ 207 mm	海南陵水 206.1 mm（2 d）
2015	莲花（Linfa）	大风	10.10—10.12	海南三亚出现最大风力 6 级、阵风 10 级	海南三亚 13.1（25.2）m/s
		降水	10.9—10.12	海南岛南部局部总雨量为 10 ~ 52 mm；海南珊瑚总雨量为 137.7 mm；海南西沙总雨量为 263.0 mm	海南西沙 263.0 mm（3 d）
2016	浪卡（Nangka）	大风	10.12—10.14	海南沿海部分及西沙、广东西南部沿海部分、广西南部局部出现最大风力 6 ~ 7 级、阵风 7 ~ 10 级	广东上川岛 16.4（23.7）m/s 海南三亚 15.8（25.2）m/s
		降水	10.12—10.15	海南局部、广东局部、广西部分、云南东部局部、贵州中南部部分、湖南中西部部分总雨量为 10 ~ 50 mm；海南大部、广东西南部沿海局部、广西部分、贵州南部局部总雨量为 50 ~ 150 mm；海南东部部分、广东湛江市东部沿海部分、广西上思总雨量为 150 ~ 287 mm	广东湛江 286.9 mm（2 d）
TD01		大风	10.15—10.16	海南东方出现最大风力 6 级、阵风 8 级，海南三亚出现最大风力 8 级、阵风 10 级	海南三亚 17.4（28.3）m/s
		降水	10.15—10.16	海南部分总雨量为 10 ~ 90 mm	海南万宁 89.7 mm（1 d）
2017	沙德尔（Saudel）	大风	10.21—10.25	福建局部、广东部分、广西南部局部、海南海口和西沙出现最大风力 6 ~ 7 级、阵风 7 ~ 9 级；海南三亚出现最大风力 9 级、阵风 12 级	海南三亚 21.6（34.5）m/s
		降水	10.21—10.26	海南局部总雨量为 10 ~ 50 mm；海南中东部部分总雨量为 50 ~ 126 mm	海南万宁 126.0 mm（3 d）

（续表）

<table>
<tr><td rowspan="2">中央气象台编号</td><td rowspan="2">中英文名称</td><td colspan="4">热带气旋对我国的影响</td></tr>
<tr><td>项目</td><td>日期</td><td>概　况</td><td>极 值</td></tr>
<tr><td rowspan="2">2018</td><td rowspan="2">莫拉菲（Molave）</td><td>大风</td><td>10.27—10.29</td><td>海南局部、广西南部沿海局部、广东上川岛出现最大风力 6 ～ 7 级、阵风 7 ～ 9 级；海南三亚出现最大风力 8 级、阵风 12 级</td><td>海南三亚
19.7（32.9）m/s</td></tr>
<tr><td>降水</td><td>10.26—10.29</td><td>海南局部、广东局部、广西局部总雨量为 10 ～ 50 mm；海南部分、广东吴川和徐闻总雨量为 50 ～ 211 mm</td><td>海南万宁
210.7 mm（2 d）</td></tr>
<tr><td rowspan="2">2019</td><td rowspan="2">天鹅（Goni）</td><td>大风</td><td>11.5—11.6</td><td>海南三亚出现最大风力 6 级、阵风 8 级</td><td>海南三亚
12.7（18.6）m/s</td></tr>
<tr><td>降水</td><td>11.2—11.6</td><td>海南局部总雨量为 10 ～ 44 mm</td><td>海南珊瑚
43.8 mm（2 d）</td></tr>
<tr><td>2020</td><td>艾莎尼（Atsani）</td><td>大风</td><td>11.6—11.7</td><td>广东上川岛、福建沿海局部及九仙山出现最大风力 6 ～ 7 级、阵风 7 ～ 8 级</td><td>福建九仙山
14.8（18.8）m/s
福建平潭
10.5（20.7）m/s</td></tr>
<tr><td rowspan="2">2021</td><td rowspan="2">艾涛（Etau）</td><td>大风</td><td>11.10</td><td>海南三亚出现最大风力 7 级、阵风 10 级</td><td>海南三亚
15.9（25.7）m/s</td></tr>
<tr><td>降水</td><td>11.8—11.10</td><td>海南西沙和珊瑚总雨量为 30 ～ 42 mm</td><td>海南珊瑚
41.5 mm（1 d）</td></tr>
<tr><td rowspan="2">2022</td><td rowspan="2">环高（Vamco）</td><td>大风</td><td>11.12—11.15</td><td>海南西沙和陵水出现最大风力 6 级、阵风 8 ～ 9 级；海南珊瑚和三亚出现最大风力 8 级、阵风 11 ～ 12 级</td><td>海南三亚
20.8（33.0）m/s</td></tr>
<tr><td>降水</td><td>11.12—11.16</td><td>海南局部、广西南部局部总雨量为 10 ～ 50 mm；海南大部总雨量为 50 ～ 172 mm</td><td>海南乐东
171.1 mm（1 d）</td></tr>
<tr><td rowspan="2">2023</td><td rowspan="2">科罗旺（Krovanh）</td><td>大风</td><td>12.20—12.21</td><td>海南珊瑚出现最大风力 6 级、阵风 8 级</td><td>海南珊瑚
12.0（20.1）m/s</td></tr>
<tr><td>降水</td><td>12.20—12.21</td><td>海南西沙总雨量为 12.2 mm</td><td>海南西沙
12.2 mm（0 d）</td></tr>
</table>

注：1. 括号内的天数是指一次台风过程降水量≥ 10 mm 的天数；
2. 无括号的风速为最大风速，有括号的风速为极大风速，即阵风。

1.5　2020 年热带气旋编号、名称、日期对照表

2020 年热带气旋编号、名称、日期对照表

<table>
<tr><td>热带气旋等级</td><td>序号</td><td>中央气象台编号</td><td>名称</td><td>起讫日期</td></tr>
<tr><td rowspan="2">超强台风</td><td>10</td><td>2009</td><td>美莎克（Maysak）</td><td>8.28—9.6</td></tr>
<tr><td>11</td><td>2010</td><td>海神（Haishen）</td><td>8.31—9.8</td></tr>
</table>

（续表）

热带气旋等级	序号	中央气象台编号	名称	起讫日期
超强台风	22	2019	天鹅（Goni）	10.26—11.6
强台风	1	2001	黄蜂（Vongfong）	5.9—5.18
	4	2004	黑格比（Hagupit）	8.1—8.12
	9	2008	巴威（Bavi）	8.21—8.28
	21	2018	莫拉菲（Molave）	10.23—10.29
	25	2022	环高（Vamco）	11.8—11.16
台风	6	2006	米克拉（Mekkhala）	8.9—8.11
	8	2007	海高斯（Higos）	8.16—8.19
	14	2013	鲸鱼（Kujira）	9.26—10.2
	15	2014	灿鸿（Chan-hom）	10.4—10.17
	19	2017	沙德尔（Saudel）	10.19—10.26
强热带风暴	12	2011	红霞（Noul）	9.15—9.19
	13	2012	白海豚（Dolphin）	9.20—9.29
	17	2016	浪卡（Nangka）	10.11—10.14
	23	2020	艾莎尼（Atsani）	10.29—11.7
	24	2021	艾涛（Etau）	11.7—11.11
热带风暴	2	2002	鹦鹉（Nuri）	6.10—6.14
	3	2003	森拉克（Sinlaku）	7.31—8.3
	5	2005	蔷薇（Jangmi）	8.7—8.12
	16	2015	莲花（Linfa）	10.7—10.12
	26	2023	科罗旺（Krovanh）	12.18—1225
热带低压	7			8.9—8.13
	18			10.14—10.16
	20			10.20—10.23

2　2020 年逐个热带气旋概述

2.1 强台风“黄蜂”(Vongfong)

第 2001 号强台风“黄蜂”是由 5 月 9 日早晨位于菲律宾棉兰老岛以东约 710 km 的西北太平洋洋面上一个热带低压发展形成。形成后低压中心向西北方向移动，11 日逐渐转向偏北，次日夜间增强为热带风暴，之后强度快速增强，并折向偏西。13 日早晨增强为强热带风暴，夜间增强为台风，次日凌晨进一步增强为强台风，之后缓慢增强，于 14 日下午登陆菲律宾萨马岛东部沿海。之后，“黄蜂”逐渐转向北偏西，穿过菲律宾群岛，强度减弱，14 日夜间减弱为台风，15 日减弱为强热带风暴，16 日继续减弱为热带风暴，随即进入南海海域。入海后，“黄蜂”进一步减弱为热带低压，并转向东偏北，之后穿过巴士海峡，于 18 日早晨在台湾岛以东约 350 km 的西北太平洋洋面消散。

表 2.1.1 是强台风“黄蜂”的中心位置和强度。图 2.1.1 ～图 2.1.3 分别是强台风“黄蜂”路径图、大风区域演变图和 2020 年 5 月 14 日 14 时 500 hPa 高度场图。

表 2.1.1 2001 号强台风“黄蜂”(Vongfong)中心位置和强度

5 月 9 日—18 日

年	月	日	时	中心位置		中心气压(hPa)	中心风速(m/s)
				北纬(°N)	东经(°E)		
2020	5	9	08	6.5	132.8	1004	13
	5	9	14	6.7	132.5	1004	13
	5	9	20	7.0	132.2	1004	13
	5	10	02	7.3	131.8	1002	15
	5	10	08	7.6	131.2	1002	15
	5	10	14	7.8	130.7	1002	15
	5	10	20	8.0	130.4	002	15
	5	11	02	8.2	130.0	1002	15
	5	11	08	8.3	129.6	1002	15
	5	11	14	8.7	129.3	1002	15
	5	11	20	9.1	129.1	1002	15
	5	12	02	9.6	129.2	1002	15
	5	12	08	10.1	129.5	1002	15
	5	12	14	10.8	129.6	1002	15
	5	12	20	11.2	129.5	1000	18
	5	13	02	11.7	129.3	995	20
	5	13	08	11.9	128.9	990	25

（续表）

年	月	日	时	中心位置		中心气压（hPa）	中心风速（m/s）
				北纬（°N）	东经（°E）		
	5	13	14	12.1	128.4	980	30
	5	13	20	12.2	127.8	970	38
	5	14	02	12.2	127.0	960	42
	5	14	08	12.1	126.2	955	45
	5	14	14	12.2	125.3	950	48
	5	14	20	12.4	124.5	965	40
	5	15	02	12.8	123.6	970	35
	5	15	08	13.2	122.8	970	35
	5	15	14	13.9	122.0	985	28
	5	15	20	15.0	121.2	990	25
	5	16	02	16.0	120.7	992	23
	5	16	08	16.8	120.2	995	20
	5	16	14	18.1	119.8	998	18
	5	16	20	18.9	119.5	1000	15
	5	17	02	19.8	119.6	1000	15
	5	17	08	20.6	120.1	1002	13
	5	17	14	21.4	121.1	1002	13
	5	17	20	21.8	122.1	1002	13
	5	18	02	22.2	123.1	1002	13
	5	18	08	22.6	124.6	1002	13
消散							

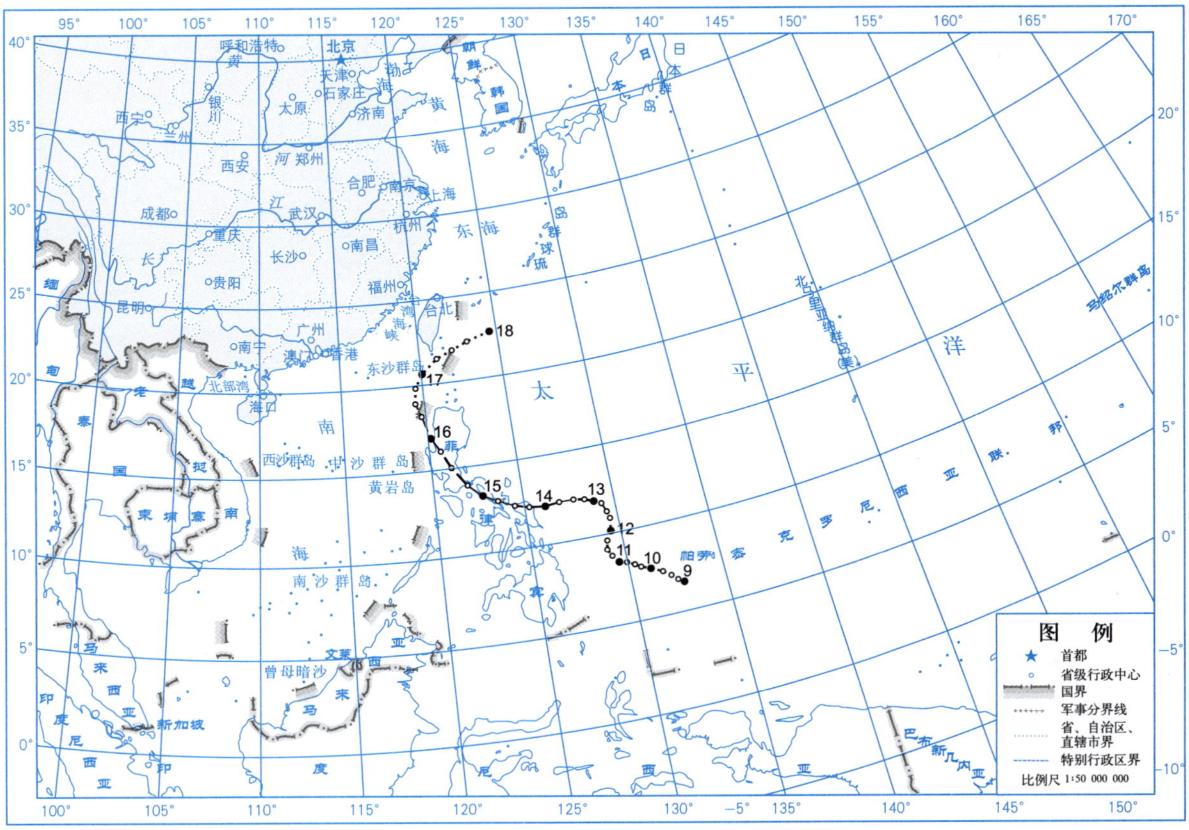

图 2.1.1　2001 号强台风“黄蜂”（Vongfong）路径图

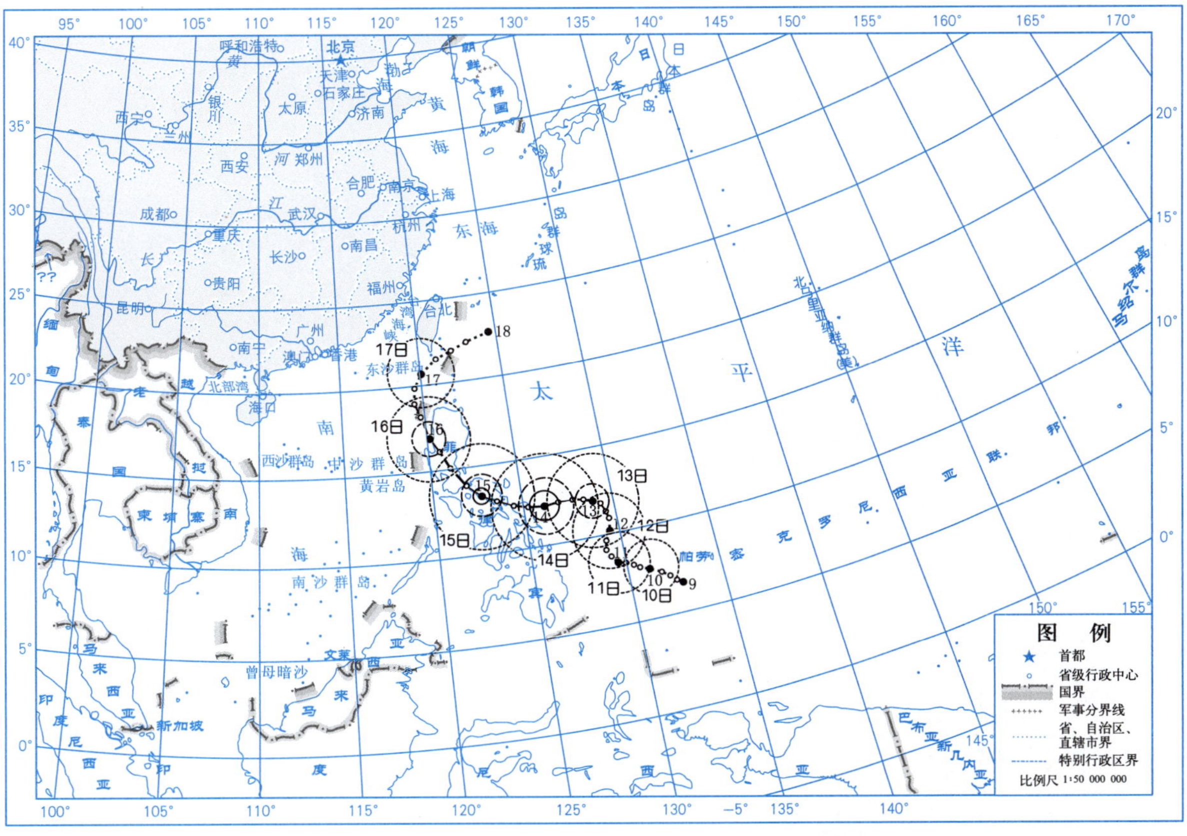

图 2.1.2　2001 号强台风“黄蜂”（Vongfong）大风区域演变图

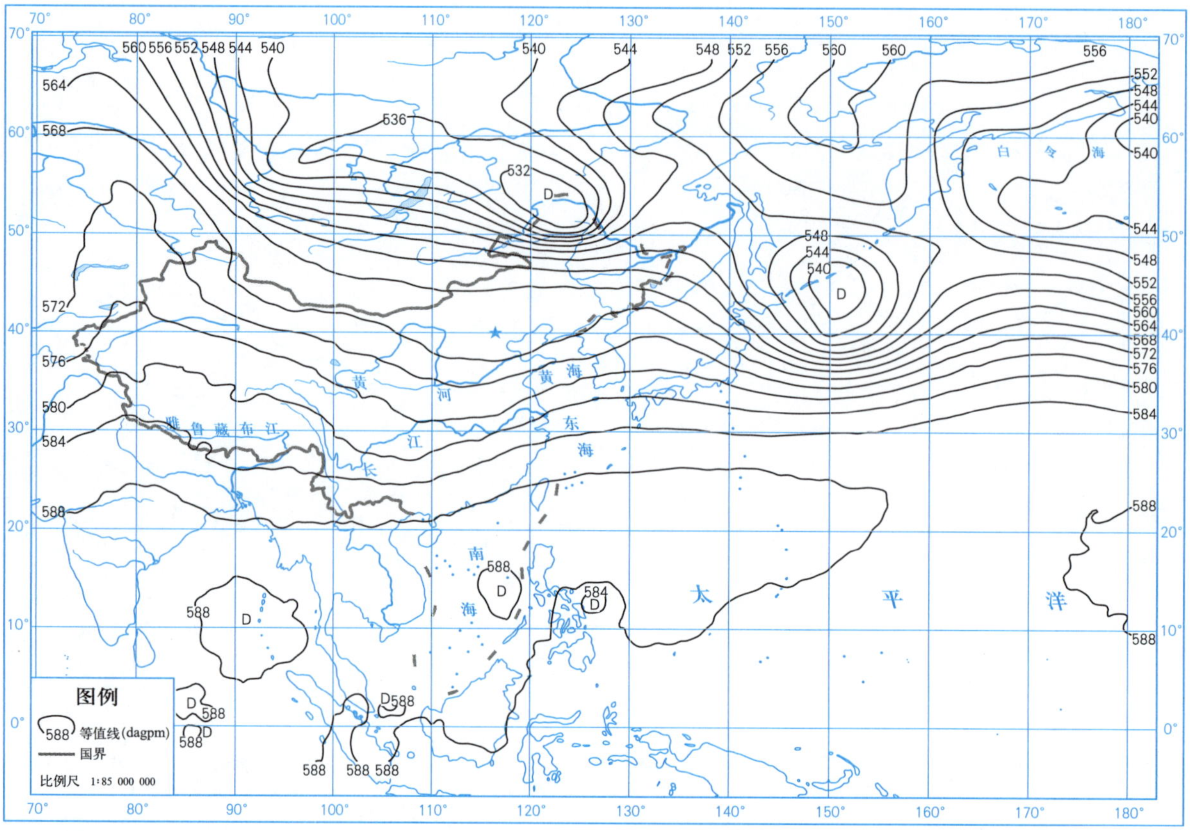

图 2.1.3　2020 年 5 月 14 日 14 时 500 hPa 高度场图

2.2　热带风暴“鹦鹉”（Nuri）

第 2002 号热带风暴“鹦鹉”于 6 月 10 日早晨在菲律宾萨马岛以东约 20 km 的西北太平洋洋面上一个热带低压发展形成。形成后低压中心穿过萨马岛，沿着菲律宾东部海岸线向西北方向移动，11 日夜间登陆吕宋岛，次日早晨进入南海海域。之后，“鹦鹉”增强为热带风暴，逐渐向我国南部沿海靠近，强度维持，并于 14 日 08 时 50 分登陆广东阳江海陵岛，登陆时近中心最大风速为 20 m/s（8 级），中心最低气压为 995 hPa。登陆后继续向西北方向移动，强度减弱，并于当日夜间在广西境内减弱消散。

受热带风暴“鹦鹉”影响，6 月 14 日，广东阳江、上川岛和广西宜州出现最大风力 6 级、阵风 7 ~ 8 级；广东上川岛出现最大风力 6 级（11.5 m/s）、阵风 8 级（20.1 m/s），广东阳江出现最大风力 5 级（10.6 m/s）、阵风 8 级（20.5 m/s），为本次热带风暴影响过程风极值。

受其影响，6 月 13—14 日，海南大部、广东中南部部分、广西中部部分和东北部局部、福建中南部局部总雨量为 10 ~ 50 mm；海南澄迈、广东西南部局部、广西浦北总雨量为 50 ~ 79 mm；广西浦北总雨量为 78.4 mm，14 日雨量 78.4 mm，分别为本次热带风暴影响过程总雨量及日雨量极值；广西来宾 14 日 18 时雨量 39.5 mm，为本次热带风暴影响过程时雨量极值。

受热带风暴“鹦鹉”登陆广东阳江影响，6 月 13 日，广东东北部出现中雨，局部出现大雨；14 日，降雨范围增大，海南全岛、广东西南部、东北部沿海、广西中部和东南部普遍出现中到大雨，局部暴雨。

“鹦鹉”生命史较短、强度较弱，结构不对称，带来的降水主要集中在移动路径的西侧。受其影响，造成广西壮族自治区出现了一定程度的灾情。总计受灾人数为 2.9 万人，紧急转移 0.1 万人，农作物受灾面积为 200 公顷，直接经济损失达 0.8 亿元（表 2.2.2）。

表 2.2.1 是热带风暴“鹦鹉”的中心位置和强度。图 2.2.1 ~ 图 2.2.8 分别是热带风暴“鹦鹉”路径图、总降水量图、大风分布图、总降水日数图、2020 年 6 月 13 日和 6 月 14 日的日降水量图、大风区域演变图和 2020 年 6 月 14 日 08 时 500 hPa 高度场图。

表 2.2.1　热带风暴“鹦鹉”（Nuri）中心位置和强度

6 月 10—14 日

年	月	日	时	中心位置		中心气压（hPa）	中心风速（m/s）
				北纬（°N）	东经（°E）		
2020	6	10	08	11.8	125.7	1008	10
	6	10	14	12.4	124.9	1006	13
	6	10	20	13.0	124.5	1006	13
	6	11	02	13.7	124.3	1004	13
	6	11	08	14.2	123.5	1004	13
	6	11	14	14.5	122.6	1004	13
	6	11	20	14.9	121.8	1002	15

（续表）

年	月	日	时	中心位置		中心气压（hPa）	中心风速（m/s）
				北纬（°N）	东经（°E）		
2020	6	12	02	15.4	120.7	1002	15
	6	12	08	16.0	119.7	1002	15
	6	12	14	16.5	118.3	1000	15
	6	12	20	16.9	117.3	998	18
	6	13	02	17.5	116.3	995	20
	6	13	08	18.2	115.8	995	20
	6	13	11	18.9	115.5	995	20
	6	13	14	19.5	115.1	995	20
	6	13	17	20.1	114.7	995	20
	6	13	20	20.3	114.2	995	20
	6	13	23	20.4	113.8	995	20
	6	14	02	20.7	113.2	995	20
	6	14	05	21.2	112.6	995	20
	6	14	08	21.6	112.1	995	20
	6	14	11	21.8	111.7	995	18
	6	14	14	22.1	111.1	998	15
	6	14	17	22.6	110.3	1002	13
	6	14	20	23.1	109.4	1005	10
消散							

表 2.2.2　2002 号热带风暴“鹦鹉”（Nuri）在广西壮族自治区引发的灾情

受灾区	受灾人口（万人）	死亡人口（人）	失踪人口（人）	紧急转移人口（万人）	农作物		倒塌房屋（万间）	直接经济损失（亿元）
					受灾面积（万公顷）	绝收面积（万公顷）		
广西区	2.9	0	0	0.1	0.02	0	0	0.8
合计	2.9	0	0	0.1	0.02	0	0	0.8

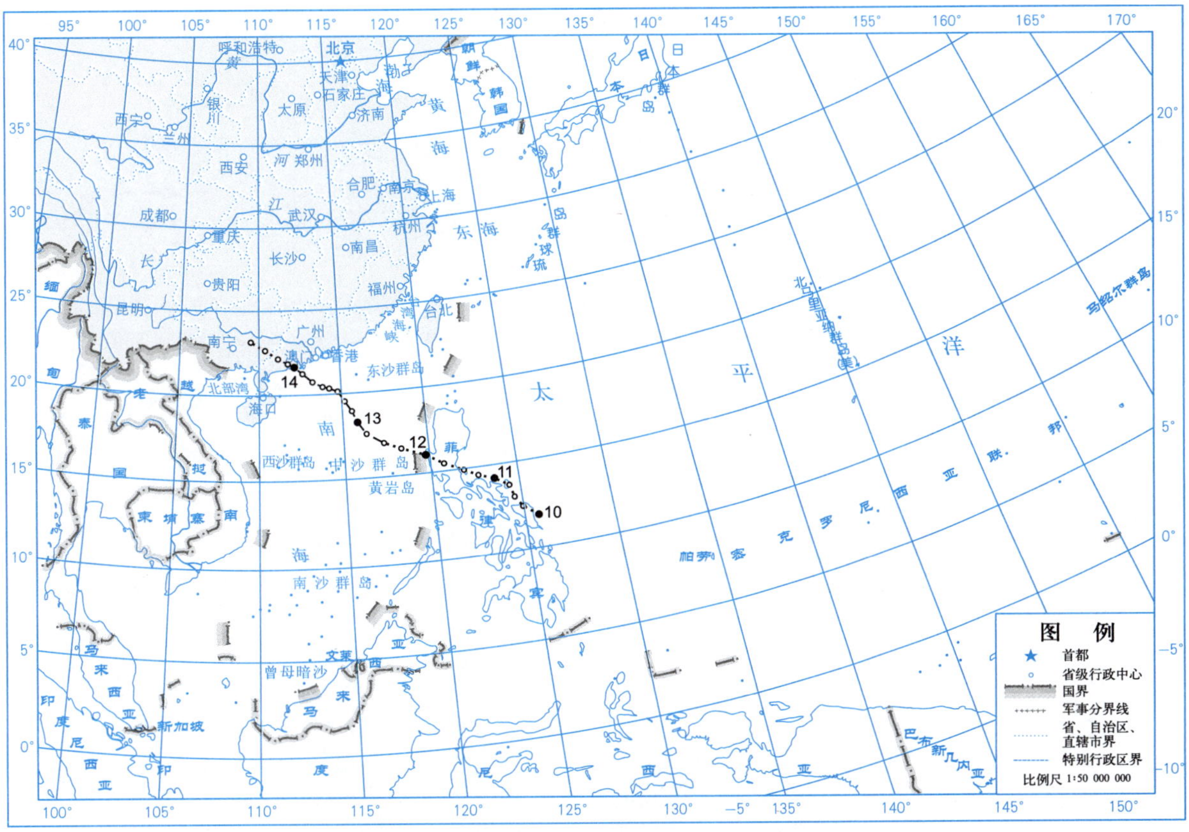

图 2.2.1　热带风暴“鹦鹉”（Nuri）路径图

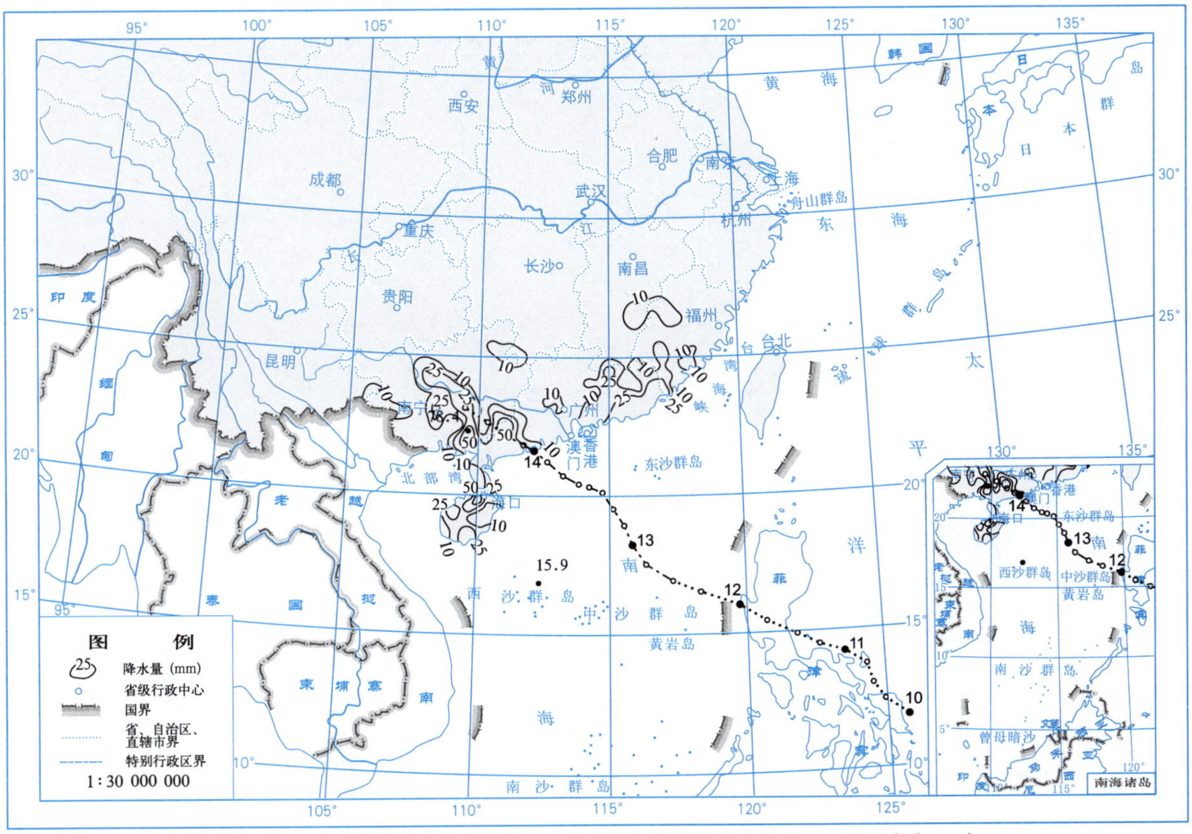

图 2.2.2　热带风暴“鹦鹉”（Nuri）总降水量图（6 月 13—14 日）（mm）

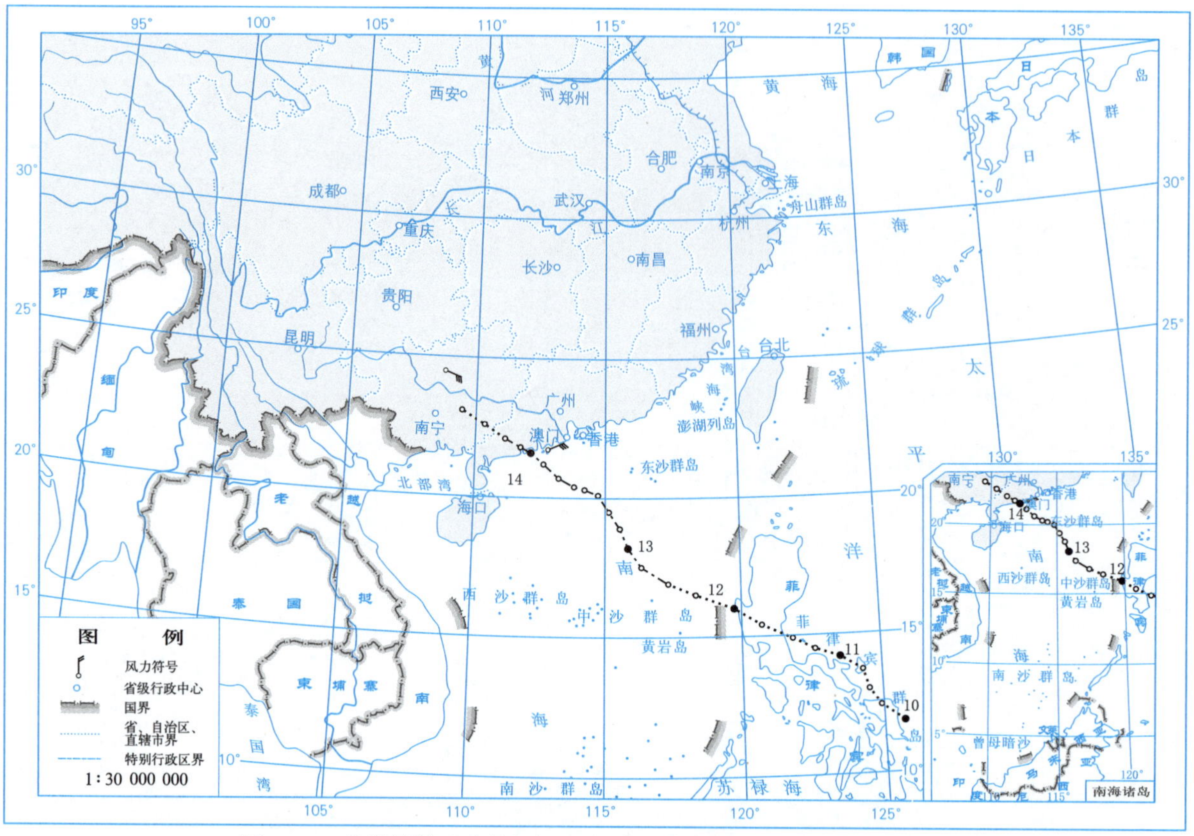

图 2.2.3 热带风暴“鹦鹉”（Nuri）大风分布图（6 月 14 日）

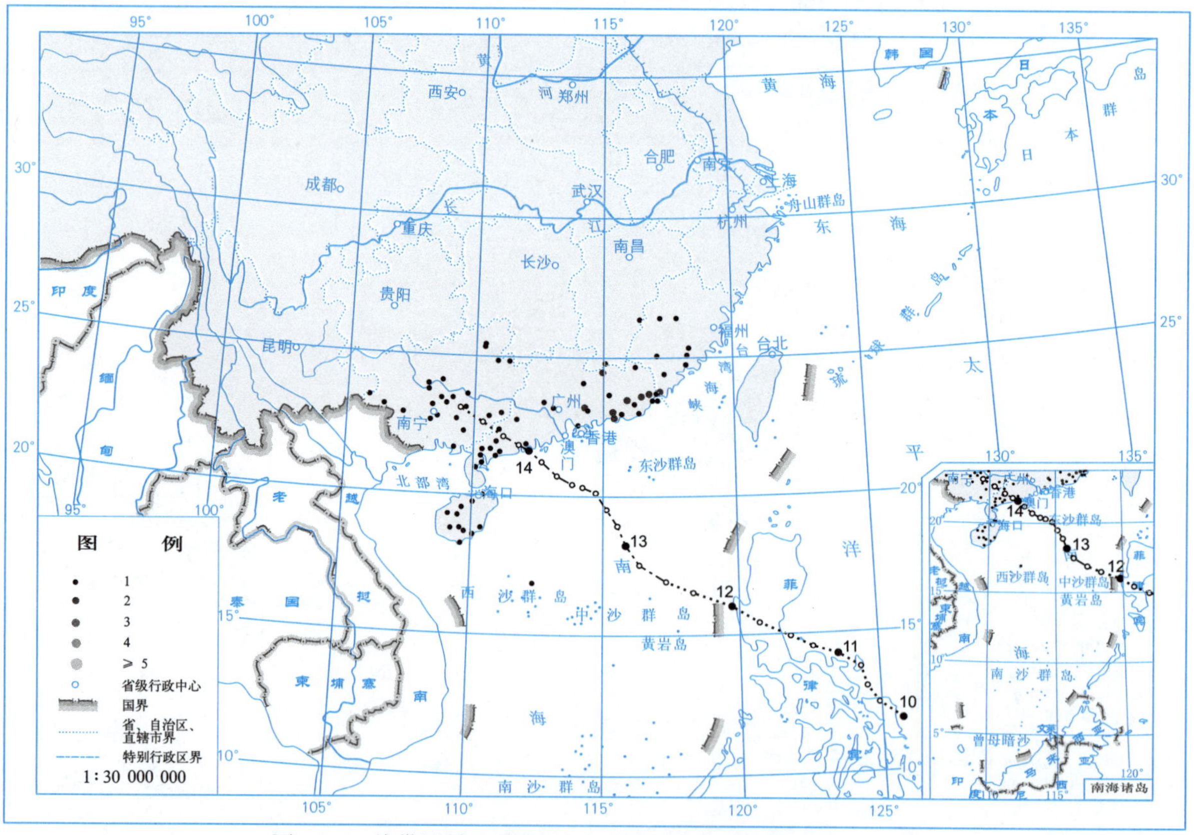

图 2.2.4 热带风暴“鹦鹉”（Nuri）总降水日数图（d）

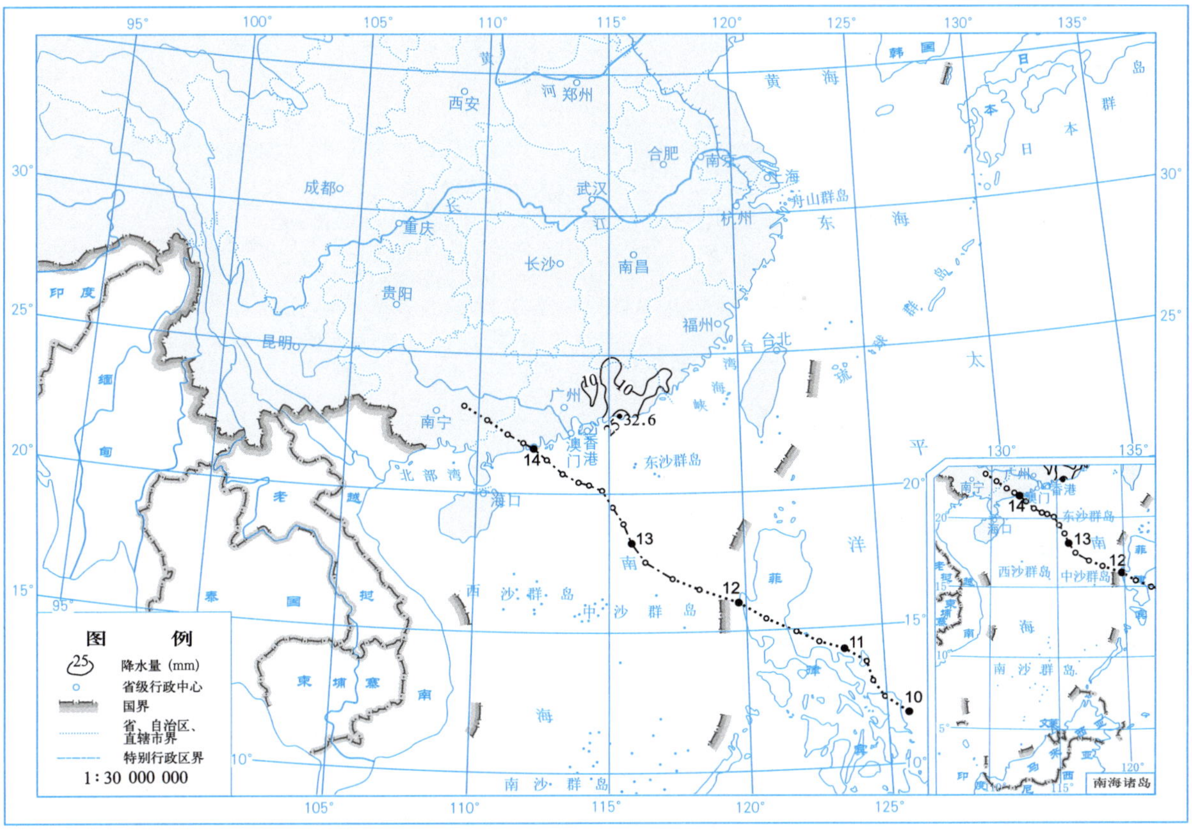

图 2.2.5　2020 年 6 月 13 日的日降水量图（mm）

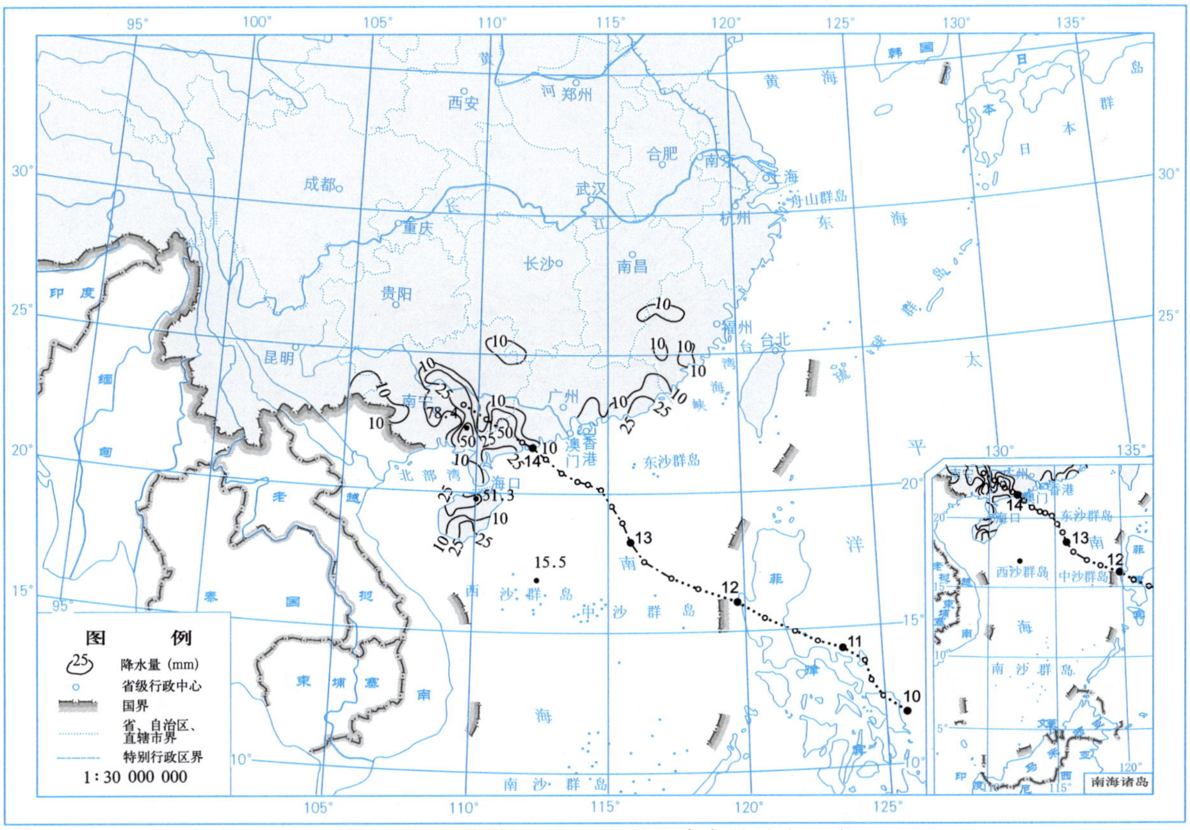

图 2.2.6　2020 年 6 月 14 日的日降水量图（mm）

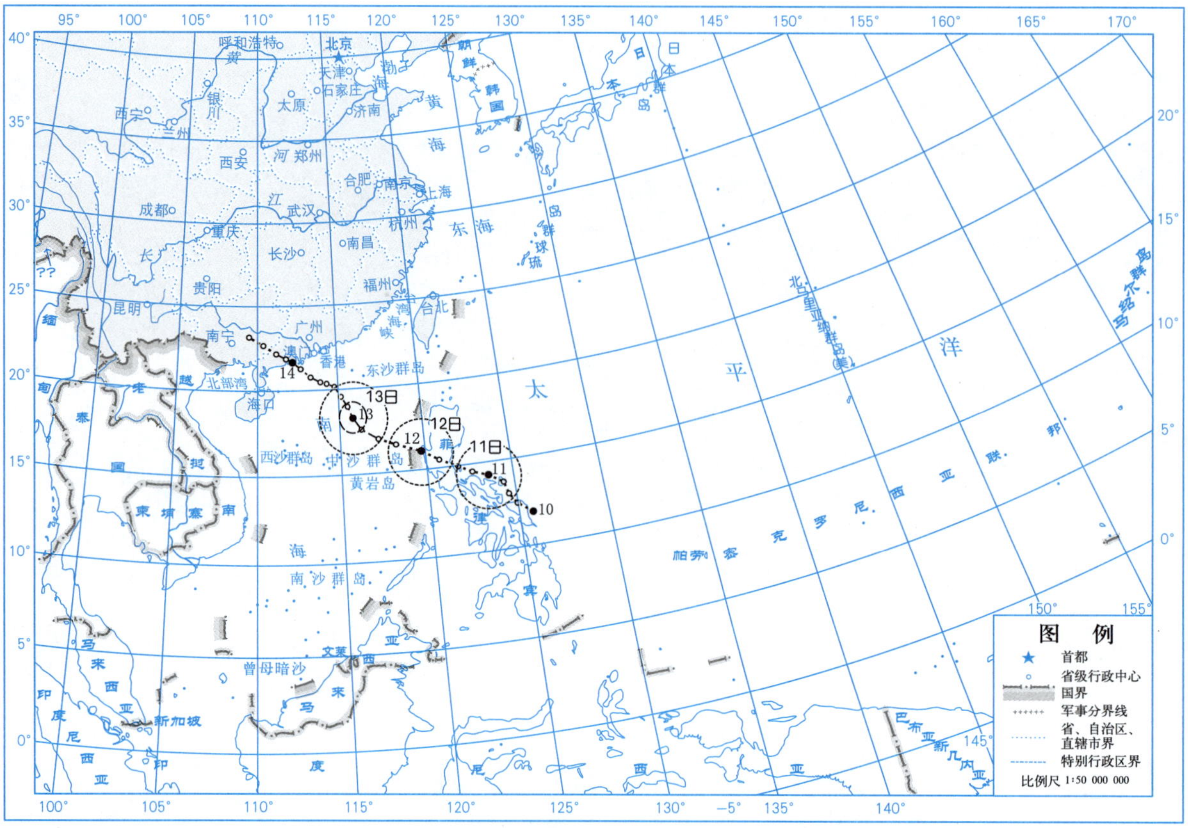

图 2.2.7 热带风暴“鹦鹉”（Nuri）大风区域演变图

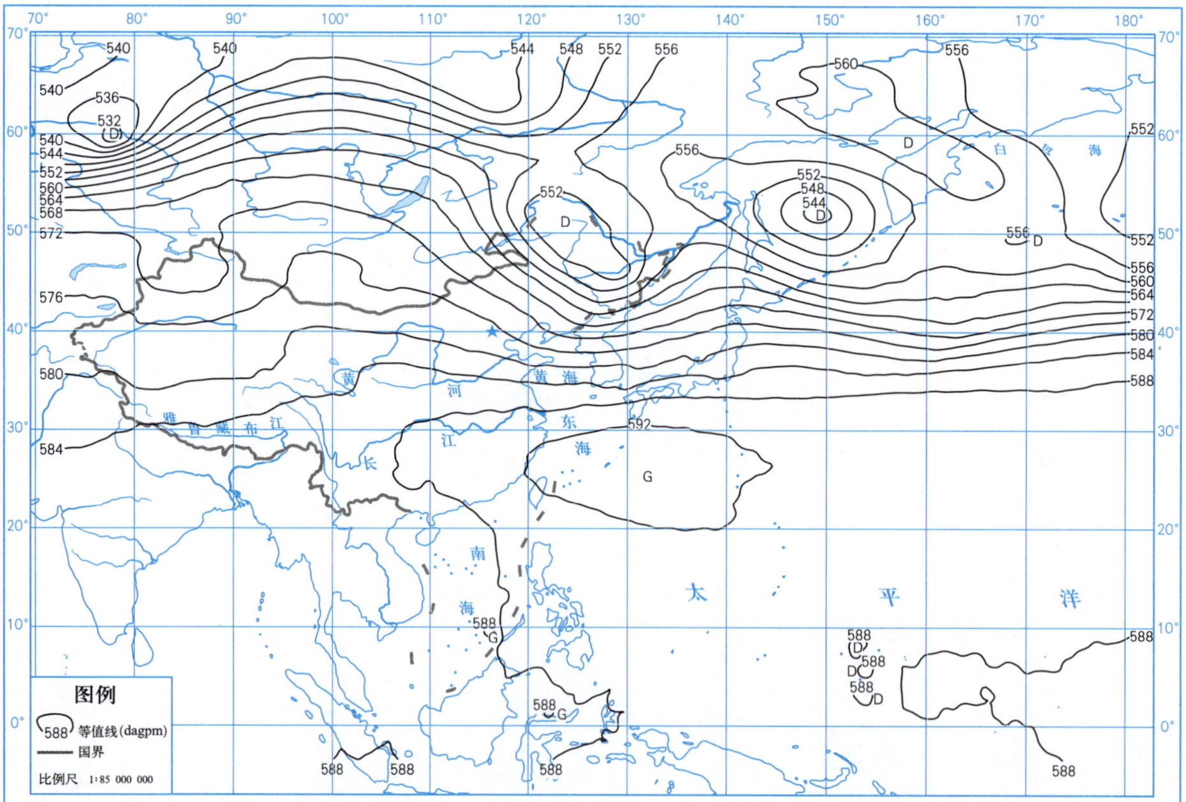

图 2.2.8 2020 年 6 月 14 日 08 时 500 hPa 高度场图

2.3　热带风暴“森拉克”（Sinlaku）

第 2003 号热带风暴“森拉克”7 月 31 日下午于西沙群岛附近的南海海面上一个热带低压发展形成。形成后低压中心向西北方向移动，于 8 月 1 日 07 时 15 分登陆海南万宁，登陆时近中心最大风速为 13 m/s（6 级），中心最低气压为 995 hPa。登陆后，“森拉克”转向偏西方向移动，横穿海南岛，当日下午再次入海，进入北部湾后增强为热带风暴，并继续向偏西方向移动，2 日下午登陆越南北部沿海。登陆后强度减弱，于 3 日早晨在老挝境内减弱消散。

受热带风暴“森拉克”影响，7 月 31 日—8 月 2 日，海南珊瑚和西沙、广东沿海局部、广西南部部分、江西龙南出现最大风力 6 ~ 7 级、阵风 7 ~ 10 级；江西龙南出现最大风力 7 级（16.1 m/s）、阵风 10 级（26.2 m/s），为本次热带风暴影响过程风极值。

受其影响，7 月 31 日—8 月 4 日，海南局部、广东大部、广西大部、云南中南部部分、贵州西南部部分及台江、湖南南部局部、江西西南部部分及宜丰、福建中南部部分总雨量为 10 ~ 50 mm；海南大部、广东中南部部分、广西局部、云南文山和罗平、贵州兴义、江西遂川和兴国总雨量为 50 ~ 150 mm；海南珊瑚、广东沿海局部、广西东兴总雨量为 150 ~ 209 mm，其中，广东汕尾总雨量 208.3 mm，为本次热带风暴影响过程总雨量极值；广东汕头 8 月 1 日雨量 124.7 mm，海南琼海 8 月 3 日 16 时雨量 64.7 mm，分别为本次热带风暴影响过程日雨量和时雨量极值。

受北上登陆海南“森拉克”环流影响，7 月 31 日—8 月 3 日，华南大部出现中到大雨，局部暴雨，且暴雨中心随着“森拉克”环流西移。7 月 31 日—8 月 1 日，广东沿海局部、清远、海南海口出现暴雨；2 日，广东沿海局部、广西东兴出现暴雨；3 日，海南海口、广东海丰和江门、广西南部局部、云南曲靖出现暴雨；4 日降雨减弱，仅在云南东南侧出现中到大雨。

“森拉克”具有强度较弱、云系庞大、结构松散的特点，持续的降雨缓解了海南省的旱情，同时也造成广东省和广西壮族自治区出现了一定程度的灾情。总计受灾人数为 3.102 万人，农作物受灾面积为 0.01 万公顷，直接经济损失为 0.044 亿元（表 2.3.2）。

表 2.3.1 是热带风暴“森拉克”的中心位置和强度。图 2.3.1 ~ 图 2.3.11 分别是热带风暴“森拉克”的路径图、总降水量图、大风分布图、总降水日数图、2020 年 7 月 31 日—8 月 4 日各日的日降水量图、大风区域演变图和 2020 年 8 月 1 日 20 时 500 hPa 高度场图。

表 2.3.1　2003 号热带风暴“森拉克”（Sinlaku）中心位置和强度

7 月 31 日—8 月 3 日

年	月	日	时	中心位置		中心气压 (hPa)	中心风速 (m/s)
				北纬（°N）	东经（°E）		
2020	7	31	14	16.9	113.5	998	13
	7	31	17	17.0	113.0	998	13
	7	31	20	17.1	112.5	996	13
	7	31	23	17.3	111.9	996	13

（续表）

年	月	日	时	中心位置		中心气压 (hPa)	中心风速 (m/s)
				北纬（°N）	东经（°E）		
2020	8	1	02	17.8	111.3	996	13
	8	1	05	18.4	110.9	995	13
	8	1	08	18.9	110.4	995	13
	8	1	11	18.9	109.5	995	13
	8	1	14	19.0	108.7	994	13
	8	1	20	19.0	107.7	992	18
	8	2	02	19.2	107.1	992	18
	8	2	08	19.5	106.5	992	18
	8	2	14	19.7	105.9	992	18
	8	2	20	19.7	104.6	994	15
	8	3	02	19.6	103.4	996	13
	8	3	08	19.4	101.9	996	13
消散							

表 2.3.2　2003 号台风“森拉克”（Sinlaku）在广东省和广西壮族自治区引发的灾情

受灾省（区）	受灾人口（万人）	死亡人口（人）	失踪人口（人）	紧急转移人口（万人）	农作物		倒塌房屋（万间）	直接经济损失（亿元）
					受灾面积（万公顷）	绝收面积（万公顷）		
广东省	0.002	0	0	0	0	0	0	0.004
广西区	3.100	0	0	0	0.01	0	0	0.040
合计	3.102	0	0	0	0.01	0	0	0.044

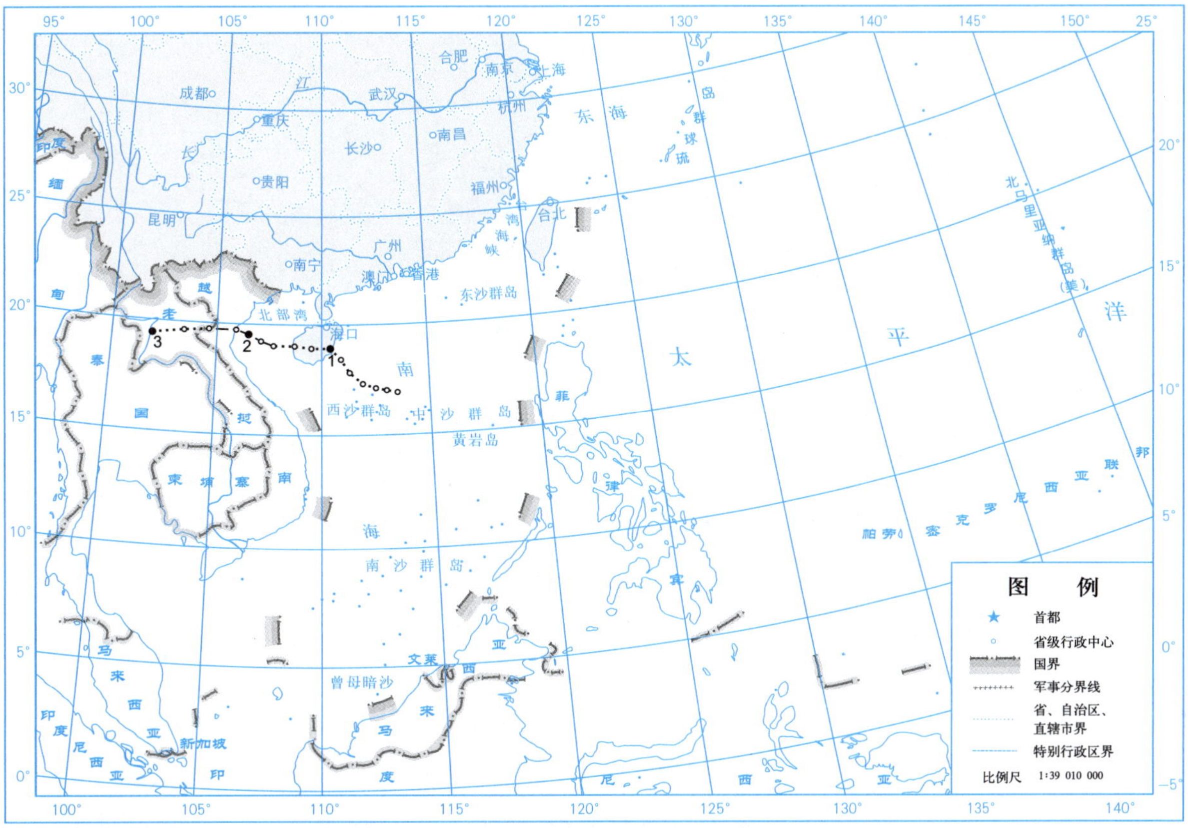

图 2.3.1 2003 号热带风暴“森拉克”（Sinlaku）路径图

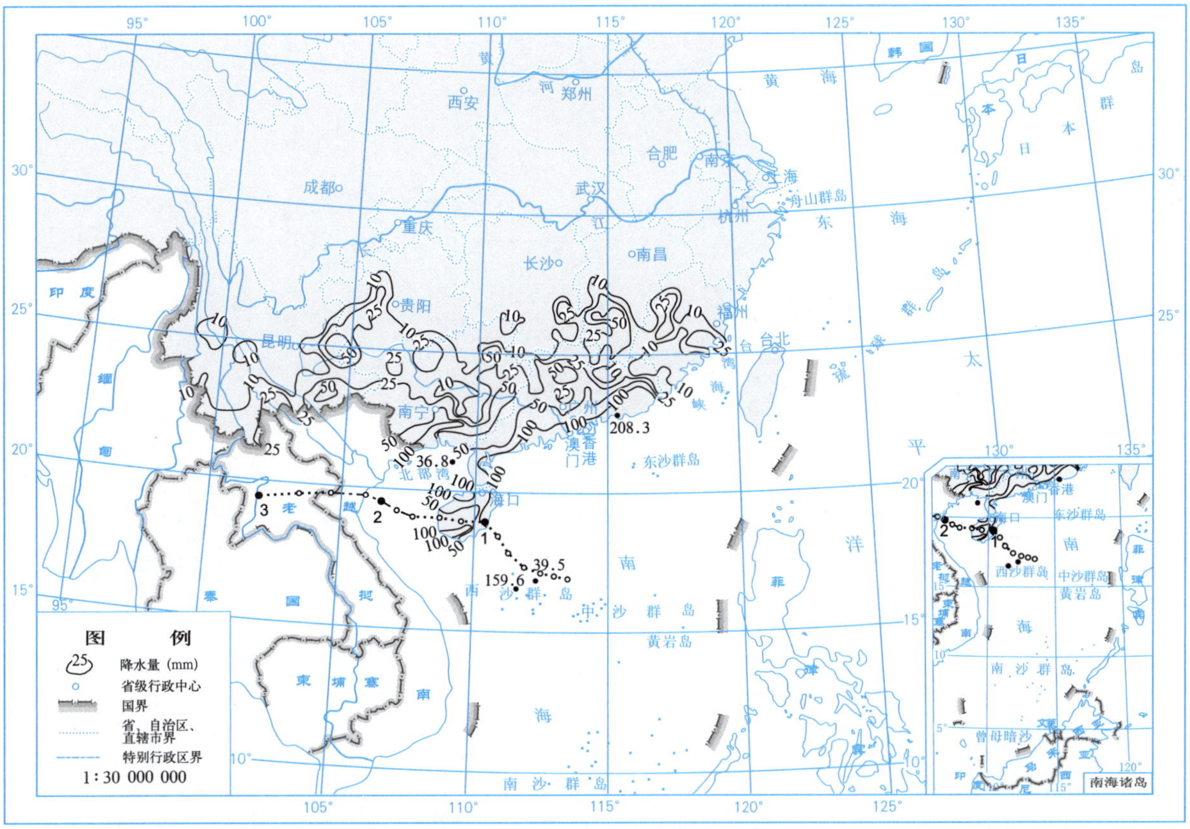

图 2.3.2 2003 号热带风暴“森拉克”（Sinlaku）总降水量图（7 月 31 日—8 月 4 日）（mm）

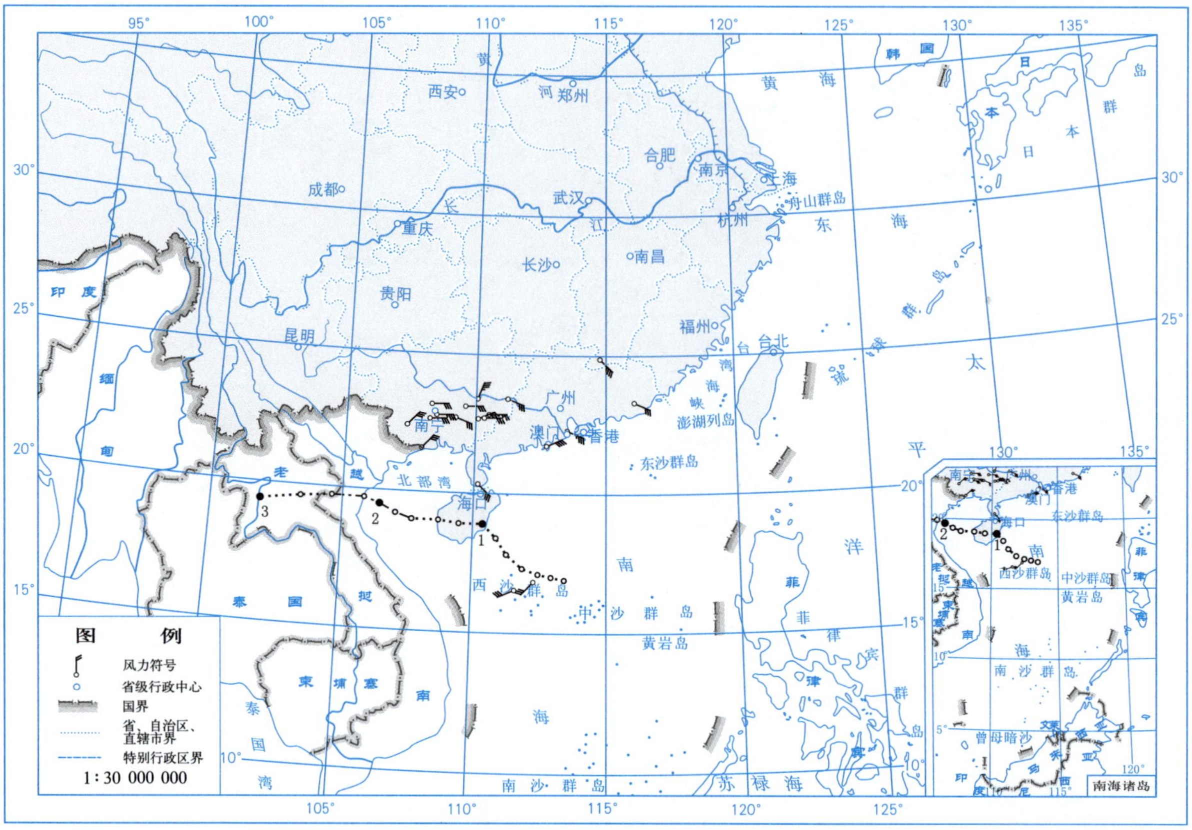

图 2.3.3 2003 号热带风暴“森拉克”（Sinlaku）大风分布图（7 月 31 日—8 月 2 日）

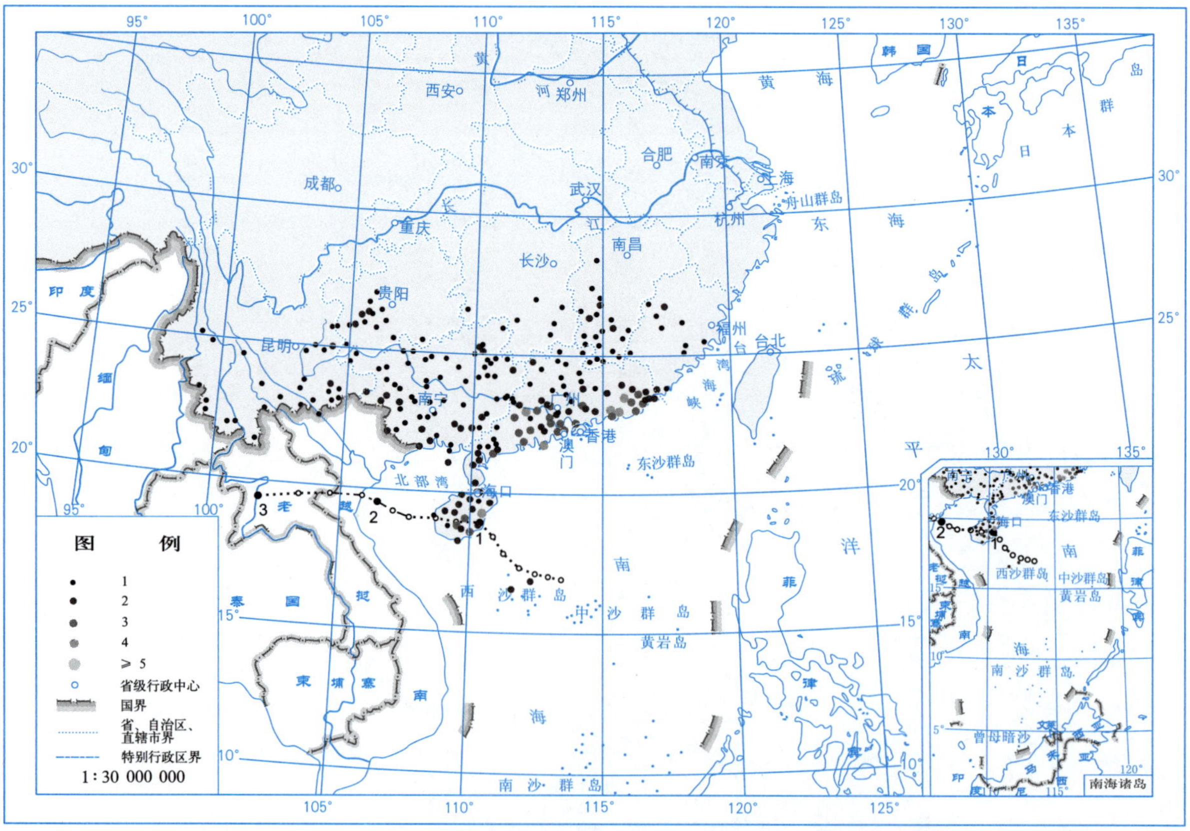

图 2.3.4 2003 号热带风暴“森拉克”（Sinlaku）总降水日数图（d）

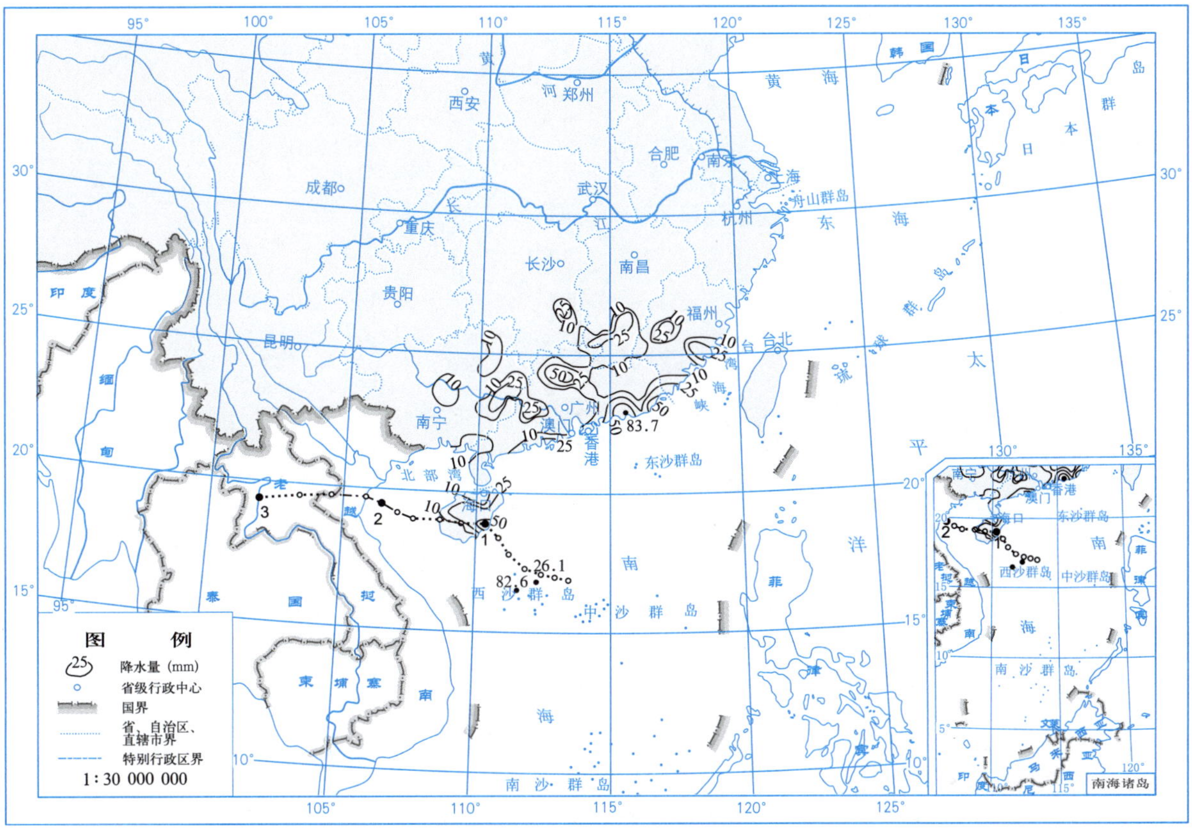

图 2.3.5 2020 年 7 月 31 日的日降水量图（mm）

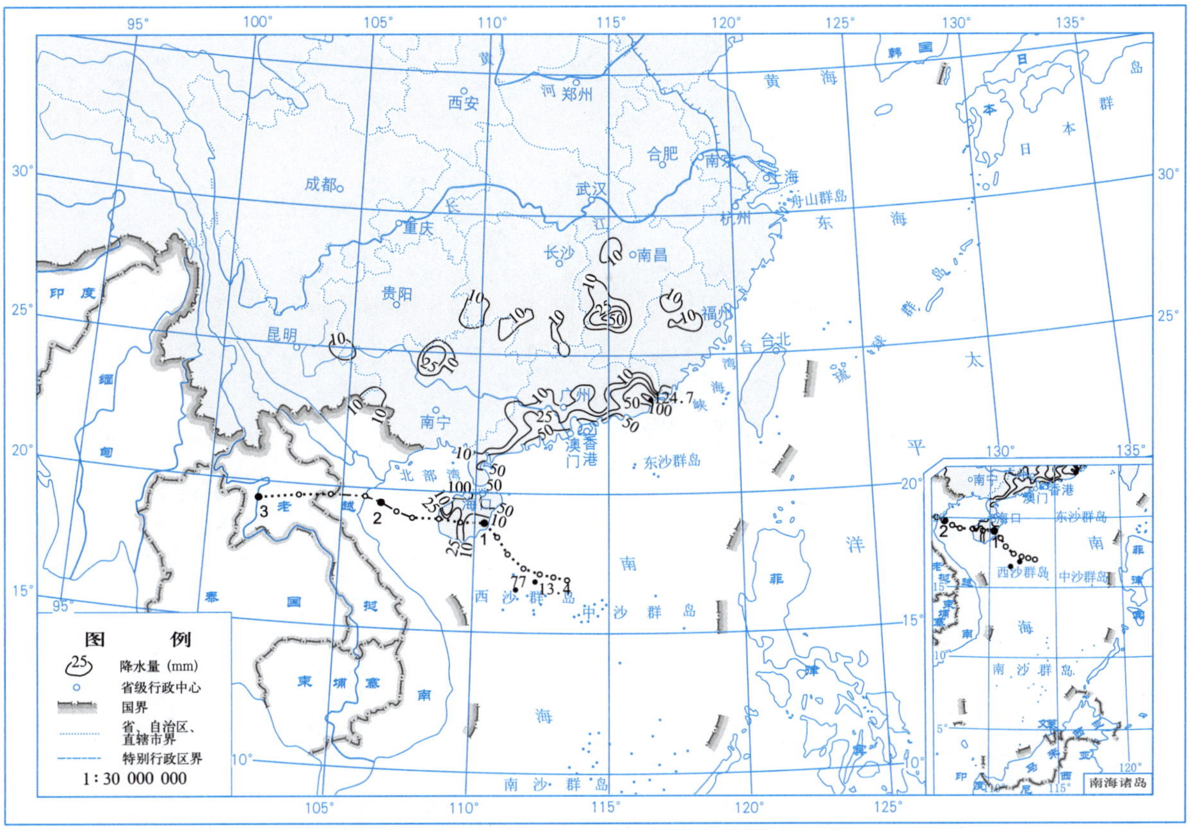

图 2.3.6 2020 年 8 月 1 日的日降水量图（mm）

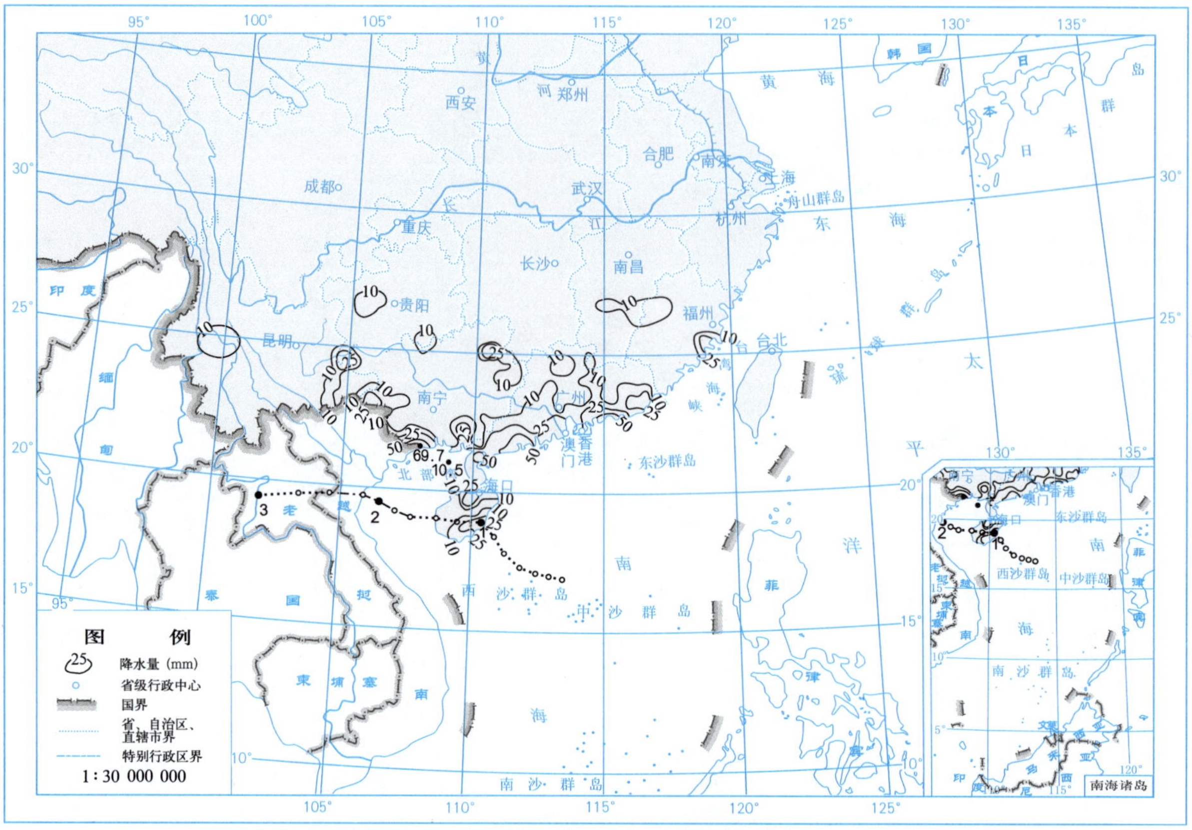

图 2.3.7　2020 年 8 月 2 日的日降水量图（mm）

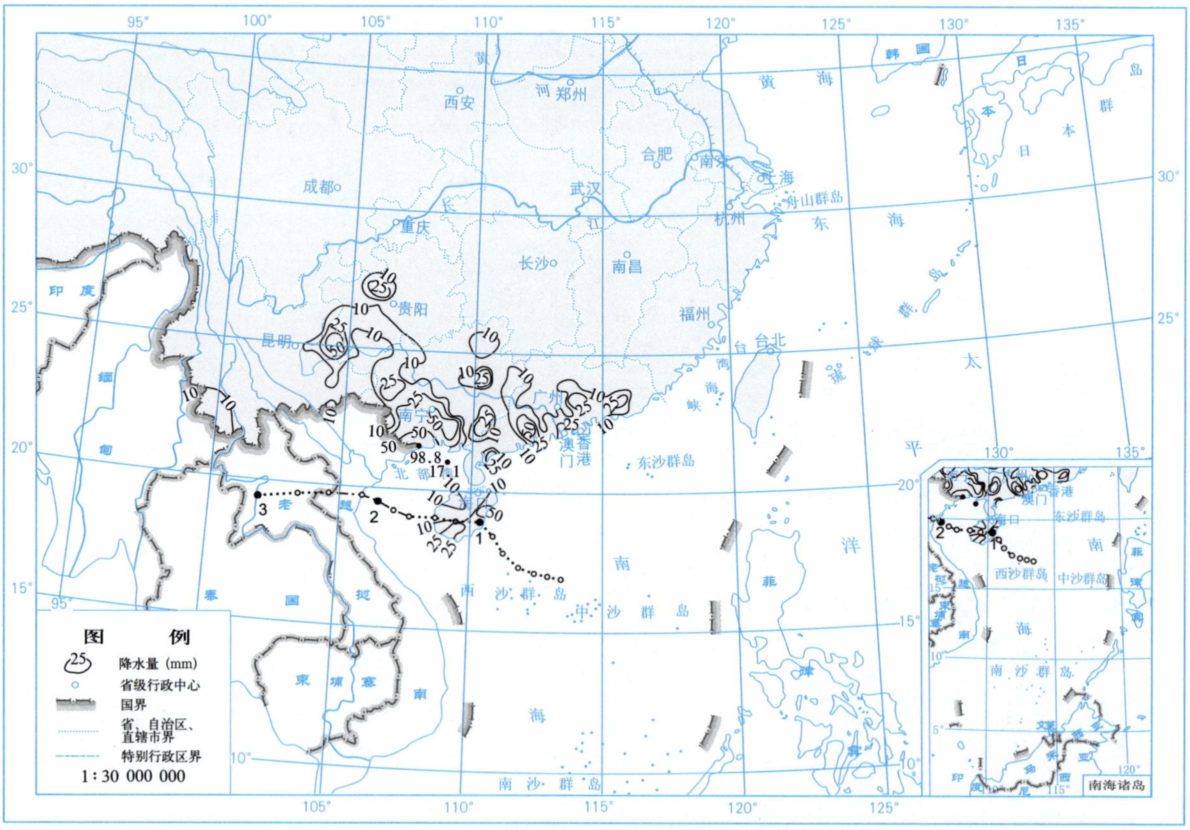

图 2.3.8　2020 年 8 月 3 日的日降水量图（mm）

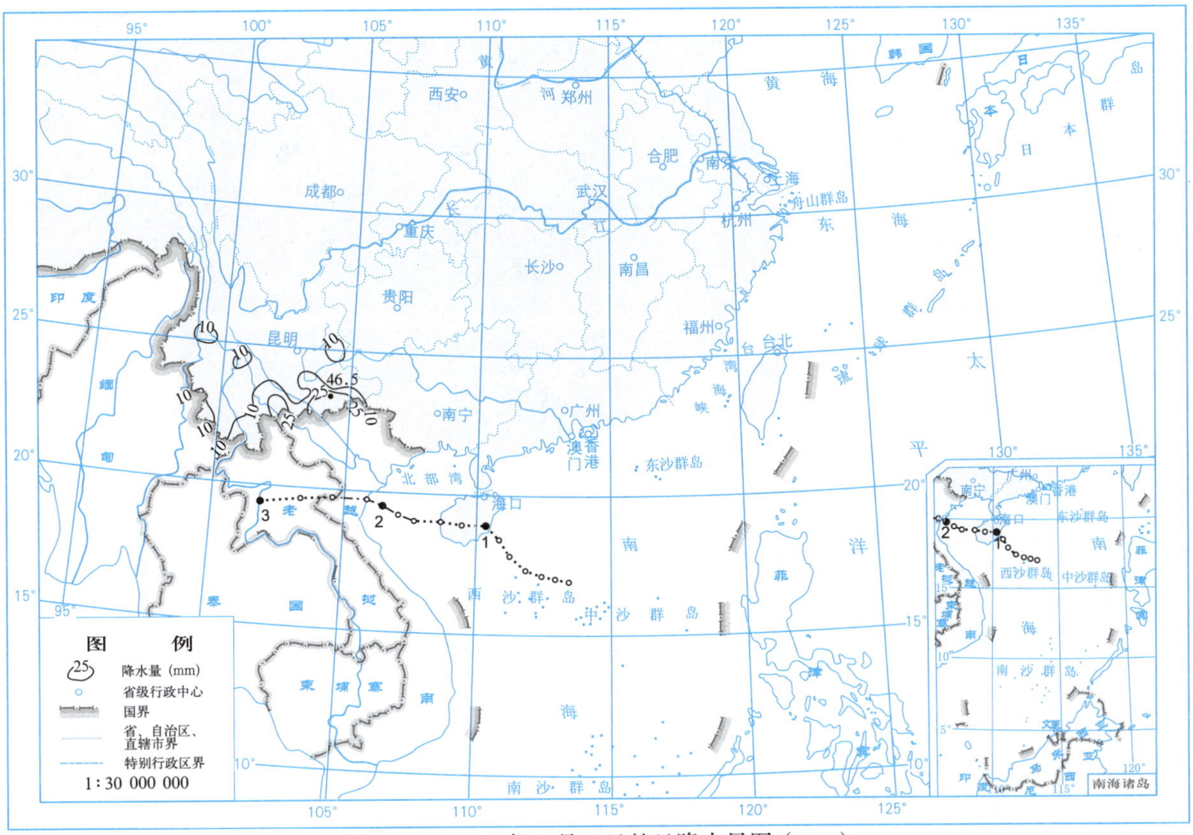

图 2.3.9　2020 年 8 月 4 日的日降水量图（mm）

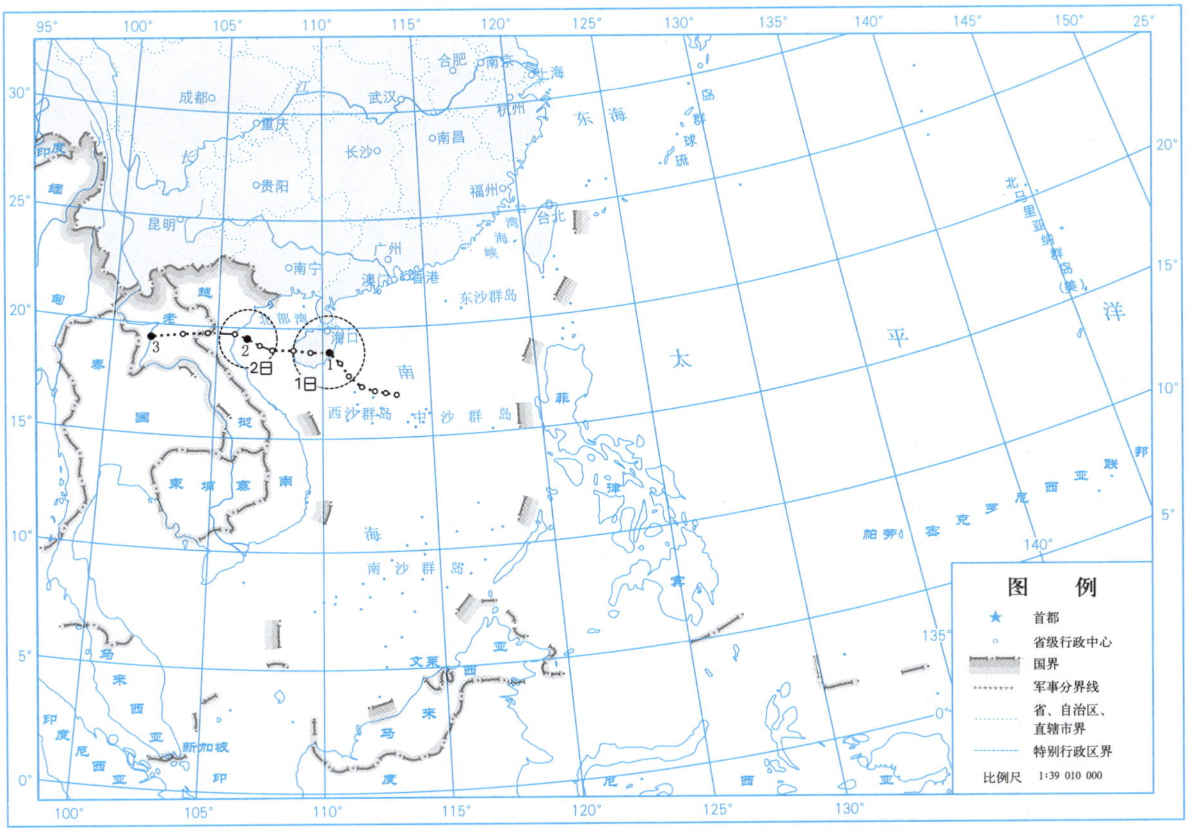

图 2.3.10　2003 号热带风暴“森拉克”（Sinlaku）大风区域演变图

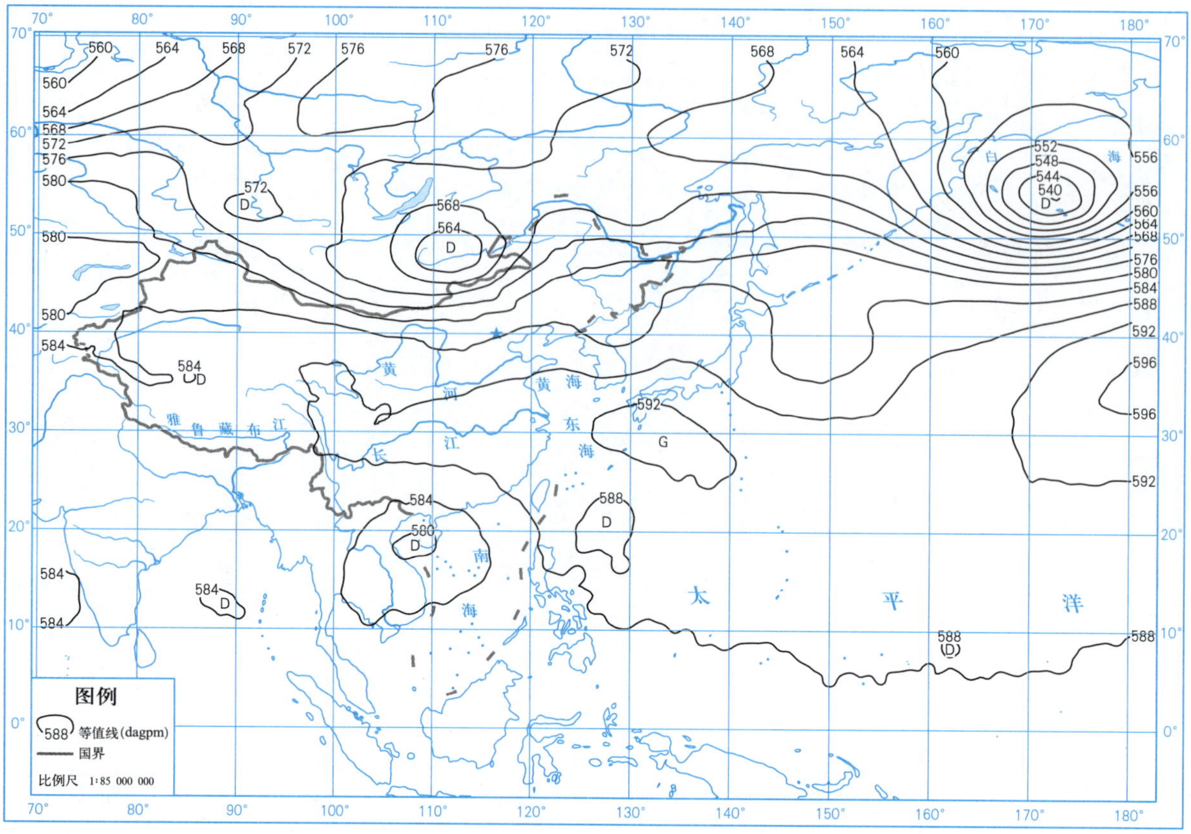

图 2.3.11 2020 年 8 月 1 日 20 时 500 hPa 高度场图

2.4　强台风“黑格比”（Hagupit）

第 2004 号强台风“黑格比”是由 8 月 1 日凌晨位于我国台湾岛鹅銮鼻东偏南方向约 960 km 的西北太平洋洋面上一个热带低压发展形成。形成后低压中心向西北方向移动，夜间加强为热带风暴，3 日凌晨继续加强为强热带风暴，穿过先岛诸岛，进入东海南部海域，强度迅速增强。当日下午增强为台风，夜间进一步增强为强台风，之后逐渐靠近浙江东部沿海，于 4 日 03 时 30 分登陆浙江乐清沿海，登陆时近中心最大风速为 42 m/s（14 级），中心最低气压为 965 hPa。登陆后，强台风“黑格比”强度快速减弱为强热带风暴，并转向偏北方向移动，下午继续减弱为热带风暴，随后进入江苏省境内。“黑格比”于 5 日凌晨再次入海，转向东北，移速加快，6 日凌晨在朝鲜西部沿海二次登陆，之后快速穿过朝鲜半岛，进入日本海海域，并发生变性。变性后，“黑格比”继续东北行，7 日下午穿过日本北海道岛，进入鄂霍次克海海域，沿着千岛群岛继续东北行，8 日夜间加大向东移动的分量，移速减缓，于 12 日早晨在阿留申群岛附近减弱消散。

受强台风“黑格比”影响，8 月 3—6 日，福建三沙、浙江沿海大部、上海奉贤和松江、江苏南部局部、安徽黄山和太湖出现最大风力 6 ~ 7 级、阵风 7 ~ 11 级；浙江南部沿海局部出现最大风力 8 ~ 9 级阵风 10 ~ 13 级；浙江乐清出现最大风力 11 级、阵风 14 级；浙江玉环出现最大风力 14 级（42.1 m/s）、阵风 16 级（55.0 m/s）为本次强台风影响过程风极值。

受其影响，8 月 3—7 日，福建部分、江西临川和宜黄、浙江部分、安徽缩松和绩溪、江苏南部局部、辽宁南部局部、吉林南部局部、黑龙江南部局部总雨量为 10 ~ 50 mm；浙江东部部分、上海大部、江苏南部局部、辽宁南部局部总雨量为 50 ~ 150 mm；浙江沿海局部、上海南部局部总雨量为 150 ~ 324 mm；其中浙江平湖总雨量 323.9 mm，5 日雨量 314.4 mm，分别为本次强台风影响过程总雨量及日雨量极值；浙江洞头 4 日 4 时雨量 70.5 mm，为本次强台风影响过程时雨量极值。

受“黑格比”登陆浙江南部沿海后北移影响，8 月 4 日，浙江南部普降暴雨到大暴雨，浙江永嘉出现特大暴雨（263.4 mm）；5 日，随着“黑格比”北上，雨带北移，浙江北部和上海出现大面积暴雨到大暴雨，浙江平湖（314.4 mm）和上海金山（263.5 mm）出现特大暴雨，辽宁和吉林南部局部出现大到暴雨。6—7 日，“黑格比”变性后转向东北方向，给东北三省带来小到中雨，局部大雨。

“黑格比”是 2020 年登陆我国时强度最强的热带气旋，具有近海快速增强、以生命史最大强度登陆我国、结构紧凑等特点。受其影响，造成上海和浙江省（市）出现了一定程度的灾情。总计受灾人数达到 188 万人，死亡人数达到 5 人，紧急转移人数达到 31.7 万人，农作物受灾面积达到 7.72 万公顷，农作物绝收面积达到 0.62 万公顷，倒塌房屋 3000 间，直接经济损失达到 104.8 亿元（表 2.4.2）。

表 2.4.1 是强台风“黑格比”的中心位置和强度。图 2.4.1 ~ 图 2.4.10 分别是强台风“黑格比”的路径图、总降水量图、大风分布图、总降水日数图、2020 年 8 月 3—6 日各日的日降水量图、大风区域演变图和 2020 年 8 月 4 日 02 时 500 hPa 高度场图。

表 2.4.1 2004 号强台风“黑格比”（Hagupit）中心位置和强度

8 月 1—12 日

年	月	日	时	中心位置		中心气压（hPa）	中心风速（m/s）
				北纬（°N）	东经（°E）		
2020	8	1	02	18.9	129.5	1005	13
	8	1	08	20.0	128.9	1005	13
	8	1	14	20.8	127.9	1002	15
	8	1	20	21.3	126.9	998	18
	8	2	02	21.9	126.0	998	18
	8	2	08	22.6	125.1	995	20
	8	2	14	23.1	124.5	992	23
	8	2	20	23.6	124.2	992	23
	8	3	02	24.1	123.9	990	25
	8	3	05	24.5	123.6	988	28
	8	3	08	25.0	123.4	985	30
	8	3	11	25.6	123.0	985	30
	8	3	14	26.2	122.5	980	33
	8	3	17	26.5	122.1	970	38
	8	3	20	26.8	121.7	965	42
	8	3	23	27.2	121.4	965	42
	8	4	02	27.8	121.1	965	42
	8	4	05	28.3	120.8	970	38
	8	4	08	28.6	120.6	985	28
	8	4	11	29.0	120.6	985	28
	8	4	14	29.6	120.6	990	25
	8	4	17	30.1	120.6	995	23
	8	4	20	30.8	120.6	995	23
	8	4	23	31.6	120.6	998	20
	8	5	02	32.5	120.5	998	20
	8	5	05	33.5	120.5	998	18
	8	5	08	34.2	120.9	998	18
	8	5	14	35.2	121.5	998	18

（续表）

年	月	日	时	中心位置		中心气压（hPa）	中心风速（m/s）
				北纬（°N）	东经（°E）		
2020	8	5	20	36.6	122.6	998	18
	8	6	02	38.3	124.6	998	18
△	8	6	08	40.0	128.4	998	18
	8	6	14	41.4	132.3	998	18
	8	6	20	42.3	134.7	995	18
	8	7	02	43.0	137.0	992	20
	8	7	08	43.7	139.5	992	20
	8	7	14	44.6	142.5	992	20
	8	7	20	46.3	145.7	992	20
	8	8	02	47.2	148.0	992	20
	8	8	08	48.0	150.6	992	20
	8	8	14	48.8	153.8	990	20
	8	8	20	49.5	156.4	988	20
	8	9	02	49.8	158.5	988	20
	8	9	08	50.1	160.4	988	20
	8	9	14	50.5	162.5	992	18
	8	9	20	50.8	164.6	992	18
	8	10	02	51.0	166.9	992	18
	8	10	08	51.1	169.1	992	18
	8	10	14	51.1	170.8	995	15
	8	10	20	51.2	172.6	995	15
	8	11	02	51.5	174.0	995	13
	8	11	08	51.8	175.4	995	13
	8	11	14	51.9	176.8	998	13
	8	11	20	52.0	178.1	1000	13
	8	12	02	52.0	179.5	1002	13
	8	12	08	52.1	181.1	1002	13
消散							

表 2.4.2　2004 号强台风“黑格比”（Hagupit）在上海和浙江省（市）引发的灾情

受灾省（市）	受灾人口（万人）	死亡人口（人）	失踪人口（人）	紧急转移人口（万人）	农作物		倒塌房屋（万间）	直接经济损失（亿元）
					受灾面积（万公顷）	绝收面积（万公顷）		
上海市	0.8	0	0	0	0.52	0	0	0.9
浙江省	187.2	5	0	31.7	7.20	0.62	0.3	103.9
合计	188.0	5	0	31.7	7.72	0.62	0.3	104.8

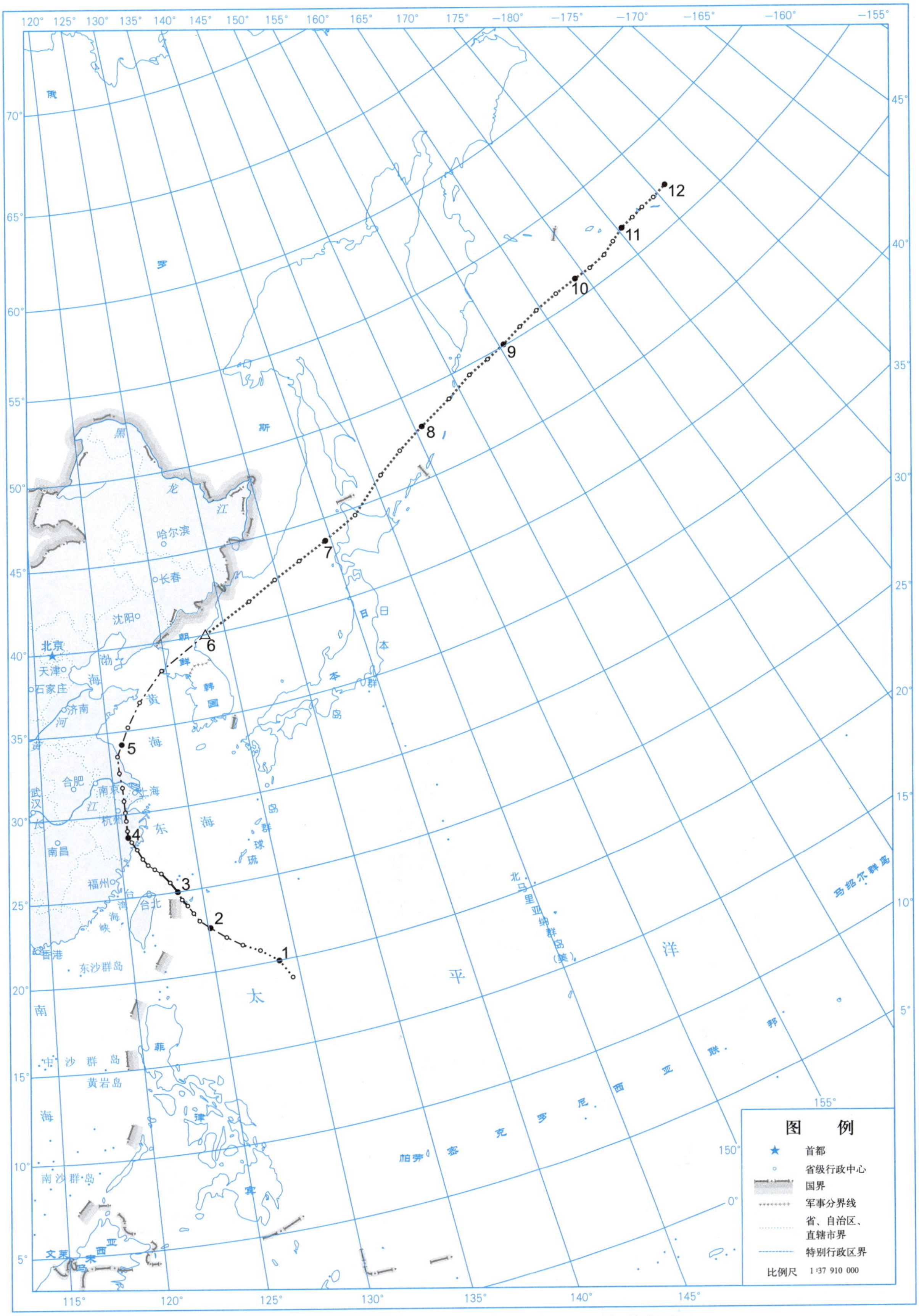

图 2.4.1　2004 号强台风“黑格比”（Hagupit）路径图

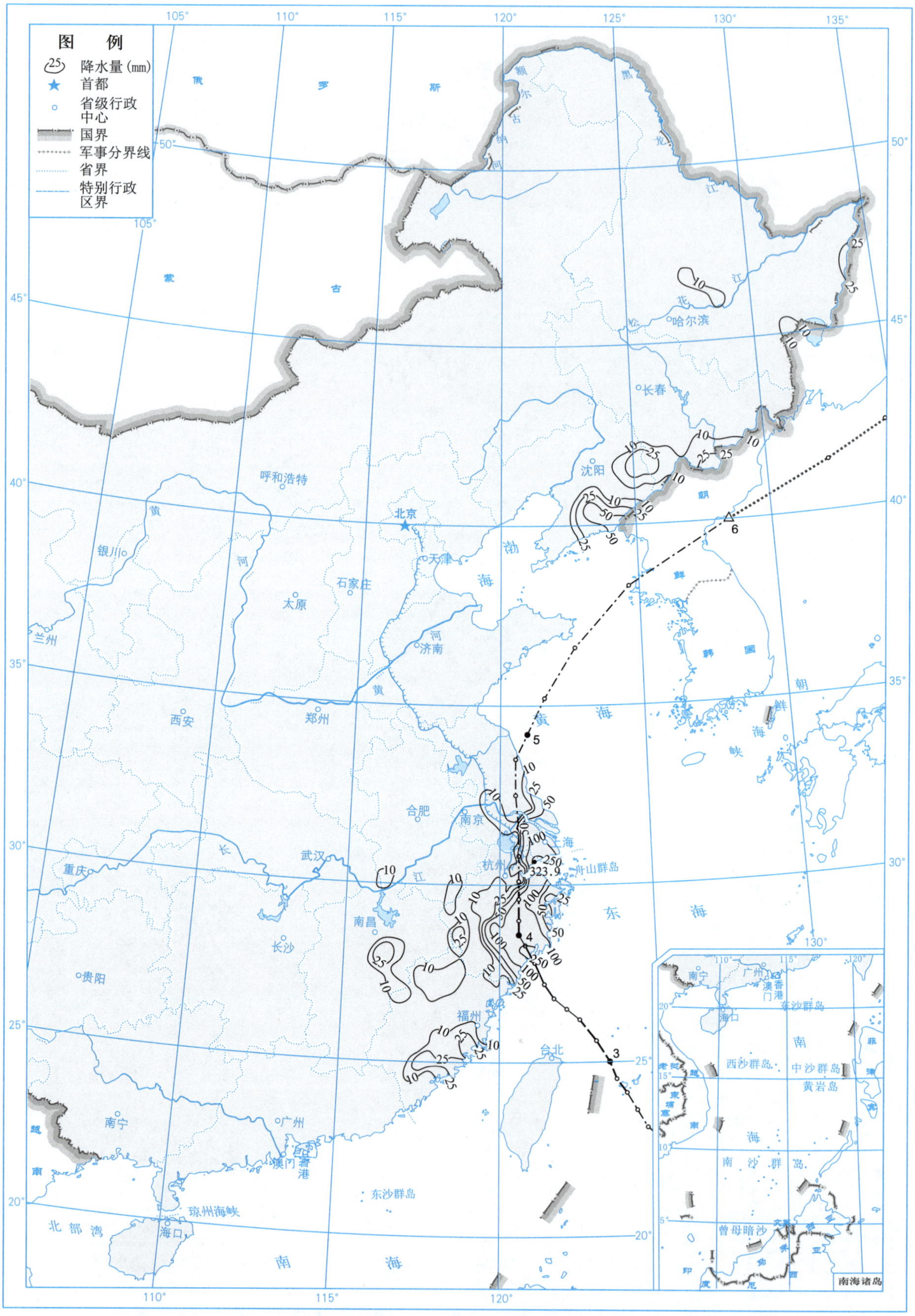

图 2.4.2　2004 号强台风“黑格比”（Hagupit）总降水量图（8 月 3—7 日）（mm）

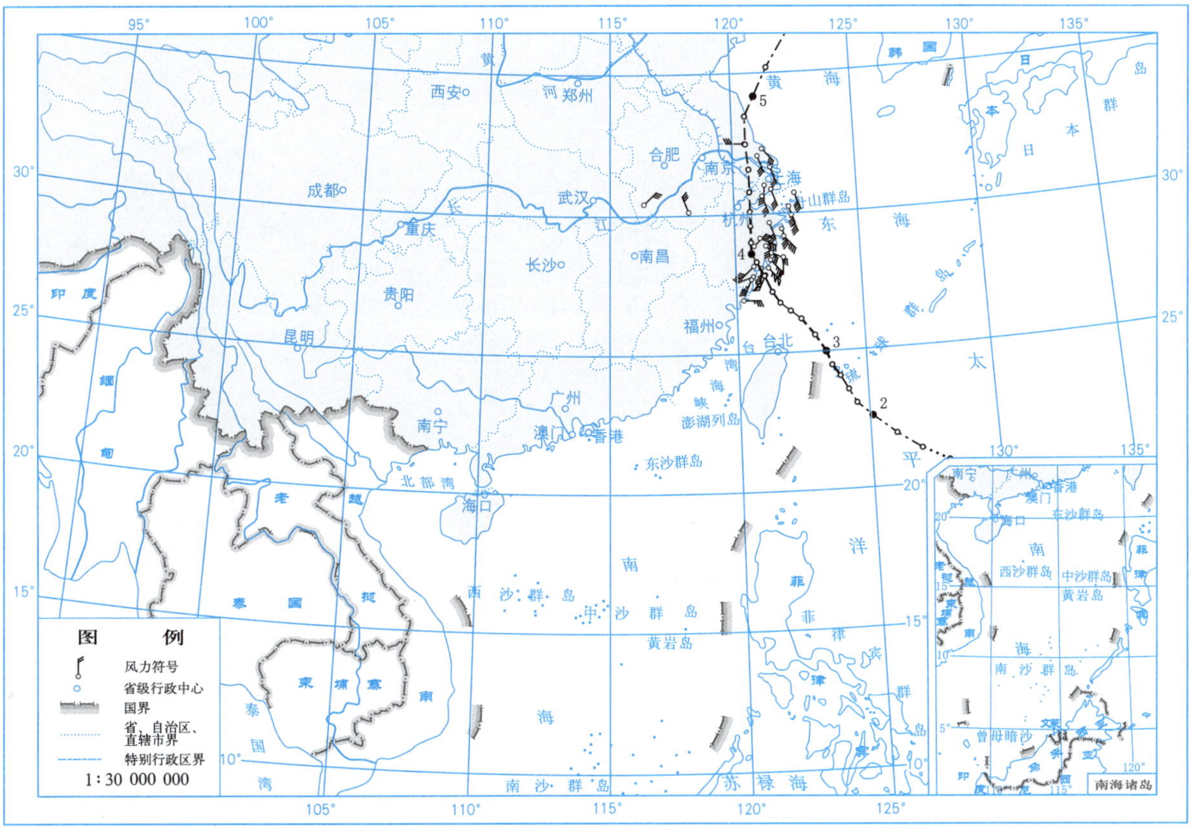

图 2.4.3　2004 号强台风“黑格比”（Hagupit）大风分布图（8 月 3—6 日）

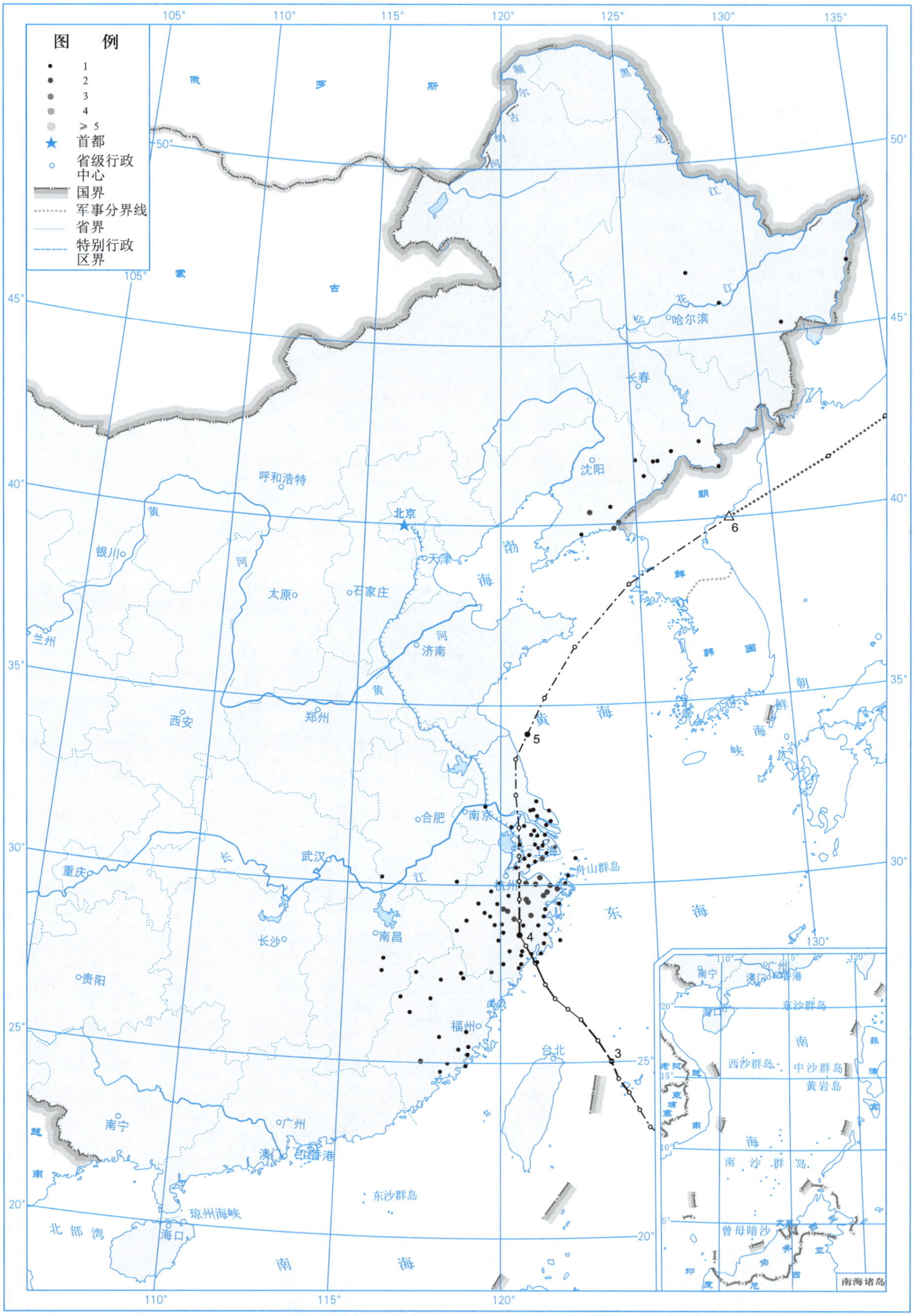

图 2.4.4　2004 号强台风“黑格比”（Hagupit）总降水日数图（d）

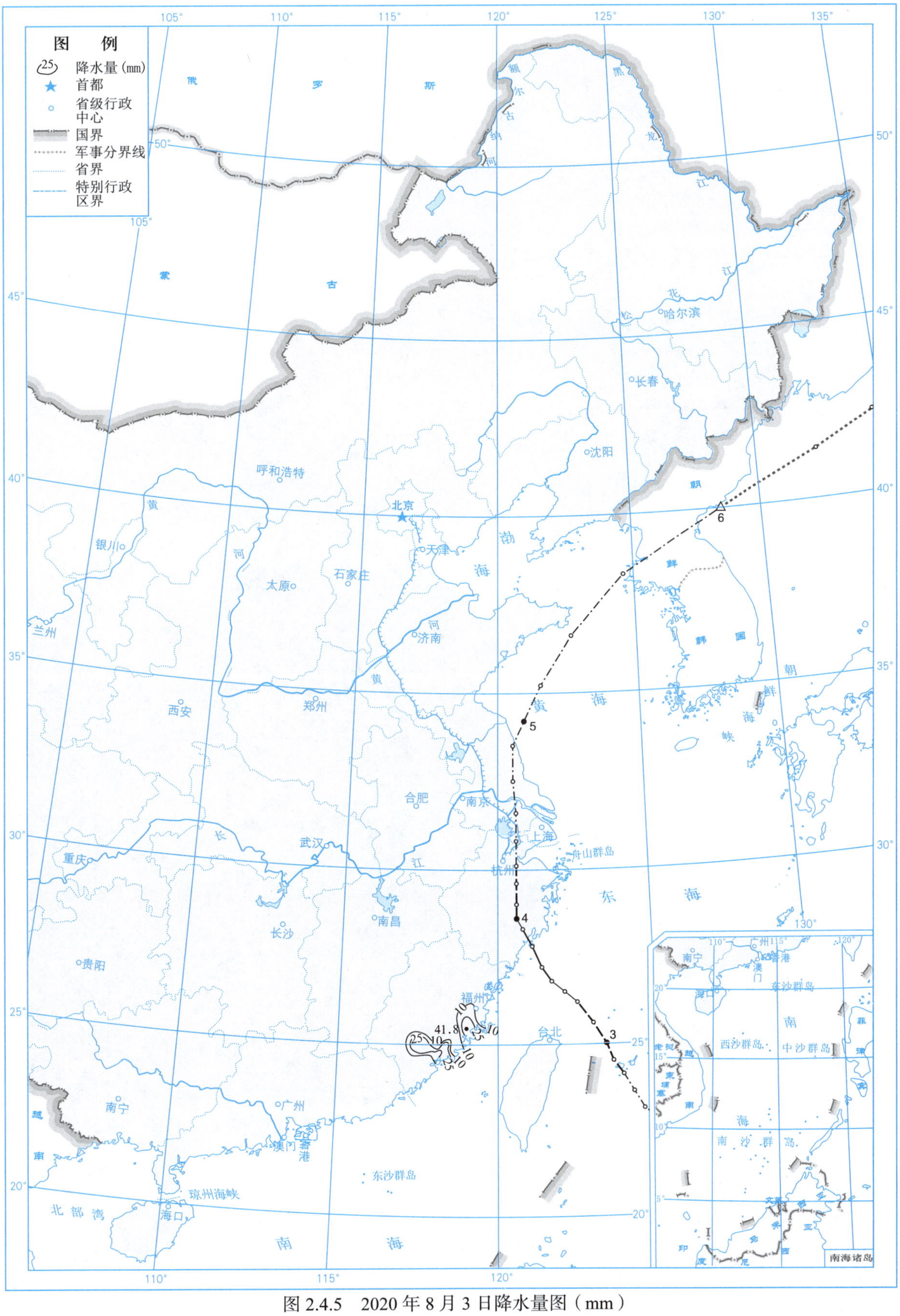

图 2.4.5　2020 年 8 月 3 日降水量图（mm）

图 2.4.6　2020 年 8 月 4 日降水量图（mm）

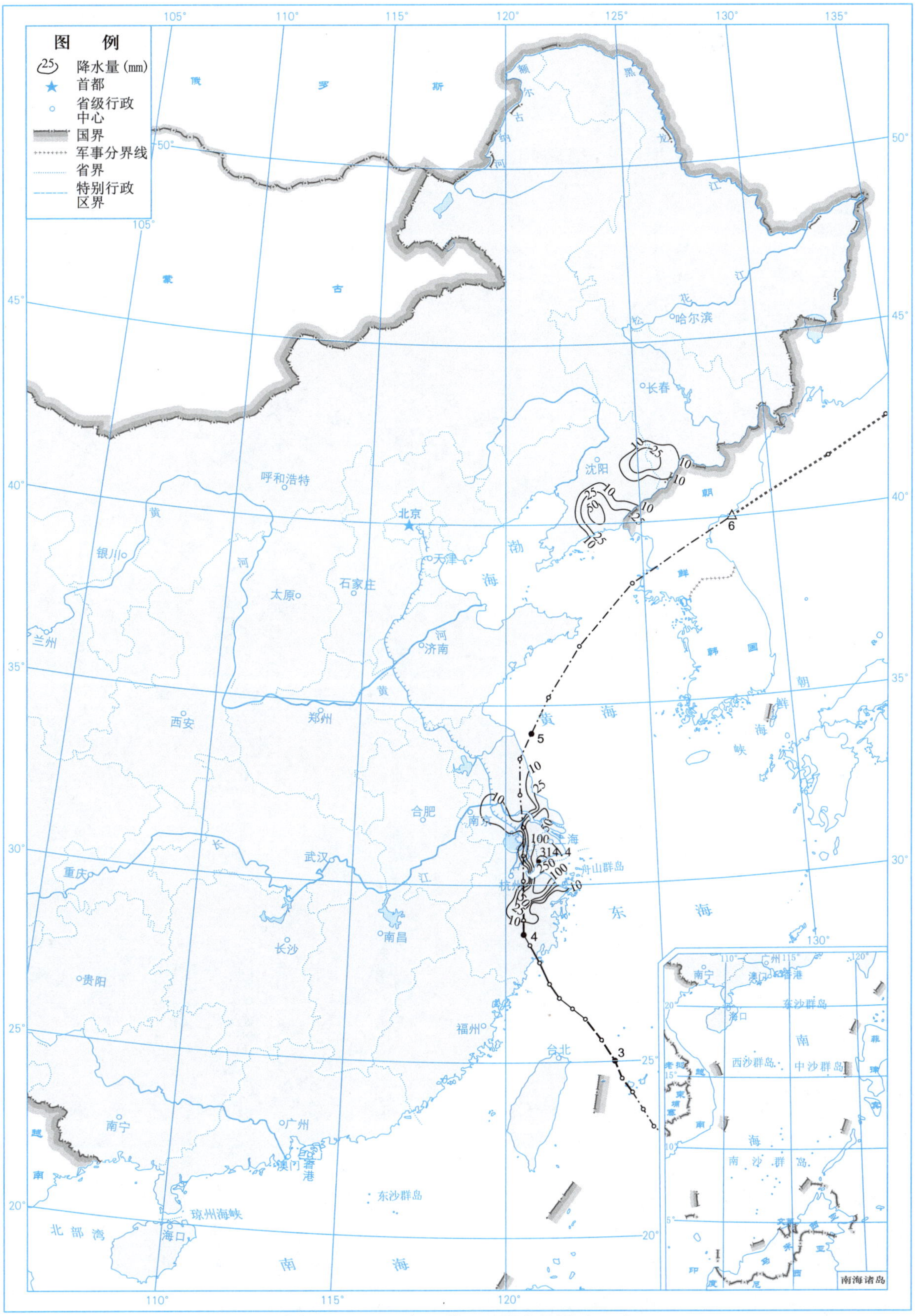

图 2.4.7　2020 年 8 月 5 日降水量图（mm）

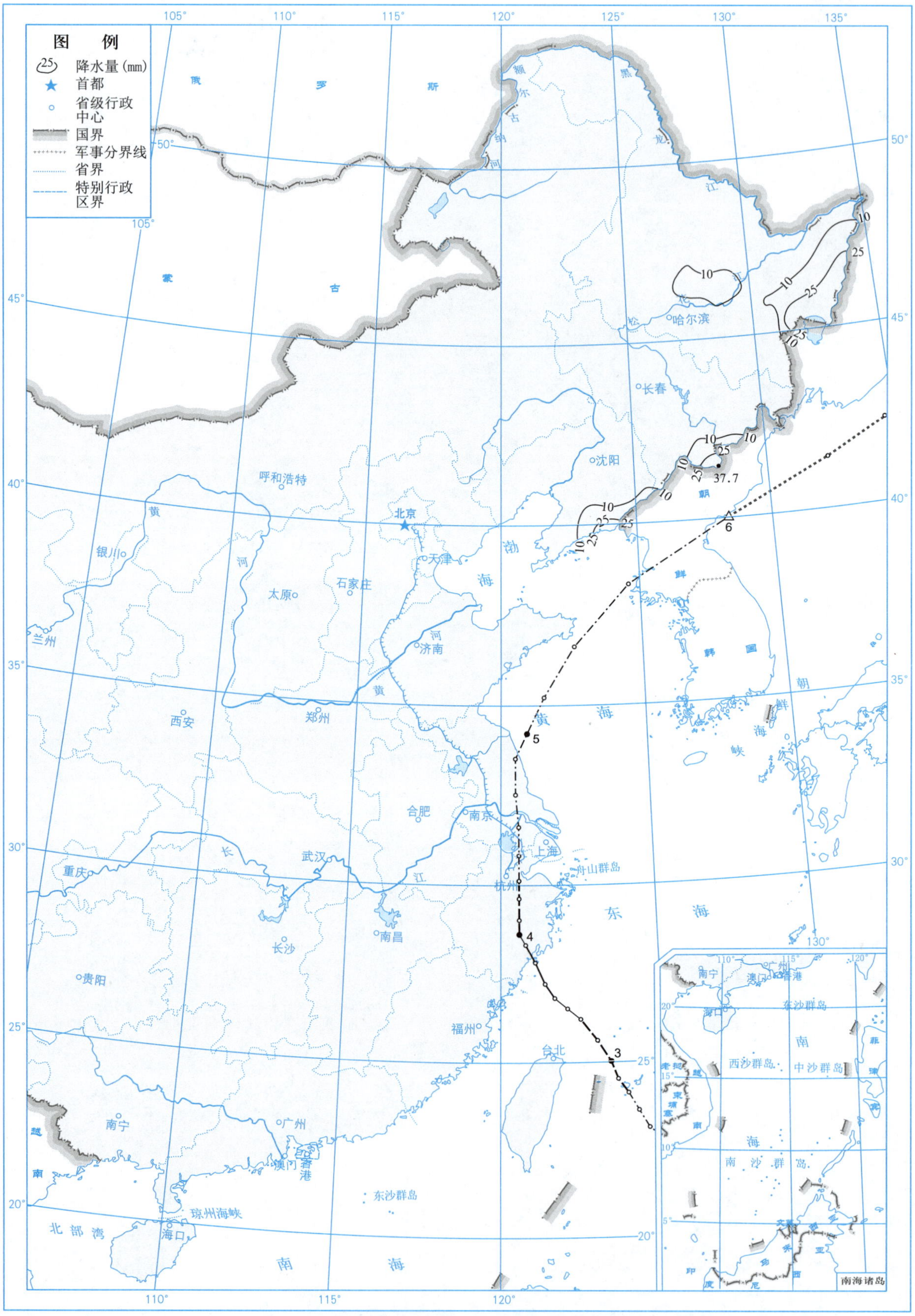

图 2.4.8　2020 年 8 月 6 日降水量图（mm）

图 2.4.9　2004 号强台风“黑格比”（Hagupit）大风区域演变图

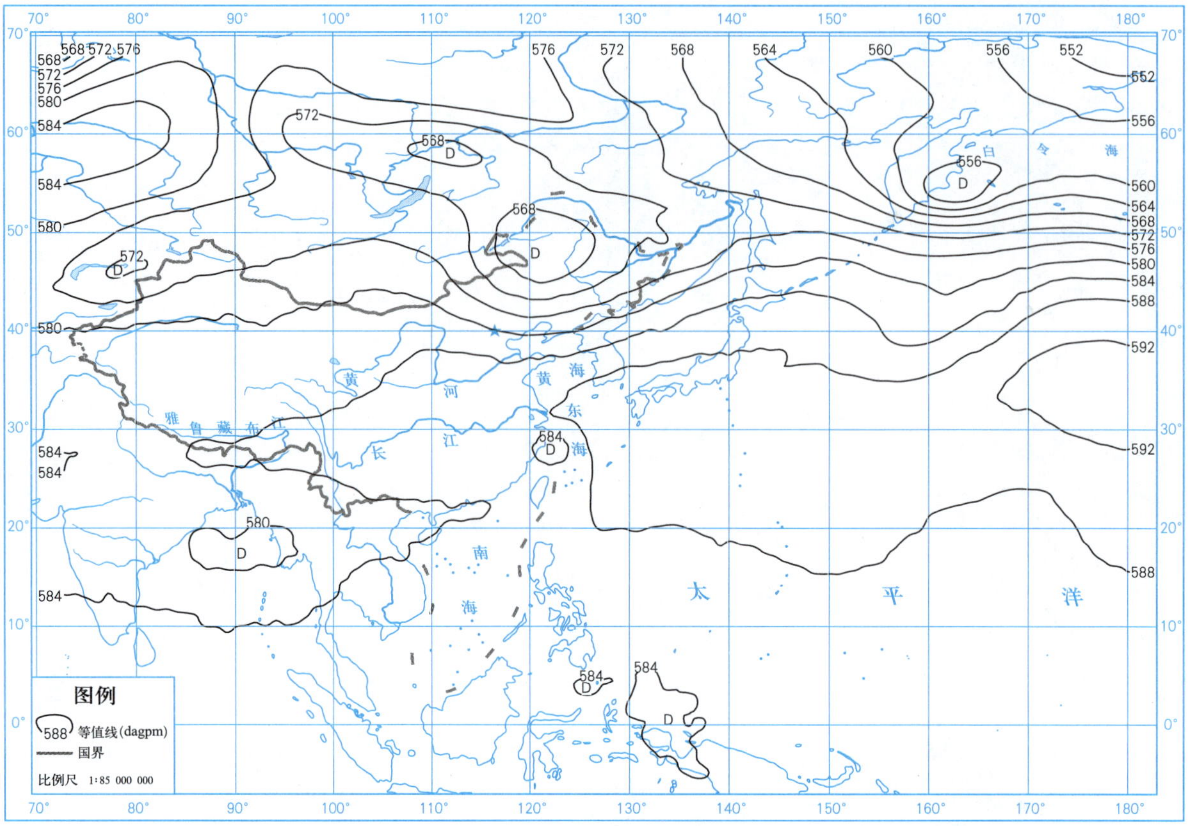

图 2.4.10　2020 年 8 月 4 日 02 时 500 hPa 高度场图

2.5　热带风暴“蔷薇”（Jangmi）

第 2005 号热带风暴“蔷薇”是由 8 月 7 日下午位于菲律宾吕宋岛以东约 460 km 的西北太平洋洋面上一个热带低压发展形成。形成后低压中心向偏北方向移动，9 日凌晨加强为热带风暴，移速加快，随后穿过琉球群岛，进入东海南部海域。热带风暴“蔷薇”继续北行，10 日穿过朝鲜海峡，登陆韩国庆尚南道沿海，之后进入日本海海域，转向东北，并逐步转变为温带气旋。之后，“蔷薇”继续东北行，12 日起移速减慢，于 14 日下午在千岛群岛以东的西北太平洋洋面上减弱消散。

表 2.5.1 是热带风暴“蔷薇”的中心位置和强度。图 2.5.1 ~ 图 2.5.3 分别是热带风暴“蔷薇”的路径图、大风区域演变图和 2020 年 8 月 10 日 02 时 500 hPa 高度场图。

表 2.5.1　2005 号热带风暴“蔷薇”（Jangmi）中心位置和强度

8 月 7—14 日

年	月	日	时	中心位置		中心气压（hPa）	中心风速（m/s）
				北纬（°N）	东经（°E）		
2020	8	7	14	15.3	125.8	1000	15
	8	7	20	15.7	126.3	1000	15
	8	8	02	16.3	126.7	1000	15
	8	8	08	16.9	126.9	1000	15
	8	8	14	17.9	126.6	1000	15
	8	8	20	19.1	126.4	1000	15
	8	9	02	21.0	126.3	998	18
	8	9	08	23.1	126.2	998	18
	8	9	14	25.4	126.2	995	20
	8	9	20	27.5	126.2	992	23
	8	10	02	29.7	126.6	992	23
	8	10	08	32.1	127.6	992	23
	8	10	14	34.8	128.8	995	20
	8	10	20	37.3	130.1	995	20
	8	11	02	39.8	132.0	998	18
△	8	11	08	42.7	135.9	995	18
	8	11	14	44.6	139.4	995	18
	8	11	20	46.4	143.7	998	15
	8	12	02	47.4	148.4	998	15

（续表）

年	月	日	时	中心位置		中心气压（hPa）	中心风速（m/s）
				北纬（°N）	东经（°E）		
2020	8	12	08	47.5	152.0	998	15
	8	12	14	48.0	153.6	998	15
	8	12	20	48.6	155.3	995	15
	8	13	02	49.0	157.3	995	15
	8	13	08	49.3	158.8	995	15
	8	13	14	49.6	159.5	995	15
	8	13	20	49.4	160.3	995	15
	8	14	02	49.2	161.2	995	15
	8	14	08	49.1	162.1	995	15
	8	14	14	49.7	162.2	995	15
消散							

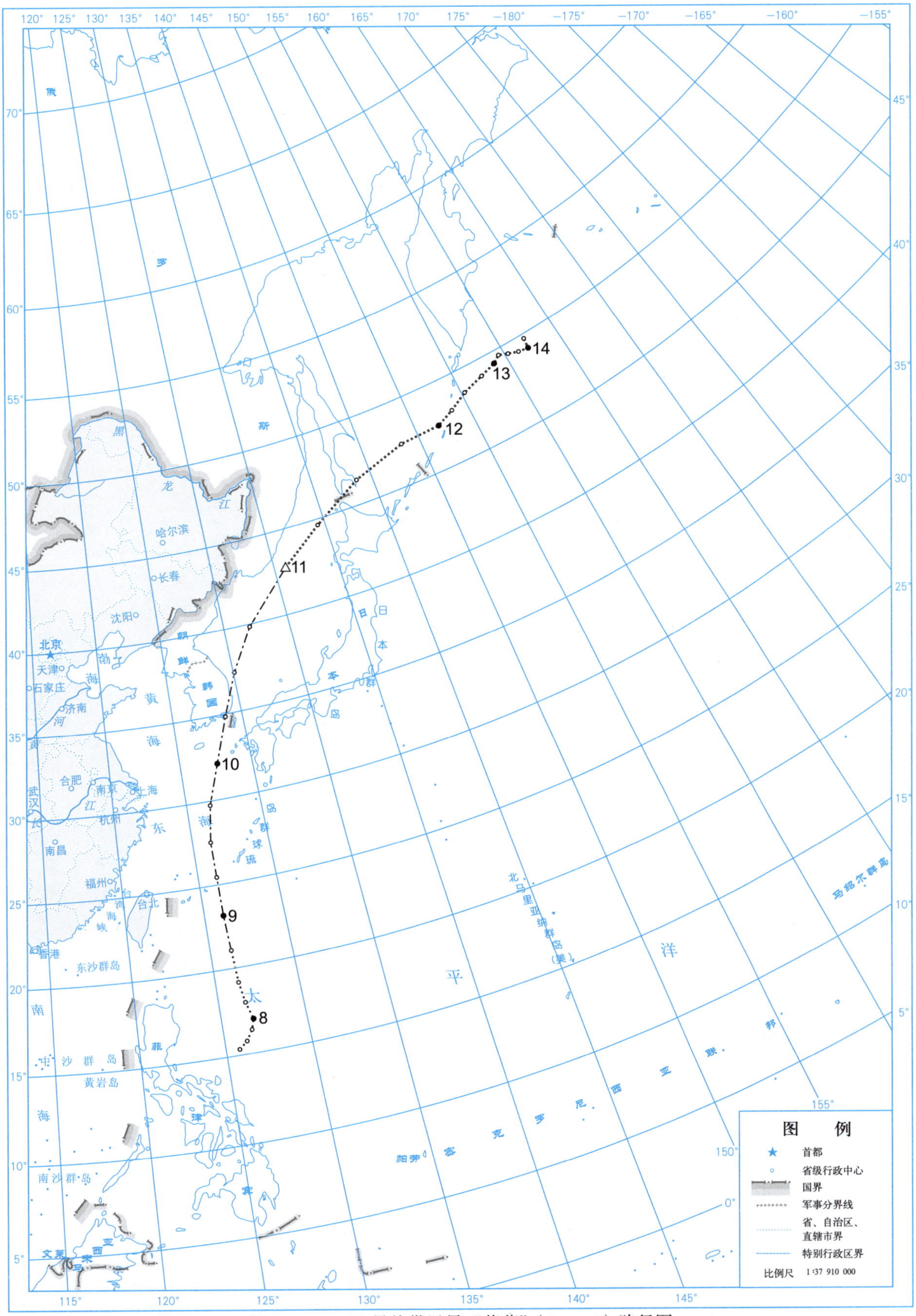

图 2.5.1 2005 号热带风暴“蔷薇”（Jangmi）路径图

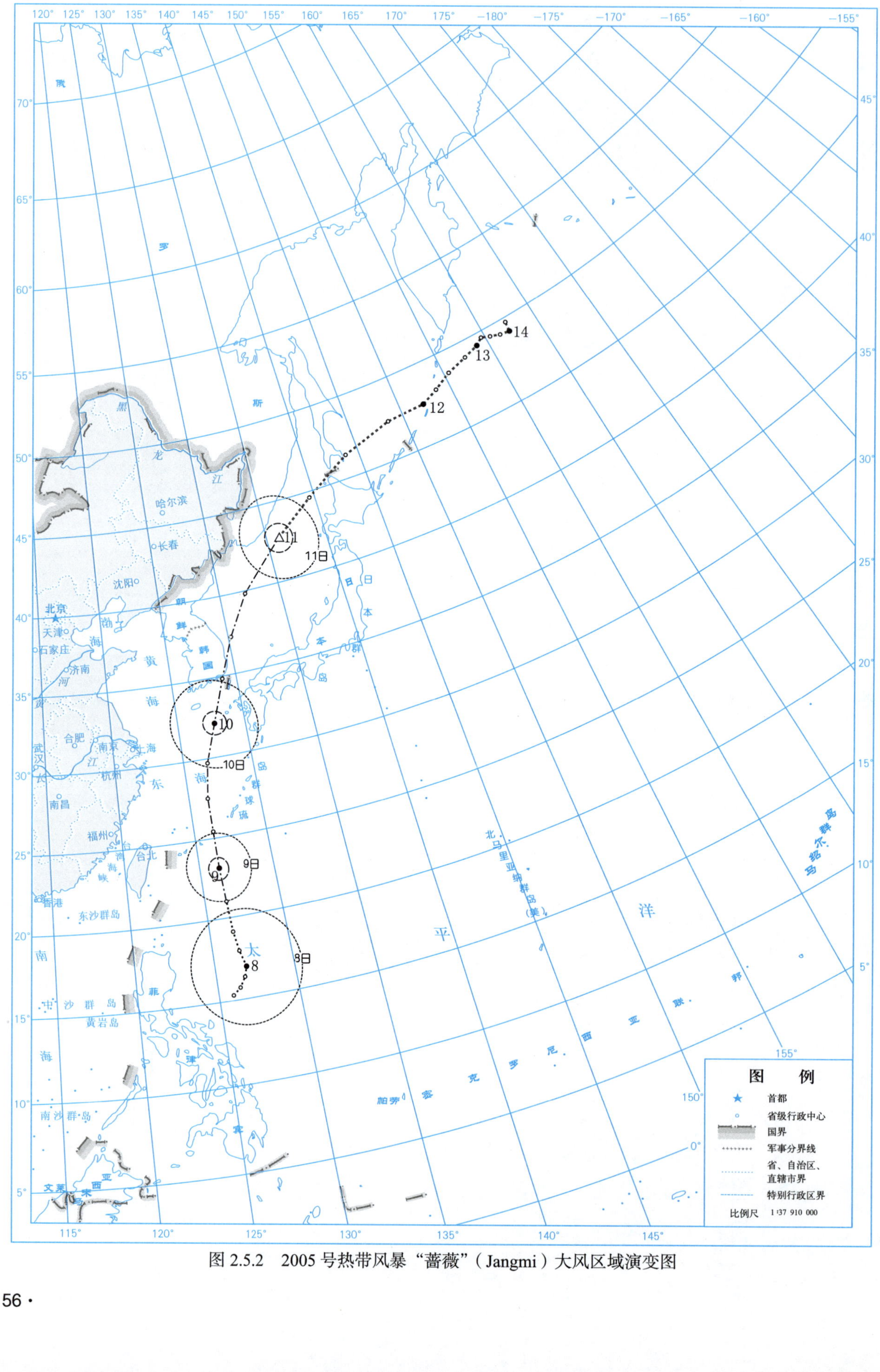

图 2.5.2　2005 号热带风暴“蔷薇”（Jangmi）大风区域演变图

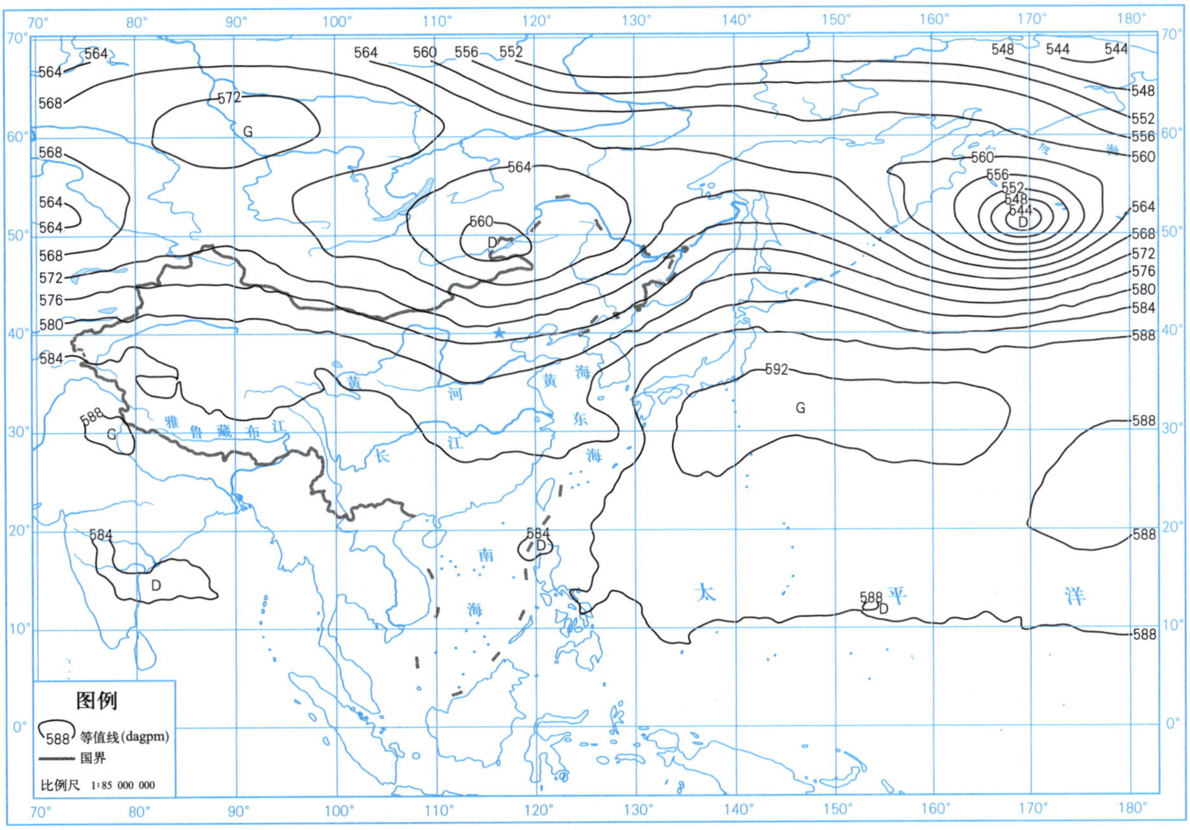

图 2.5.3　2020 年 8 月 10 日 02 时 500 hPa 高度场图

2.6 台风“米克拉”（Mekkhala）

第 2006 号台风“米克拉”是由 8 月 9 日早晨位于菲律宾吕宋岛以西约 220 km 的南海海面上一个热带低压发展形成。形成后低压中心向偏北方向移动，10 日上午加强为热带风暴，夜间加强为强热带风暴，逐渐向华南沿海靠近。11 日凌晨“米克拉”继续加强为台风，随即于 07 时 30 分以其生命史最大强度登陆福建漳浦，登陆时近中心最大风速为 38 m/s（13 级），中心最低气压为 975 hPa。登陆后，“米克拉”强度快速减弱，于当日下午在福建境内减弱消散。

受台风“米克拉”登陆福建南部影响，8 月 11 日，福建南部部分出现最大风力 6 ~ 7 级、阵风 9 ~ 11 级；福建南部局部及九仙山出现最大风力 8 ~ 9 级、阵风 10 ~ 13 级；福建平和出现最大风力 9 级（22.9 m/s）、阵风 11 级（32.3 m/s），福建龙海出现最大风力 9 级（21.3m/s）、阵风 13 级（37.3 m/s），为本次台风影响过程风极值。

受其影响，8 月 9—11 日，海南西沙、广东局部、广西富川、湖南南部局部、江西南部部分、福建南部及沿海部分总雨量为 10 ~ 50 mm；广东南澳和饶平、江西龙南、福建南部局部总雨量为 50 ~ 126 mm；其中福建漳浦总雨量 125.3 mm、11 日雨量 125.3 mm，分别为本次台风影响过程总雨量及日雨量极值；福建平和 11 日 11 时雨量 54.5 mm，为本次台风影响过程时雨量极值。

受“米克拉”影响，8 月 9—10 日，仅海南西沙出现小雨；11 日，随着“米克拉”登陆福建沿海，广东和福建大部、湖南和江西南部出现小到中雨，局部大到暴雨。

“米克拉”具有近海生成、近海快速增强、以生命史最大强度登陆我国、登陆后迅速减弱、台风尺度小等特点。受其影响，福建省出现了一定程度的灾情。总计受灾人数达到 5.9 万人，紧急转移人数达到 4.4 万人，农作物受灾面积达到 1.45 万公顷，直接经济损失达到 12.1 亿元（表 2.6.2）。

表 2.6.1 是台风“米克拉”的中心位置和强度。图 2.6.1 ~ 图 2.6.7 分别是台风“米克拉”的路径图、总降水量图、大风分布图、总降水日数图、2020 年 8 月 11 日的日降水量图、大风区域演变图和 2020 年 8 月 11 日 08 时 500 hPa 高度场图。

表 2.6.1 2006 号台风“米克拉”（Mekkhala）中心位置和强度

8 月 9—11 日

年	月	日	时	中心位置		中心气压（hPa）	中心风速（m/s）
				北纬（°N）	东经（°E）		
2020	8	9	08	15.2	117.9	1004	13
	8	9	14	16.0	118.1	1004	13
	8	9	20	16.8	118.4	1002	15
	8	10	02	17.7	118.5	1002	15
	8	10	08	19.0	118.5	1000	18

（续表）

年	月	日	时	中心位置		中心气压（hPa）	中心风速（m/s）
				北纬（°N）	东经（°E）		
2020	8	10	11	19.6	118.5	1000	18
	8	10	14	20.3	118.6	998	20
	8	10	17	20.9	118.6	995	23
	8	10	20	21.6	118.5	990	25
	8	10	23	22.2	118.4	990	25
	8	11	02	22.9	118.2	985	28
	8	11	05	23.5	118.0	980	33
	8	11	08	24.1	117.8	975	38
	8	11	11	24.7	117.5	995	23
	8	11	14	25.5	117.0	1002	15
消散							

表 2.6.2　2006 号台风“米克拉”（Mekkhala）在福建省引发的灾情

受灾省	受灾人口（万人）	死亡人口（人）	失踪人口（人）	紧急转移人口（万人）	农作物		倒塌房屋（万间）	直接经济损失（亿元）
					受灾面积（万公顷）	绝收面积（万公顷）		
福建省	5.9	0	0	4.4	1.45	0	0	12.1
合计	5.9	0	0	4.4	1.45	0	0	12.1

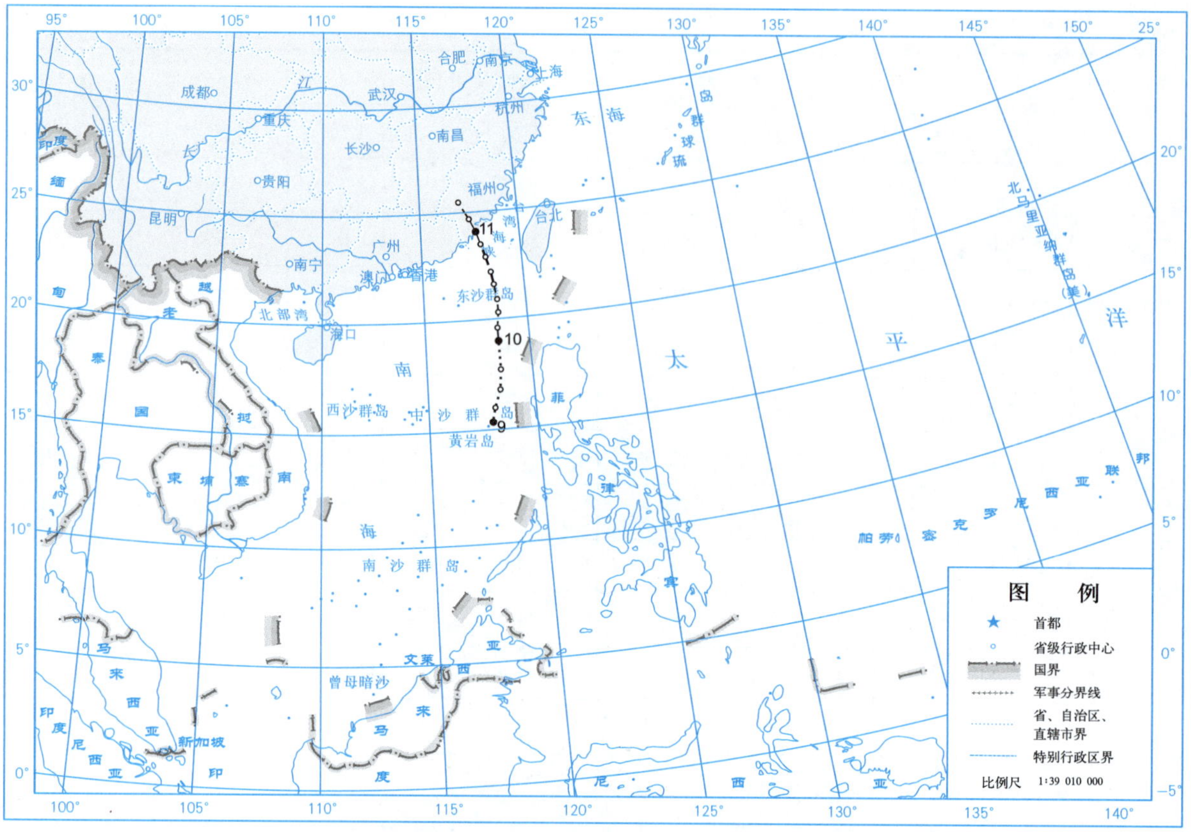

图 2.6.1　2006 号台风“米克拉”（Mekkhala）路径图

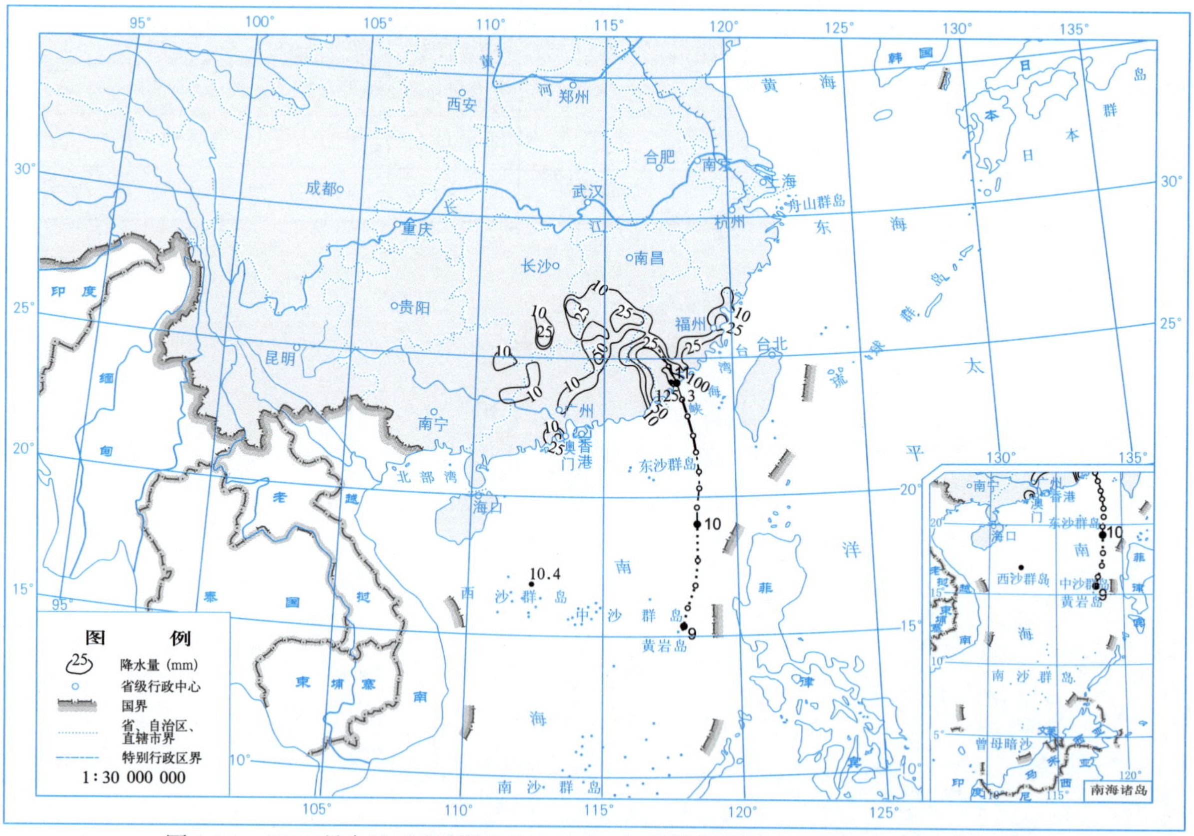

图 2.6.2　2006 号台风“米克拉”（Mekkhala）总降水量图（8 月 9—11 日）（mm）

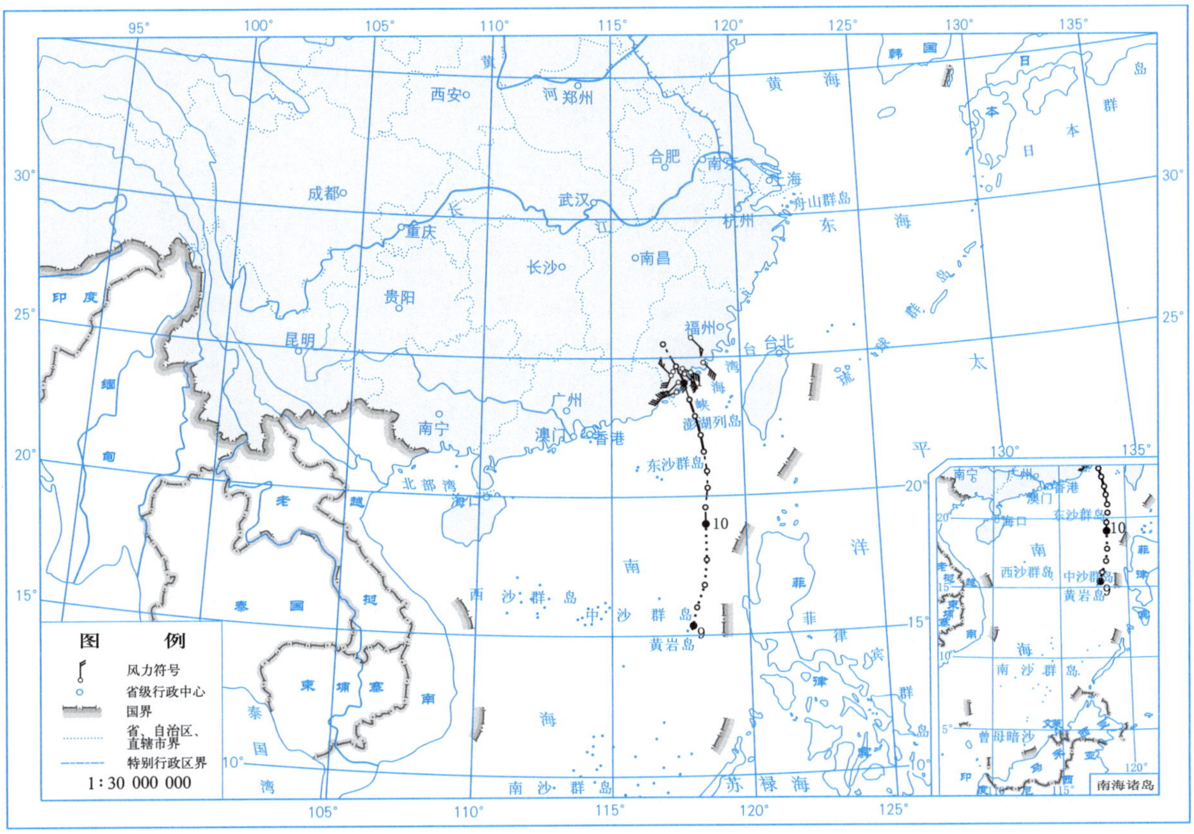

图 2.6.3 2006 号台风“米克拉”（Mekkhala）大风分布图（8 月 11 日）

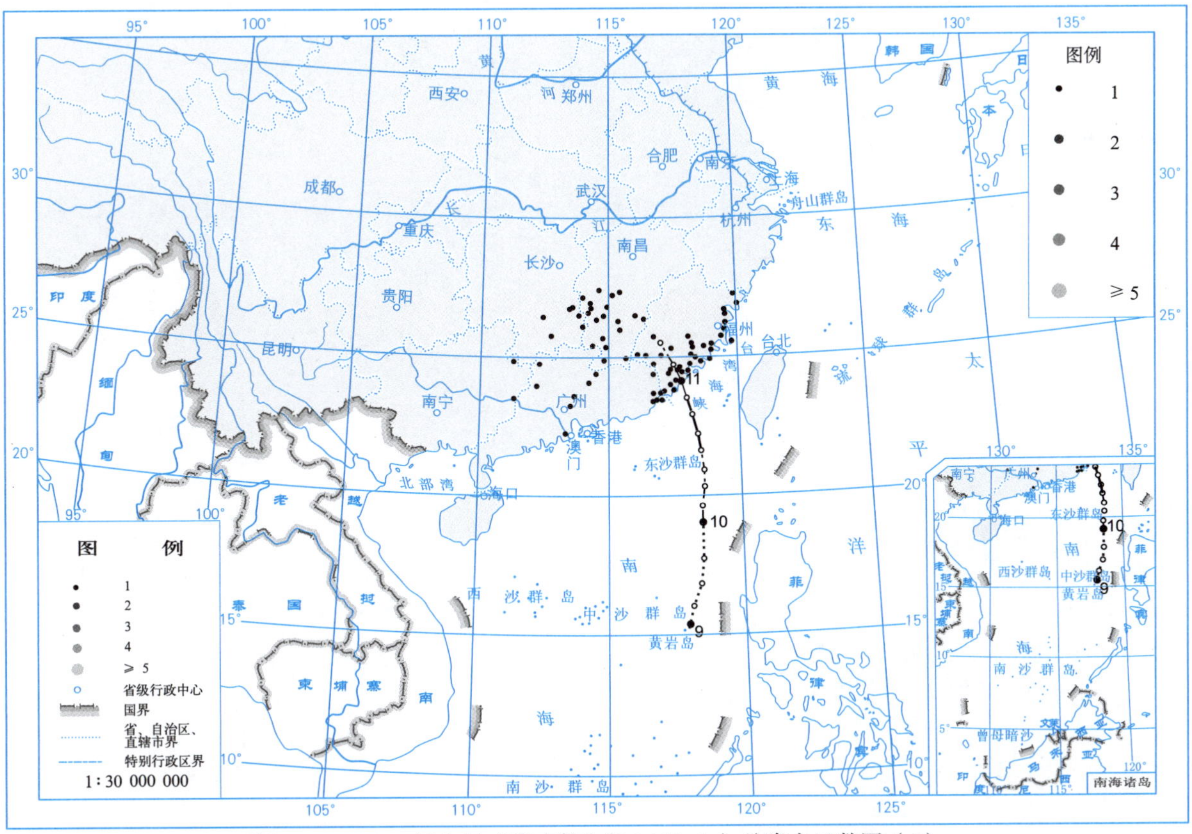

图 2.6.4 2006 号台风“米克拉”（Mekkhala）总降水日数图（d）

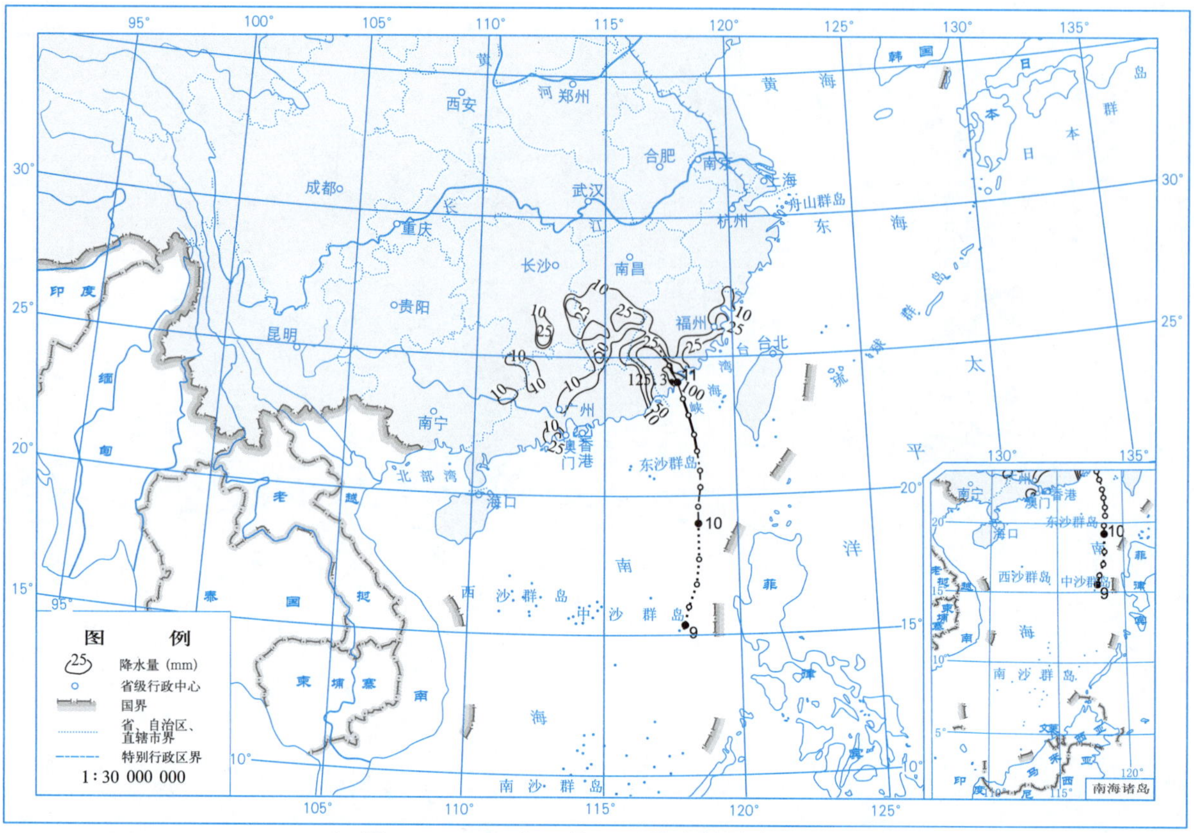

图 2.6.5　2020 年 8 月 11 日降水量图（mm）

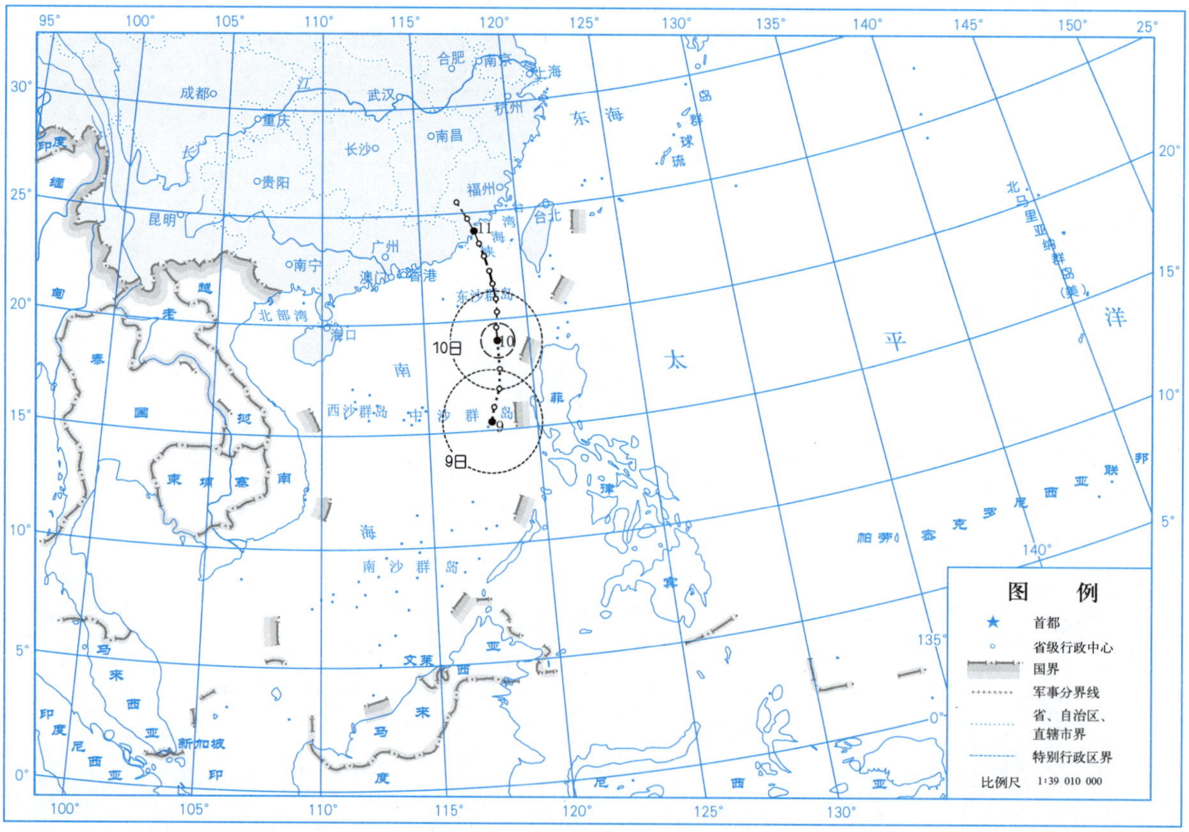

图 2.6.6　2006 号台风“米克拉”（Mekkhala）大风区域演变图

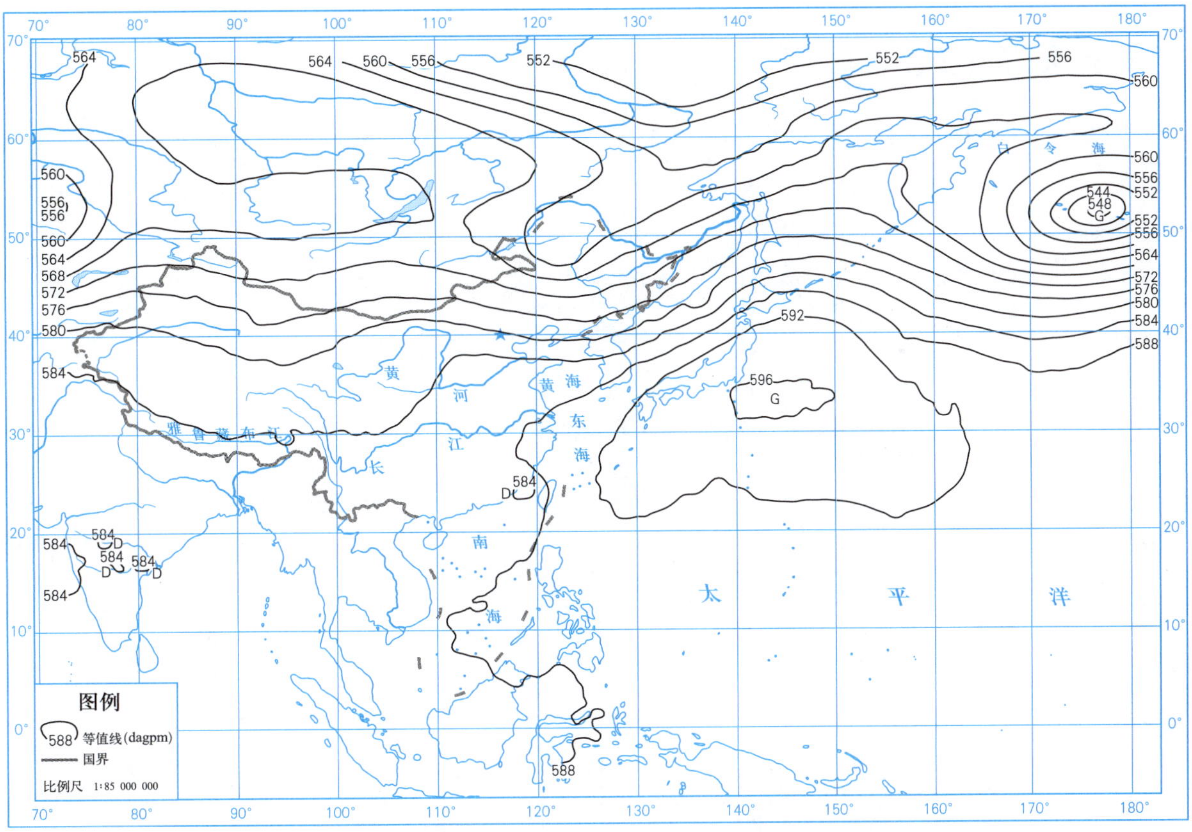

图 2.6.7　2020 年 8 月 11 日 08 时 500 hPa 高度场图

2.7 热带低压（TD2001）

热带低压（TD2001）是由 8 月 9 日早晨在塞班岛以北约 1190 km 的西北太平洋洋面上一个热带低压形成。形成后低压中心稳定地向偏西方向移动，移速缓慢，12 日白天转向东偏南方向移动，于 13 日早晨在冲绳岛以东约 450 km 的西北太平洋洋面减弱消散。

表 2.7.1 是热带低压（TD2001）的中心位置和强度。图 2.7.1 ~ 图 2.7.3 分别是热带低压（TD2001）的路径图、大风区域演变图和 2020 年 8 月 13 日 08 时 500 hPa 高度场图。

表 2.7.1 热带低压（TD2001）中心位置和强度

8 月 9—13 日

年	月	日	时	中心位置		中心气压（hPa）	中心风速（m/s）
				北纬（°N）	东经（°E）		
2020	8	9	08	25.6	148.8	1014	13
	8	9	14	25.9	148.3	1014	13
	8	9	20	26.0	147.7	1012	15
	8	10	02	26.1	147.0	1012	15
	8	10	08	26.1	146.2	1012	15
	8	10	14	26.2	145.3	1012	15
	8	10	20	26.3	144.1	1012	15
	8	11	02	26.4	142.8	1012	13
	8	11	08	26.6	141.5	1012	13
	8	11	14	26.6	140.5	1012	13
	8	11	20	26.5	139.3	1012	13
	8	12	02	26.5	137.9	1012	13
	8	12	08	26.2	136.6	1012	13
	8	12	14	25.8	135.4	1012	13
	8	12	20	25.3	134.2	1012	13
	8	13	02	24.8	133.0	1012	13
	8	13	08	24.1	131.7	1012	13
消散							

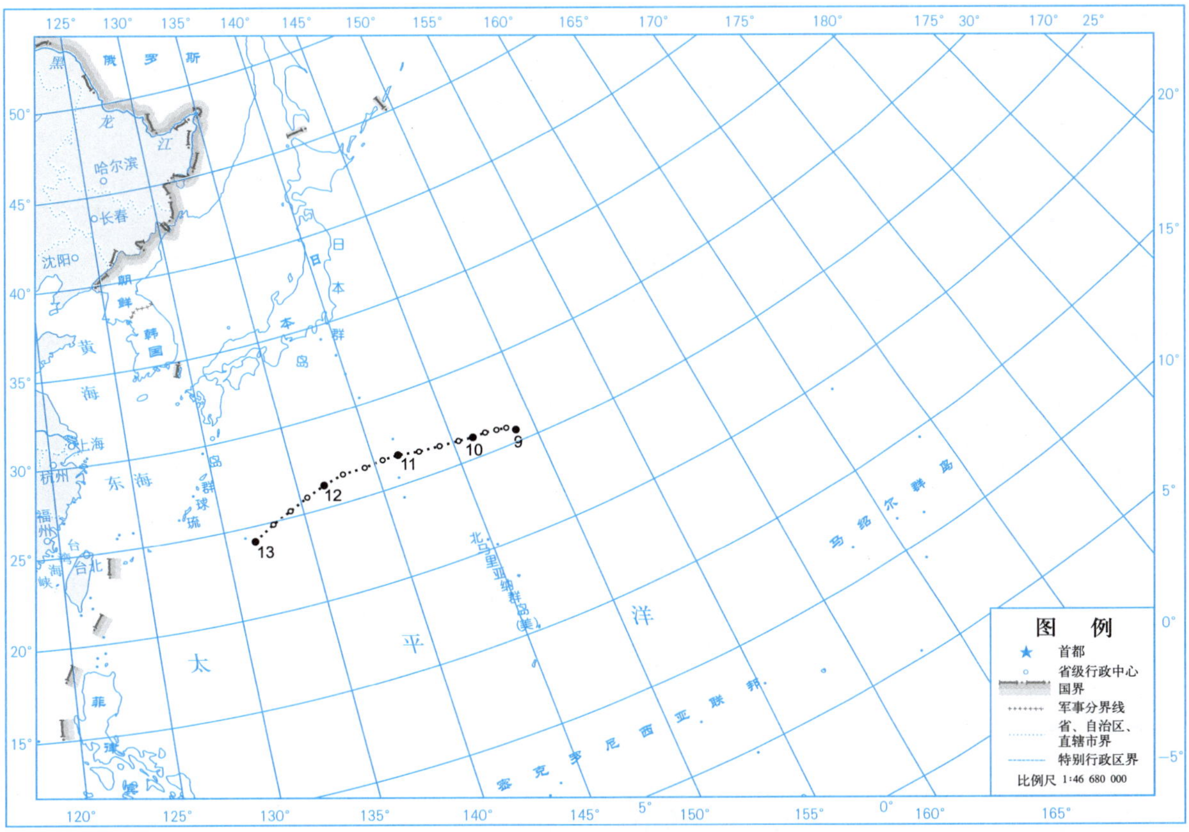

图 2.7.1　热带低压（TD2001）路径图

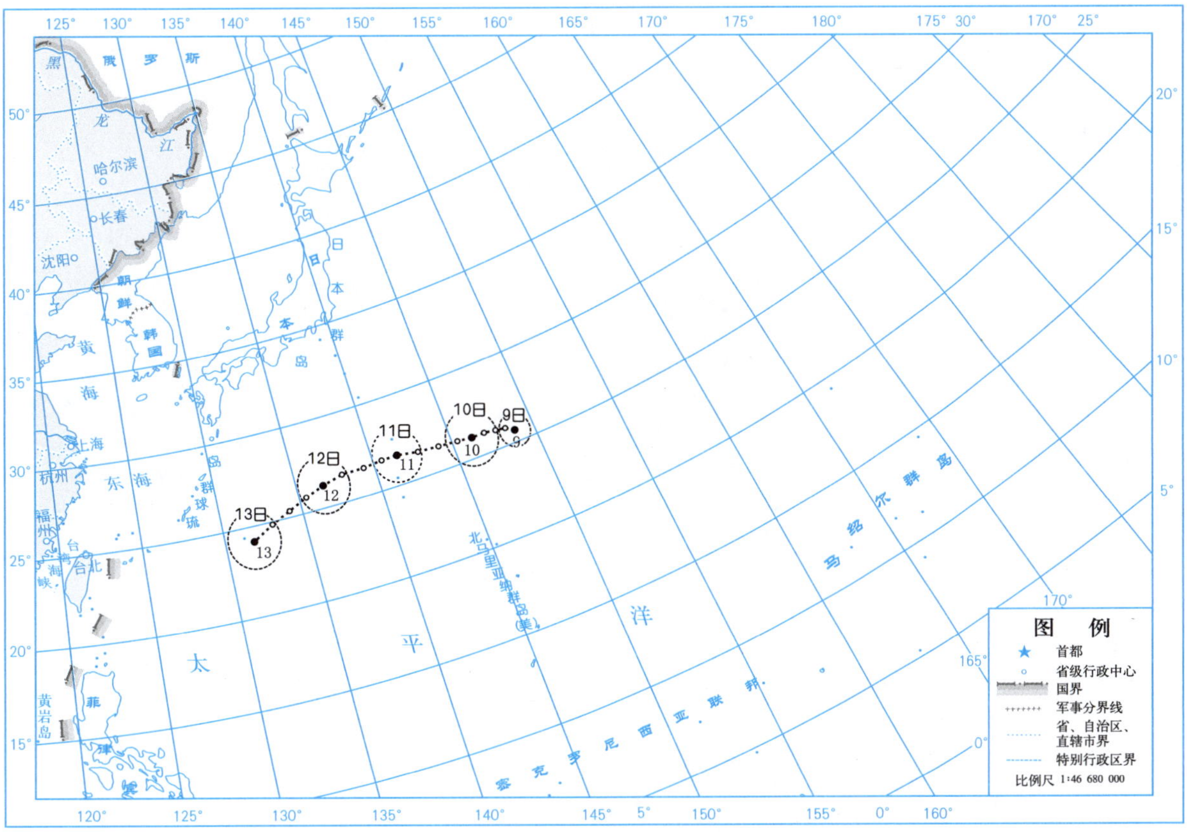

图 2.7.2　热带低压（TD2001）大风区域演变图

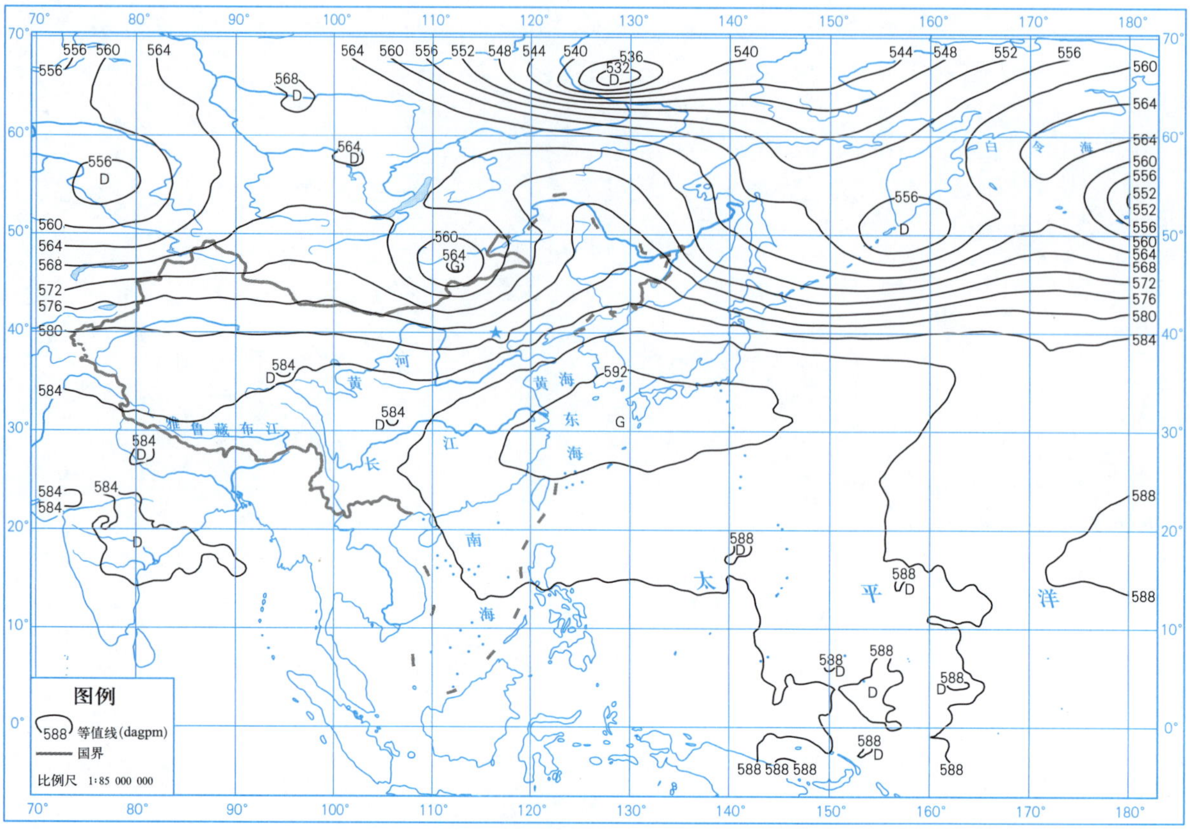

图 2.7.3　2020 年 8 月 13 日 08 时 500 hPa 高度场图

2.8　台风“海高斯”（Higos）

第 2007 号台风“海高斯”是由 8 月 16 日下午位于菲律宾吕宋岛以东约 110 km 的西北太平洋面上一个热带低压发展形成。形成后低压中心向西北方向移动，穿过巴林塘海峡，进入南海海域，18 日上午加强为热带风暴，随后靠近我国华南沿海。18 日下午“海高斯”继续增强为强热带风暴，夜间快速增强为台风，并于 19 日 05 时 50 分登陆广东珠海，登陆时近中心最大风速为 33 m/s（12 级），中心最低气压为 975 hPa。登陆后，台风“海高斯”继续西北行，强度快速减弱，当日中午减弱为热带风暴，夜间进入广西境内，强度继续减弱为热带低压，随后快速在广西境内消散。

受台风“海高斯”登陆广东珠海影响，8 月 18—19 日，广东中东部部分、广西融安和临桂、江西兴国和瑞金、福建南部局部出现最大风力 6 ~ 7 级、阵风 7 ~ 11 级；广东上川岛和高要出现最大风力 8 级、阵风 9 ~ 10 级；广东珠海出现最大风力 10 级（25.7m/s）、阵风 12 级（36.6 m/s），为本次台风影响过程风极值。

受其影响，8 月 18—20 日，海南大部、广东部分、广西部分、云南东南部局部、贵州中东部大部、重庆局部、湖北西南部局部、湖南南部部分及西北部局部、江西南部部分、福建南部局部总雨量为 10 ~ 50 mm；海南西部局部、广东部分、广西部分、贵州东部局部、湖南西北部局部、湖北西南部局部、江西崇义和大余、福建永安总雨量为 50 ~ 150 mm；广东沿海局部、广西金秀、湖南龙山总雨量为 150 ~ 187 mm；其中广西金秀总雨量 186.5 mm，20 日雨量 176.3 mm，分别为本次台风影响过程总雨量及日雨量极值；广东潮阳 19 日 06 时雨量 65.7 mm，为本次台风影响过程时雨量极值。

受“海高斯”登陆广东珠海西北行影响，8 月 18—19 日，广东、广西、江西南部和贵州东部出现小到中雨，局部大到暴雨；20 日，随着“海高斯”继续向西北方向移动，雨区西移，广西中部出现大面积暴雨，局部大暴雨，广东局部、湖南和湖北交界出现暴雨，局部大暴雨。

“海高斯”具有近海快速增强、移速快、结构紧凑等特点。受其影响，造成广西和广东省（区）出现了一定程度的灾情。总计受灾人数为 15.2 万人，死亡 3 人，紧急转移 4.8 万人，农作物受灾面积达到 1.47 万公顷，农作物绝收面积为 0.06 万公顷，直接经济损失达到 4.5 亿元（表 2.8.2）。

表 2.8.1 是台风“海高斯”的中心位置和强度。图 2.8.1 ~ 图 2.8.9 分别是台风“海高斯”的路径图、总降水量图、总降水日数图、大风分布图、2020 年 8 月 18—20 日各日的日降水量图、大风区域演变图和 2020 年 8 月 19 日 02 时 500 hPa 高度场图。

表 2.8.1　2007 号台风“海高斯”（Higos）中心位置和强度

8 月 16—19 日

年	月	日	时	中心位置		中心气压（hPa）	中心风速（m/s）
				北纬（°N）	东经（°E）		
2020	8	16	14	17.5	123.2	1006	13
	8	16	20	17.5	123.2	1006	13
	8	17	02	18.3	122.6	1006	13

（续表）

年	月	日	时	中心位置 北纬（°N）	东经（°E）	中心气压（hPa）	中心风速（m/s）
2020	8	17	08	18.8	122.0	1006	13
	8	17	14	19.2	120.8	1006	13
	8	17	20	19.5	119.7	1004	15
	8	18	02	19.9	118.5	1004	15
	8	18	08	20.3	117.0	998	18
	8	18	11	20.4	116.4	995	20
	8	18	14	20.7	115.8	990	23
	8	18	17	20.9	115.3	982	28
	8	18	20	21.1	114.8	975	33
	8	18	23	21.3	114.3	975	33
	8	19	02	21.6	113.8	970	35
	8	19	05	21.9	113.5	970	35
	8	19	08	22.2	113.1	980	30
	8	19	11	22.6	112.7	992	23
	8	19	14	23.0	112.2	995	20
	8	19	17	23.5	111.5	998	18
	8	19	20	23.9	110.9	1000	15
	8	19	23	24.4	110.4	1004	13
消散							

表 2.8.2　2007 号台风“海高斯”（Higos）在广西和广东省（区）引发的灾情

受灾省（区）	受灾人口（万人）	死亡人口（人）	失踪人口（人）	紧急转移人口（万人）	农作物 受灾面积（万公顷）	农作物 绝收面积（万公顷）	倒塌房屋（万间）	直接经济损失（亿元）
广西区	8.9	3	0	0.1	0.24	0.04	0	0.3
广东省	6.3	0	0	4.7	1.23	0.02	0	4.2
合计	15.2	3	0	4.8	1.47	0.06	0	4.5

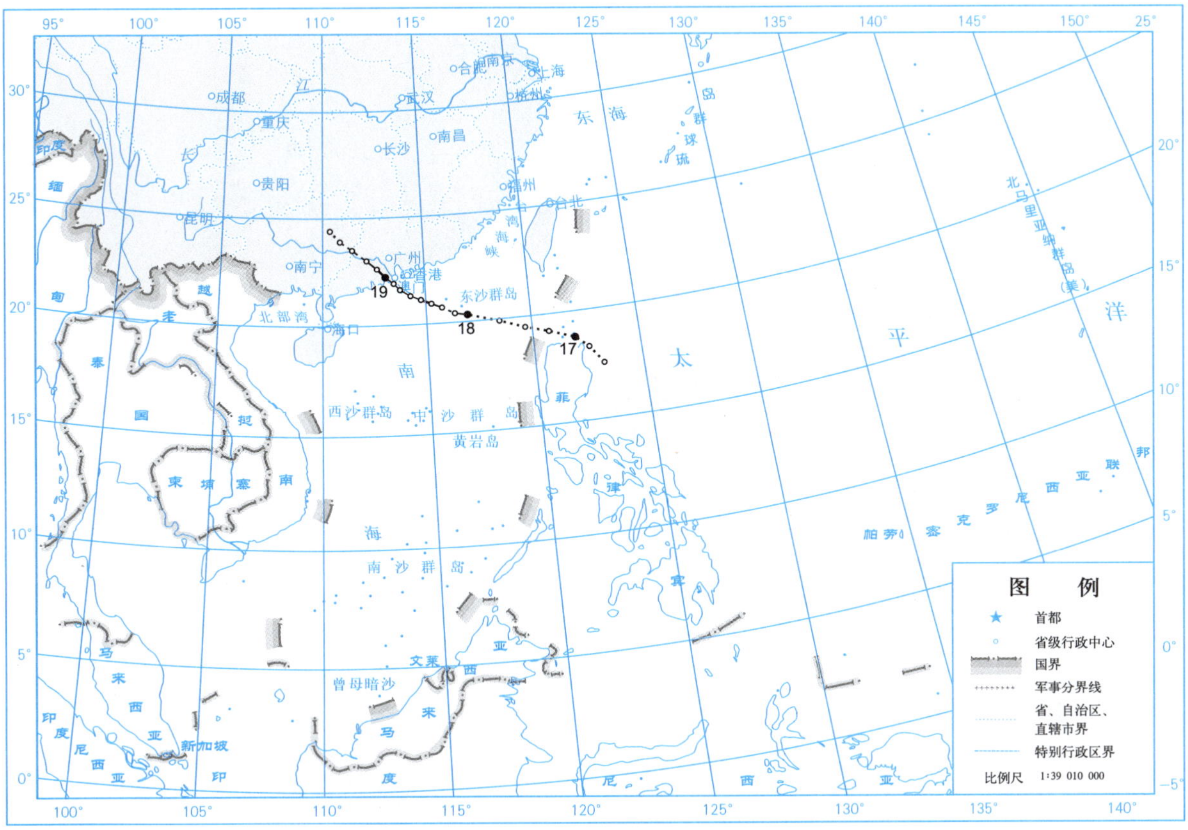

图 2.8.1 2007 号台风“海高斯”（Higos）路径图

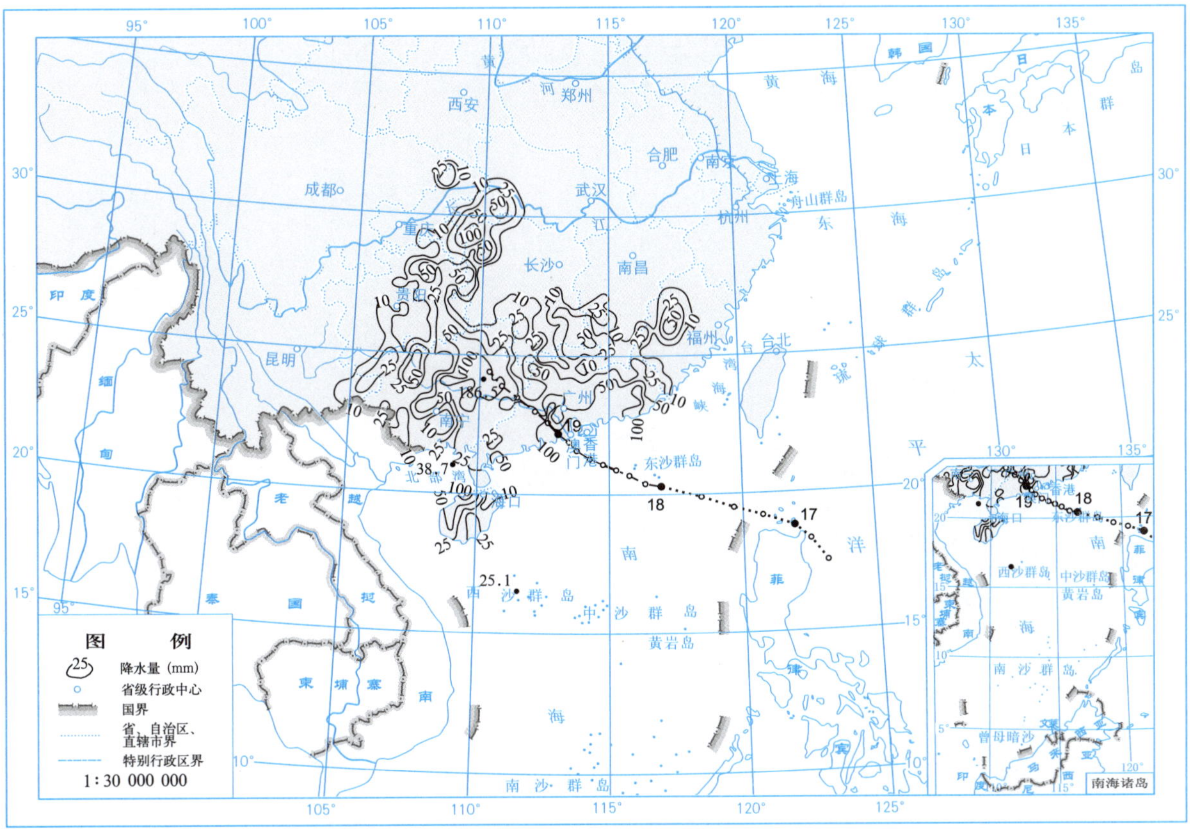

图 2.8.2 2007 号台风“海高斯”（Higos）总降水量图（8 月 18—20 日）（mm）

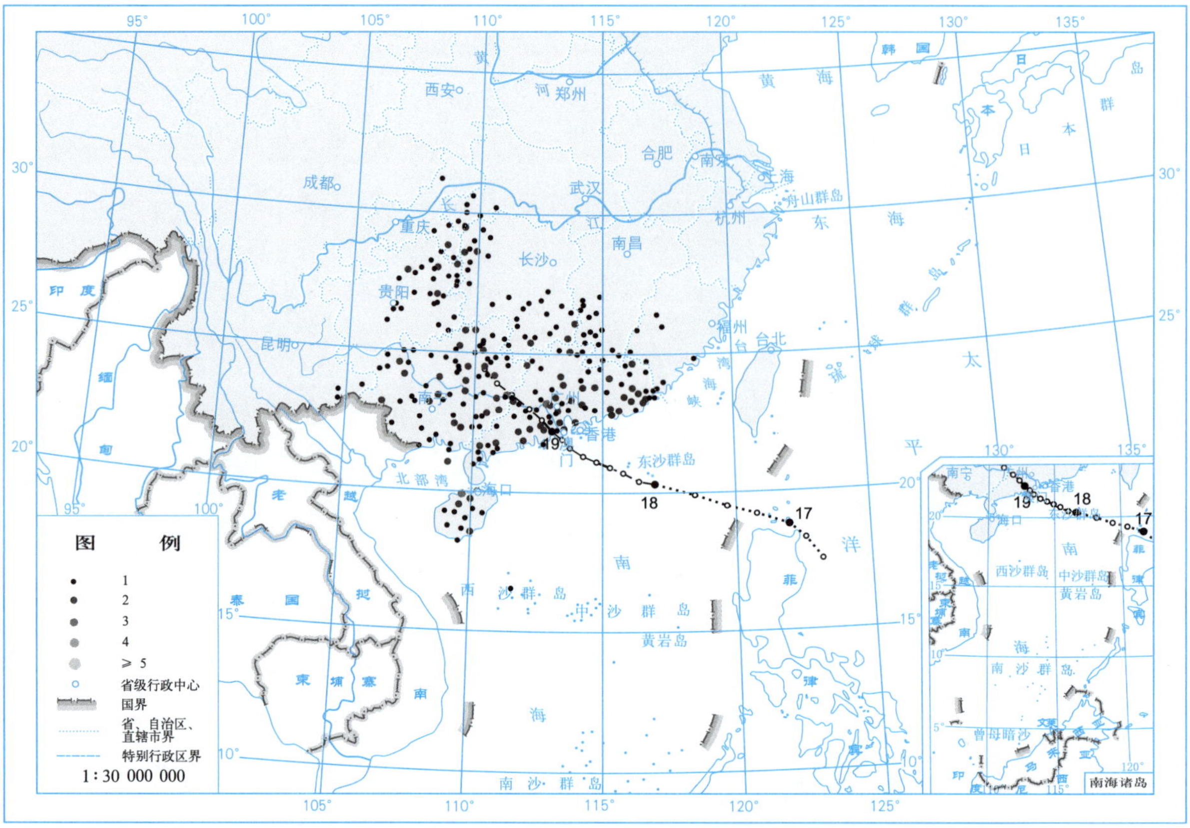

图 2.8.3　2007 号台风“海高斯”（Higos）总降水日数图（d）

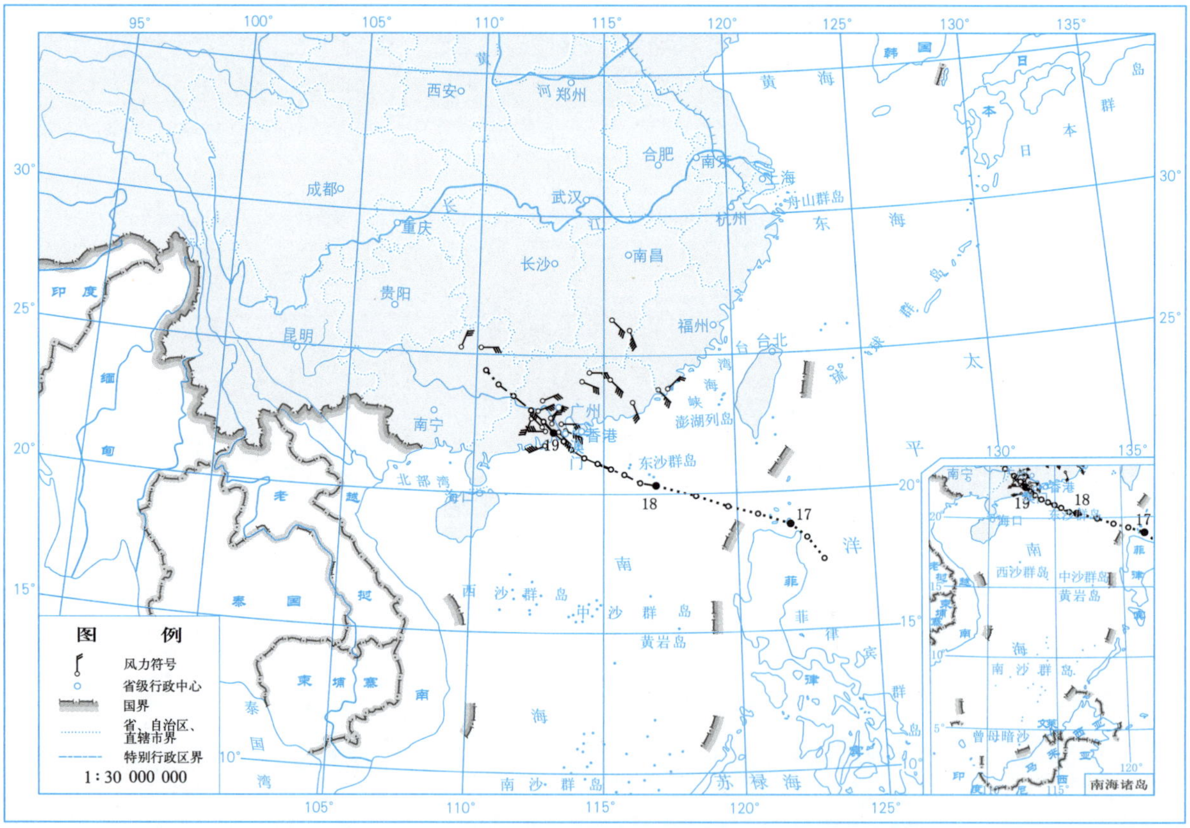

图 2.8.4　2007 号台风“海高斯”（Higos）大风分布图（8 月 18—20 日）

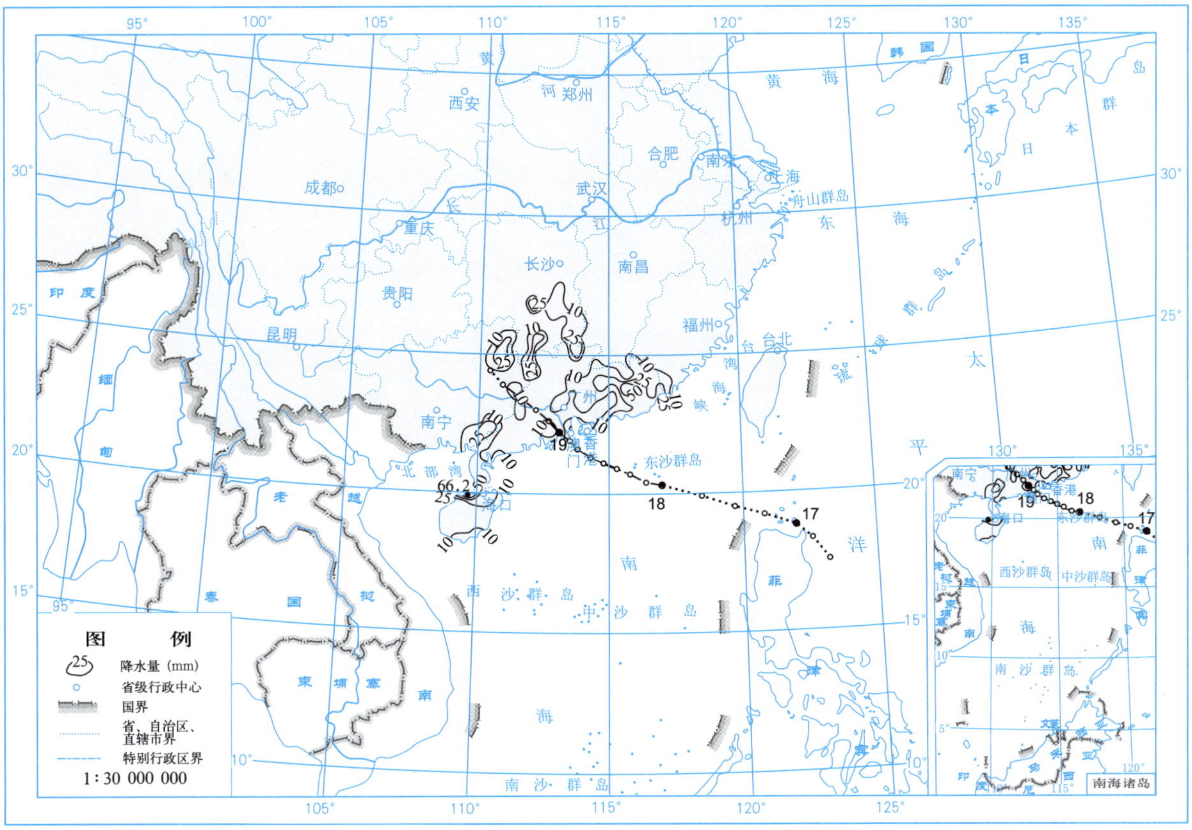

图 2.8.5　2020 年 8 月 18 日降水量图（mm）

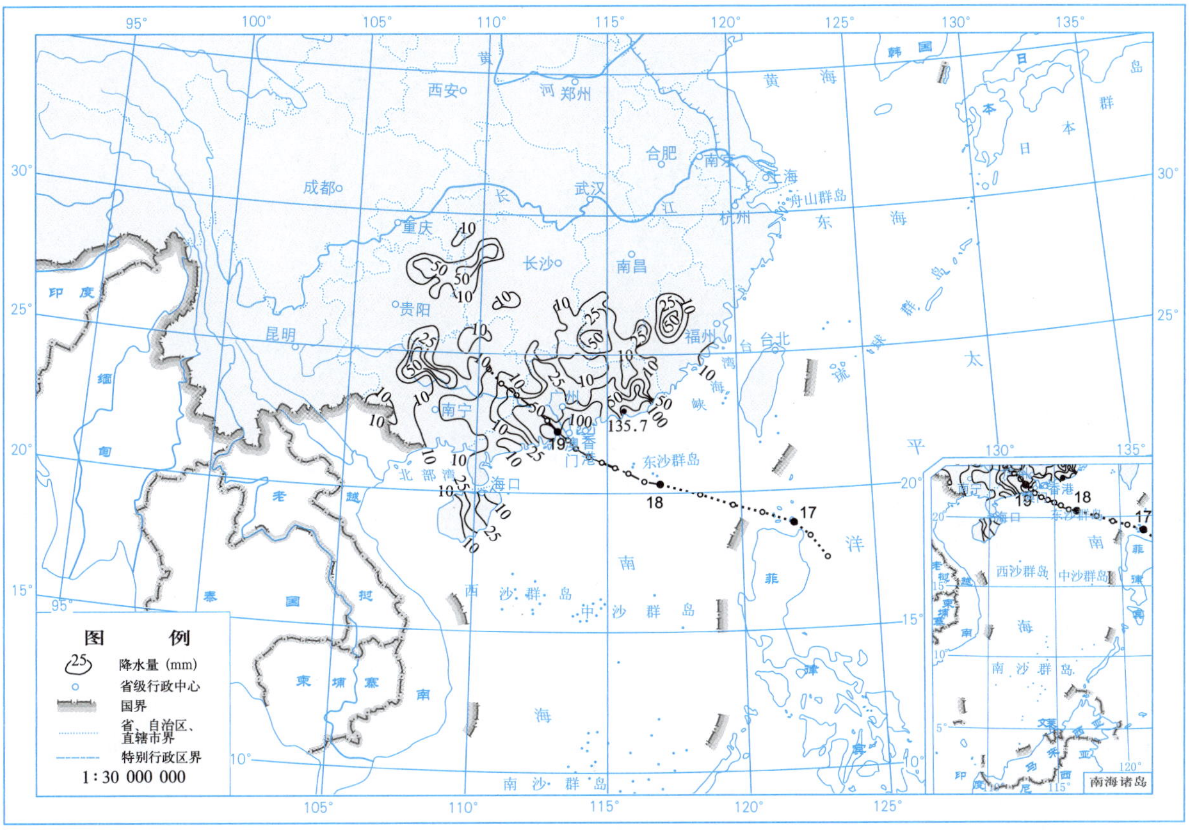

图 2.8.6　2020 年 8 月 19 日降水量图（mm）

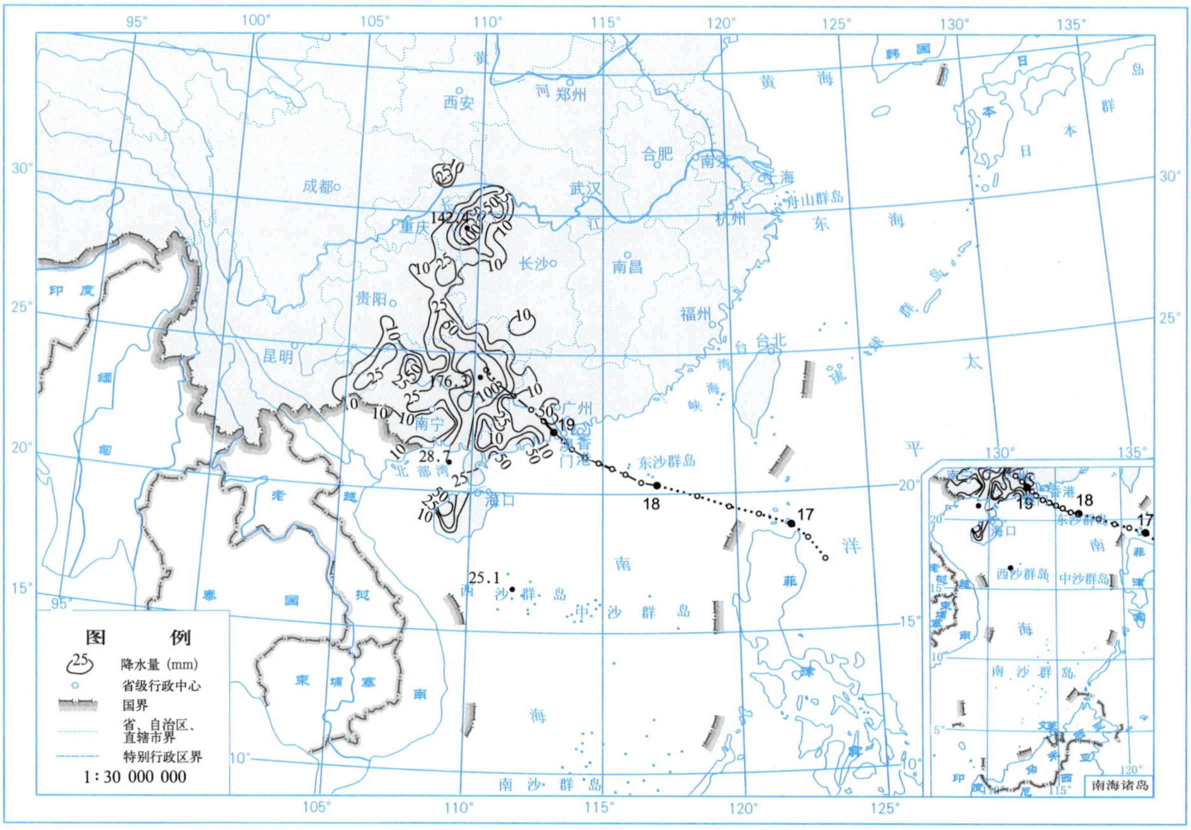

图 2.8.7　2020 年 8 月 20 日降水量图（mm）

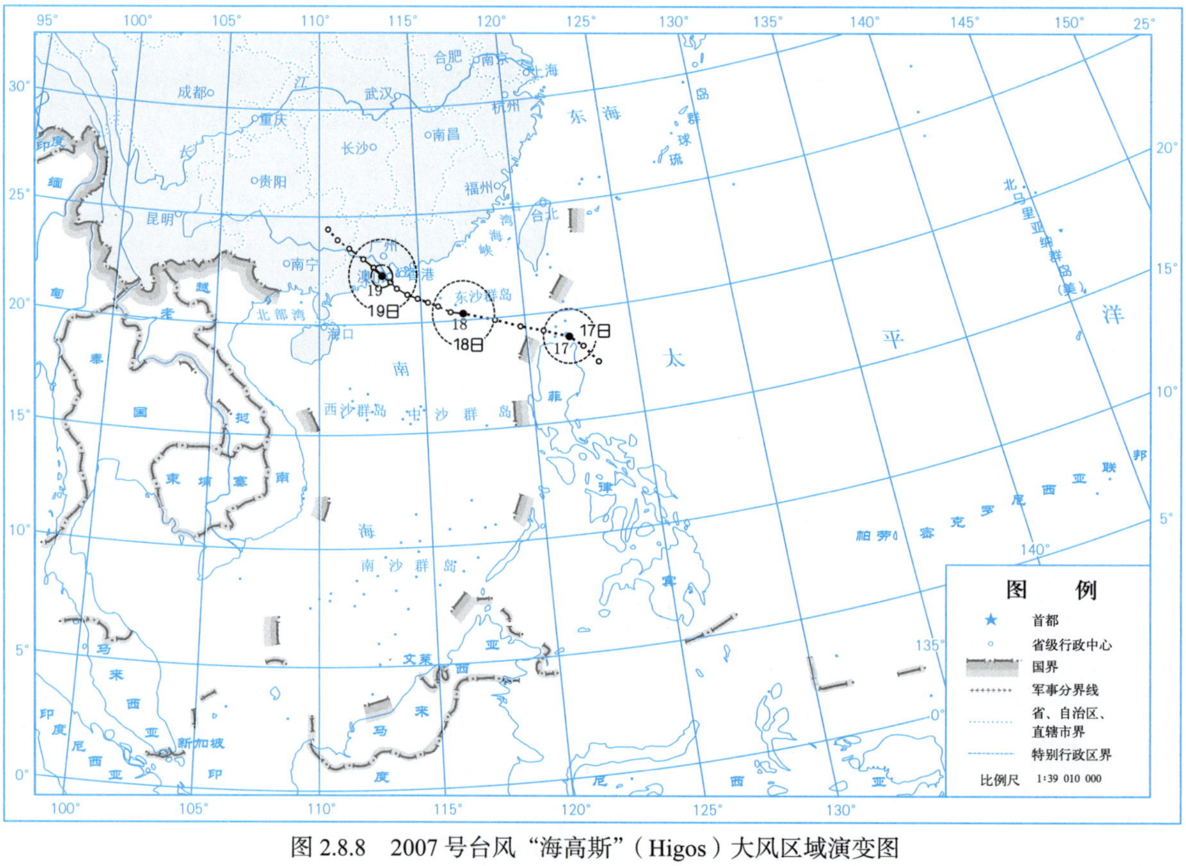

图 2.8.8　2007 号台风“海高斯”（Higos）大风区域演变图

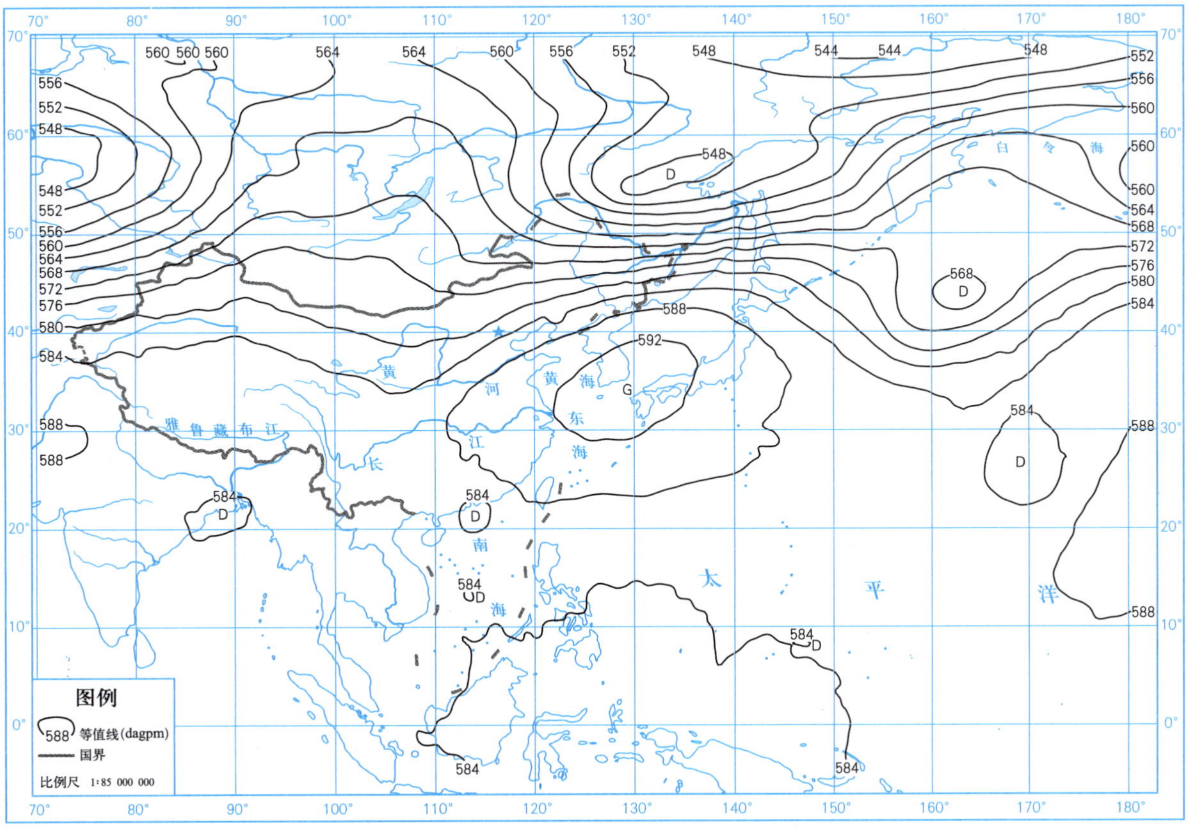

图 2.8.9　2020 年 8 月 19 日 02 时 500 hPa 高度场图

2.9 强台风“巴威”（Bavi）

第 2008 号强台风“巴威”是由 8 月 21 日早晨位于我国台湾岛东南约 300 km 的西北太平洋洋面上一个热带低压发展形成。形成后低压中心向偏北方向移动，22 日上午增强为热带风暴，夜间进入东海南部海域，强度继续增强为强热带风暴，移速减缓。24 日凌晨“巴威”进一步增强为台风，并随后沿逆时针移动半周后转向北偏西，25 日早晨进入东海北部海域，随即增强至强台风。之后，强台风“巴威”进入黄海海域，强度快速减弱，27 日凌晨减弱为台风，早晨继续减弱为强热带风暴，随即在中朝交界附近的朝鲜平安北道沿海登陆。登陆后，“巴威”加快北上，强度逐渐减弱为热带低压，途径辽宁、吉林、黑龙江省，28 日早晨发生变性，随后在黑龙江省内减弱消散。

受强台风“巴威”影响，8 月 22—28 日，江西铅山、福建东北部部分、浙江沿海局部、安徽黄山、江苏西连岛、山东局部、辽宁北镇、吉林珲春、内蒙古东部局部、黑龙江通河出现最大风力 6 ~ 7 级、阵风 7 ~ 9 级；江苏西连岛出现最大风力 7 级（16.5 m/s）、阵风 8 级（19.8 m/s），浙江玉环出现最大风力 7 级（14.0 m/s）、阵风 9 级（24.0 m/s）为本次强台风影响过程风极值。

受其影响，8 月 22—28 日，江西东北部部分、福建部分、浙江大部、上海东北部部分、江苏大部、安徽中南部部分、山东东部部分、河北局部、辽宁部分、吉林大部、黑龙江中南部部分、内蒙古东部局部总雨量为 10 ~ 50 mm；福建局部、浙江长兴、安徽天长、江苏部分、山东东南部部分、辽宁中东部部分、吉林中西部部分、黑龙江中南部部分、内蒙古东部局部总雨量为 50 ~ 150 mm；江苏建湖、山东诸城和即墨、辽宁长海和庄河总雨量为 150 ~ 186 mm；其中，山东即墨总雨量 185.7 mm、26 日雨量 177.6 mm，分别为本次强台风影响过程总雨量和日雨量极值，江苏建湖 26 日 15 时雨量 73.6 mm，为本次强台风影响过程时雨量极值。

“巴威”近海北上，受其外围环流影响，8 月 22—24 日，福建和浙江沿海出现小到中雨，局部大雨，其中 23 日福建厦门出现暴雨；受“巴威”近海迅速北上并进入东部三省影响，25—28 日，华东和东北三省先后出现中到大雨，局部暴雨到大暴雨，且雨势增大、暴雨中心逐渐北移，其中 26 日山东中部局部和江苏盐城出现大暴雨。

“巴威”生命史前期路径曲折，后期移速增快，近海北上之后进入我国东北三省，降雨影响范围广。受其影响，造成辽宁、吉林、黑龙江和山东省出现了一定程度的灾情。总计受灾人数 48.1 万人，紧急转移 3.7 万人，农作物受灾面积达到 16.46 万公顷，农作物绝收面积为 0.9 万公顷，倒塌房屋 300 间，直接经济损失达到 15.8 亿元（表 2.9.2）。

表 2.9.1 是强台风“巴威”的中心位置和强度。图 2.9.1 ~ 图 2.9.12 分别是强台风“巴威”的路径图、总降水量图、大风分布图、总降水日数图、2020 年 8 月 23—28 日各日的日降水量图、大风区域演变图和 2020 年 8 月 26 日 08 时 500 hPa 高度场图。

表 2.9.1　2008 号强台风“巴威”（Bavi）中心位置和强度

8 月 21—28 日

年	月	日	时	中心位置		中心气压（hPa）	中心风速（m/s）
				北纬（°N）	东经（°E）		
20	8	21	08	20.5	123.3	1002	13
	8	21	14	21.3	123.5	1002	13
	8	21	20	21.9	123.3	1000	15
	8	22	02	22.5	122.9	1000	15
	8	22	08	23.3	122.6	998	18
	8	22	14	24.3	123.0	992	23
	8	22	20	25.2	123.7	985	28
	8	23	02	25.8	123.8	985	28
	8	23	08	26.3	123.9	985	28
	8	23	14	26.7	124.3	980	30
	8	23	20	27.0	124.9	980	30
	8	24	02	27.2	125.5	975	33
	8	24	08	27.3	126.2	970	35
	8	24	14	27.9	126.5	970	35
	8	24	20	28.4	126.2	965	38
	8	25	02	28.7	126.0	960	40
	8	25	08	29.1	125.8	960	40
	8	25	14	29.9	125.4	955	42
	8	25	20	30.6	125.0	955	42
	8	26	02	31.4	124.7	955	42
	8	26	08	32.4	124.5	950	45
	8	26	14	33.6	124.4	950	45
	8	26	20	35.1	124.5	955	42
	8	27	02	37.0	124.6	965	38
	8	27	08	39.2	124.7	980	30
	8	27	14	42.2	125.5	990	20
	8	27	20	44.2	126.0	998	15
	8	28	02	45.5	126.9	998	13
△	8	28	08	46.0	127.0	1002	13
消散							

表 2.9.2　2008 号强台风“巴威”（Bavi）在辽宁、吉林、黑龙江和山东省引发的灾情

受灾省	受灾人口（万人）	死亡人口（人）	失踪人口（人）	紧急转移人口（万人）	农作物		倒塌房屋（万间）	直接经济损失（亿元）
					受灾面积（万公顷）	绝收面积（万公顷）		
辽宁省	10.6	0	0	3.3	1.76	0.07	0	1.3
吉林省	5.9	0	0	0	1.55	0	0	0.8
黑龙江省	21.7	0	0	0.3	11.84	0.69	0	4.9
山东省	9.9	0	0	0.1	1.31	0.14	0.03	8.8
合计	48.1	0	0	3.7	16.46	0.90	0.03	15.8

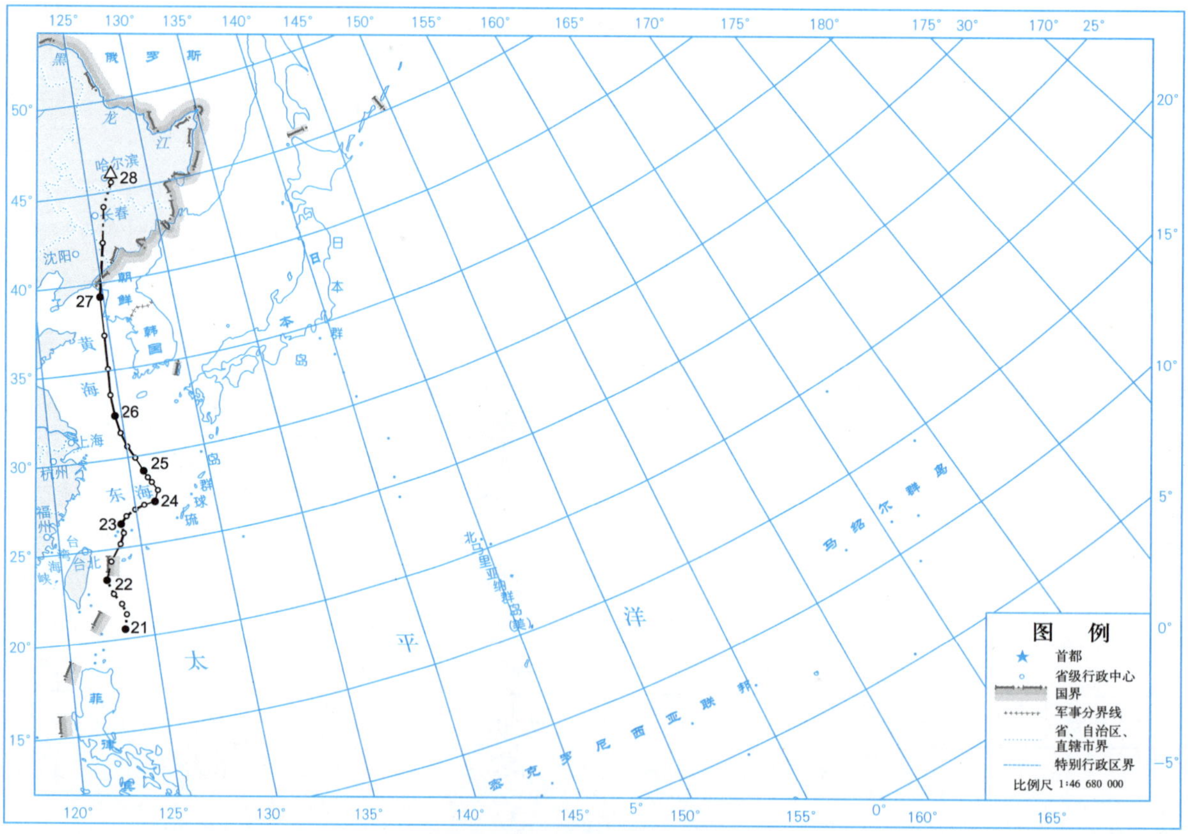

图 2.9.1　2008 号强台风“巴威”（Bavi）路径图

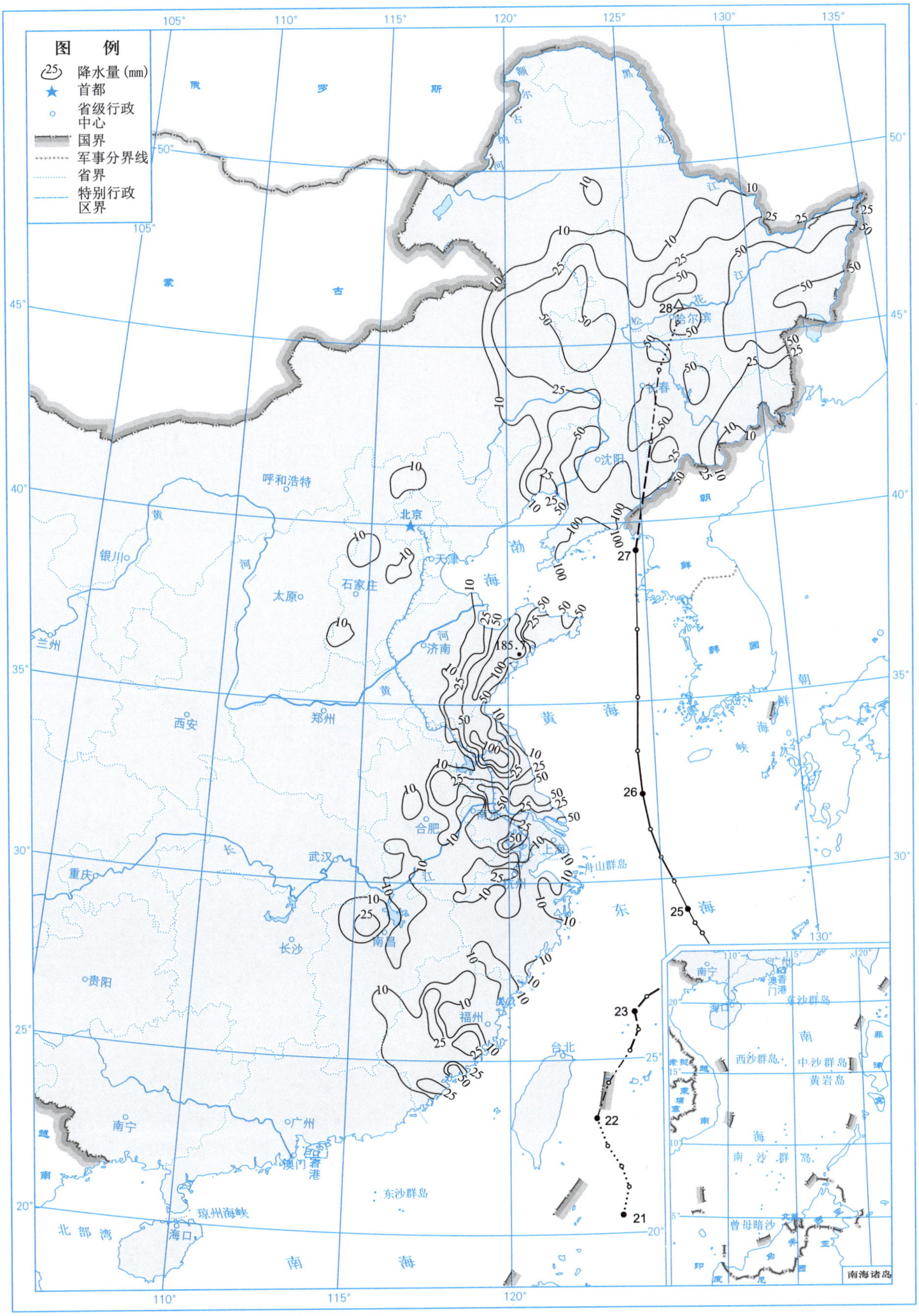

图 2.9.2　2008 号强台风“巴威”（Bavi）总降水量图（8 月 22—28 日）（mm）

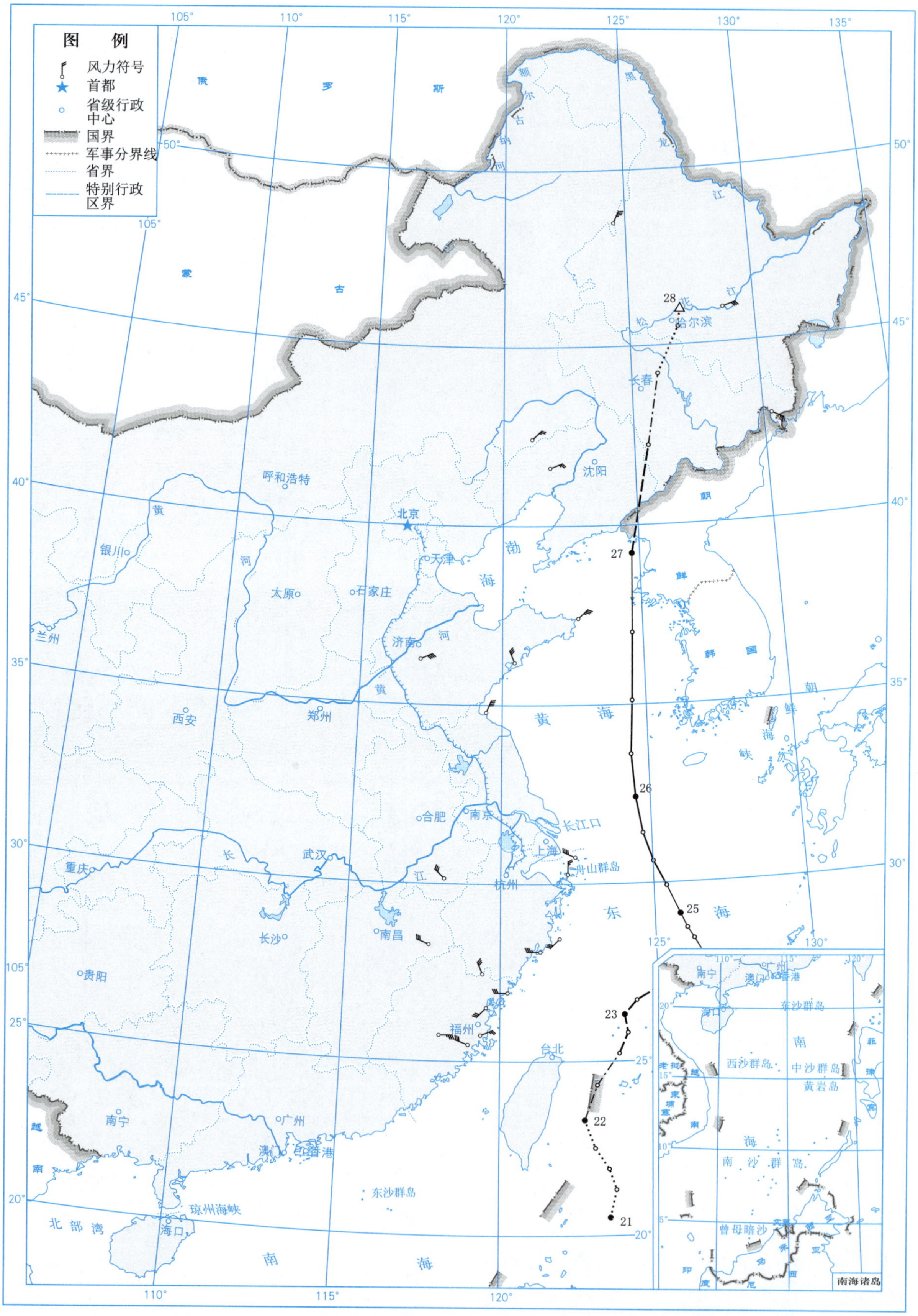

图 2.9.3　2008 号强台风“巴威”（Bavi）大风分布图（8 月 22—28 日）

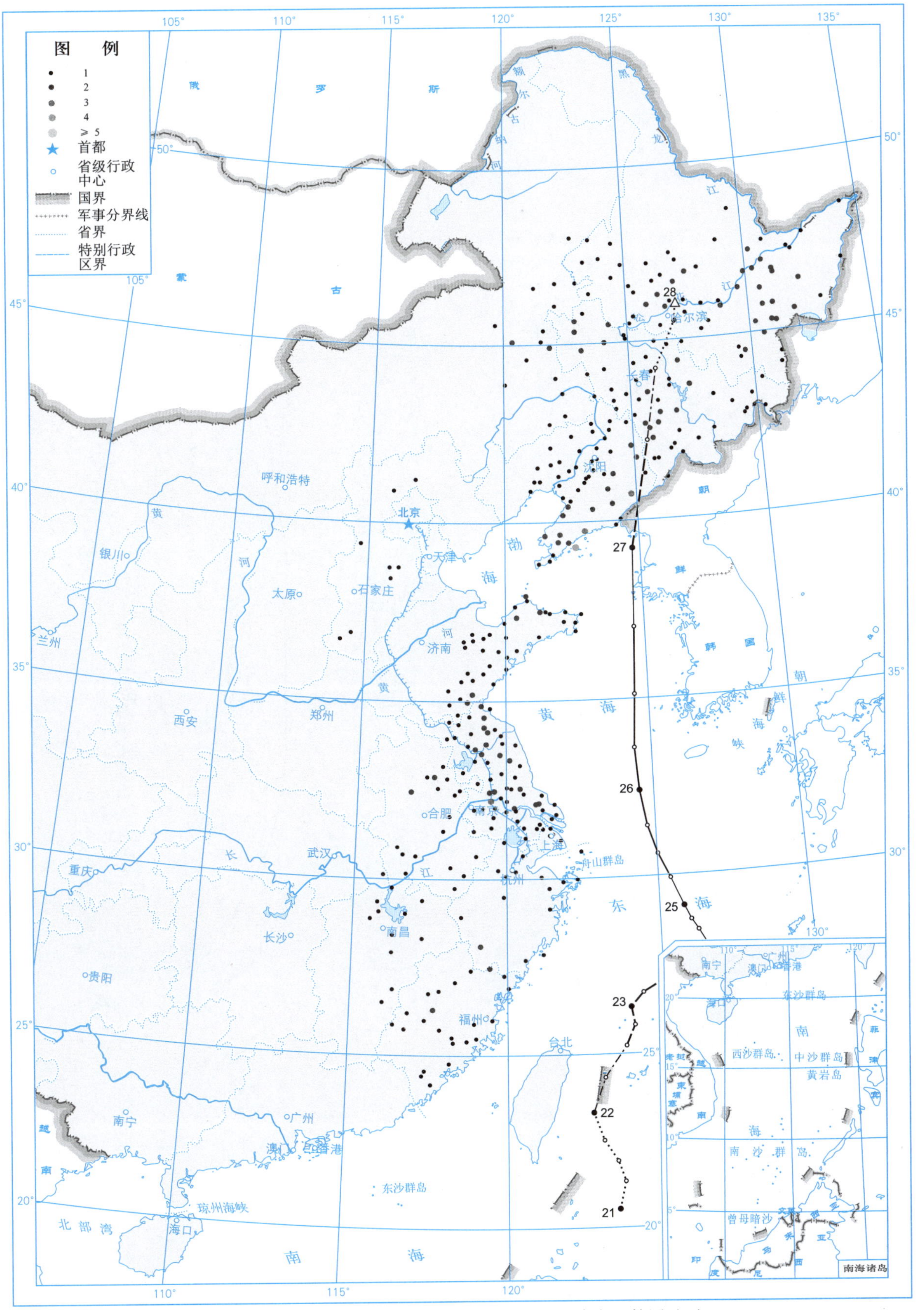

图 2.9.4　2008 号强台风“巴威”（Bavi）总降水日数图（d）

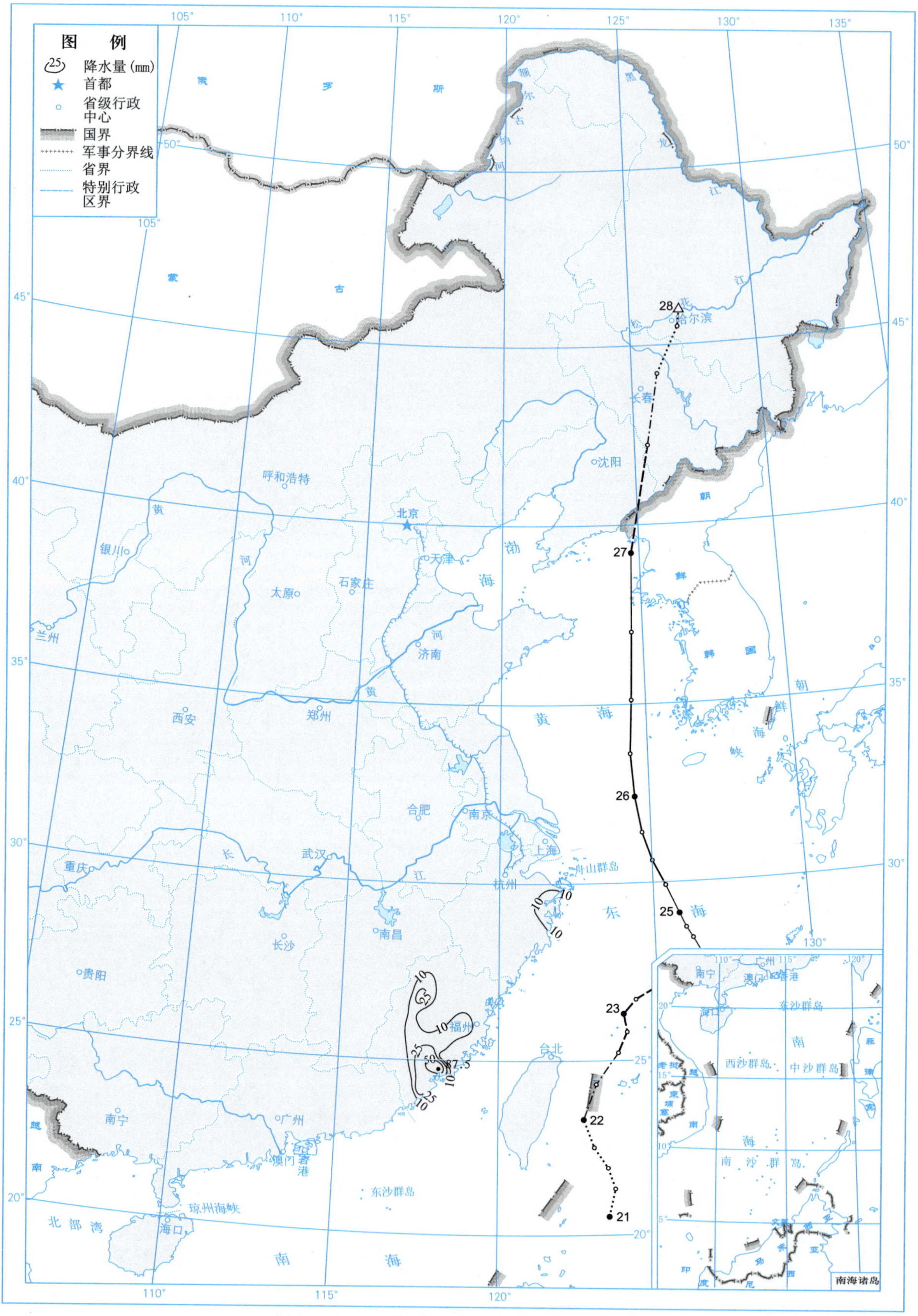

图 2.9.5　2020 年 8 月 23 日降水量图（mm）

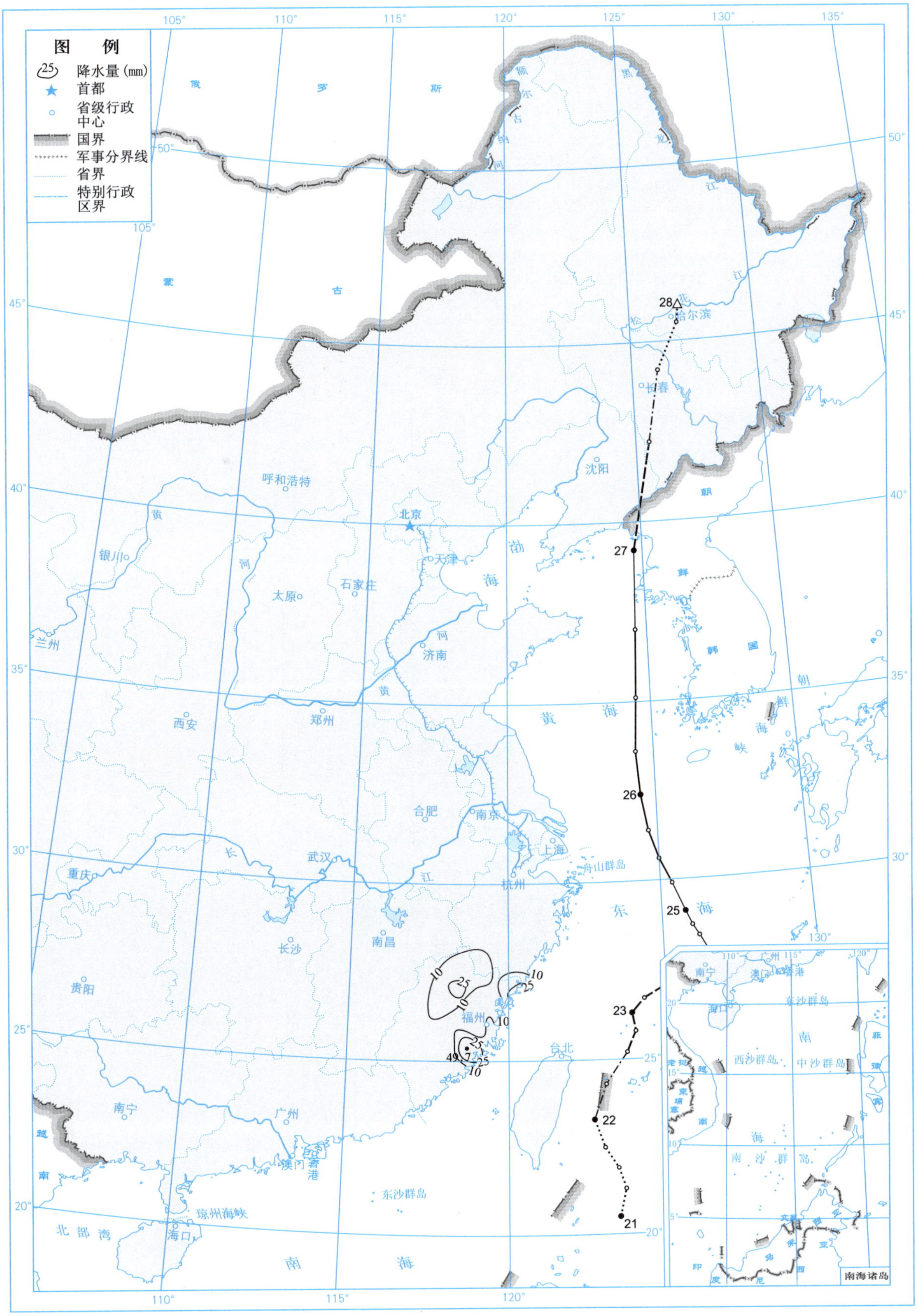

图 2.9.6 2020 年 8 月 24 日降水量图（mm）

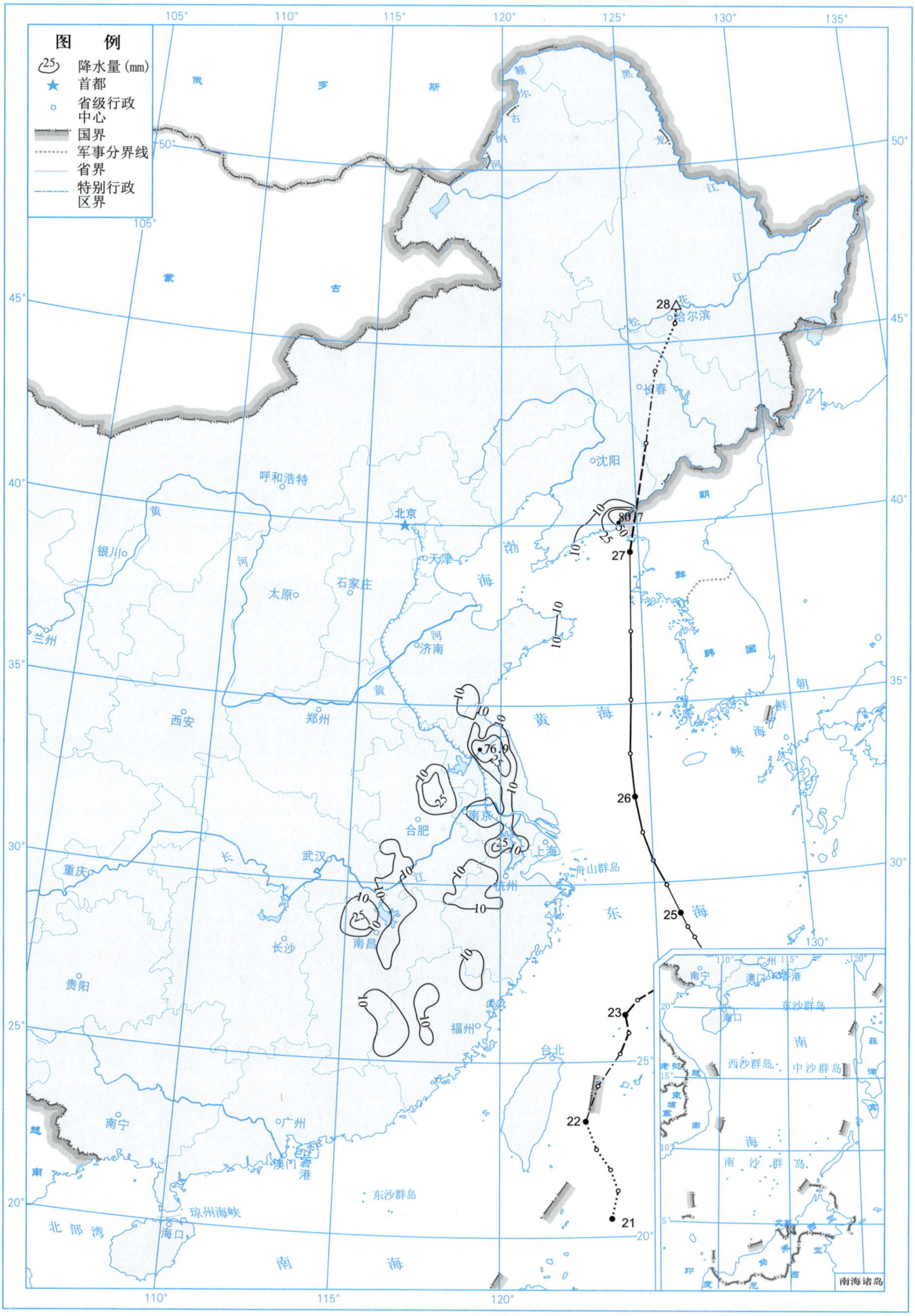

图 2.9.7　2020 年 8 月 25 日降水量图（mm）

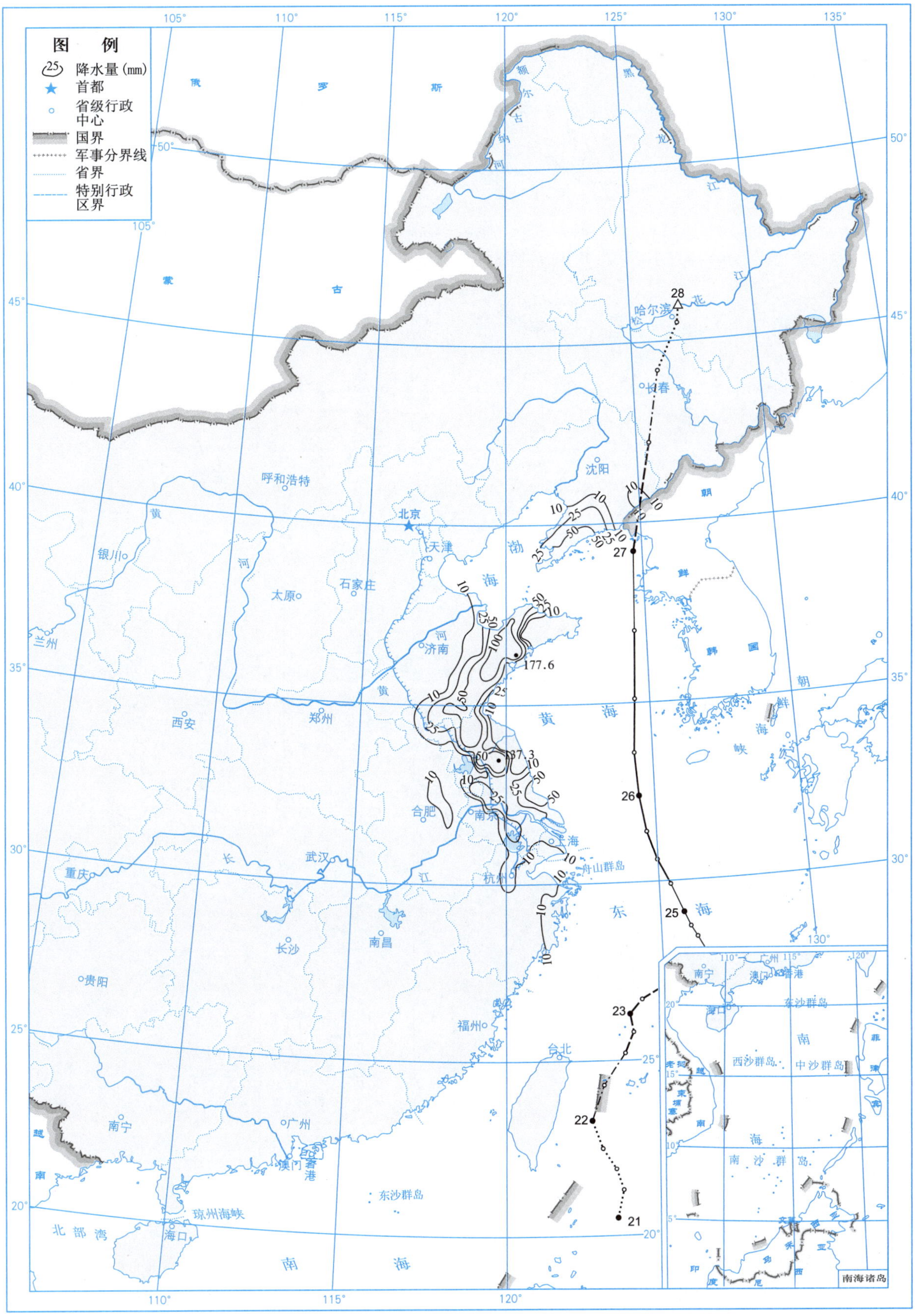

图 2.9.8　2020 年 8 月 26 日降水量图（mm）

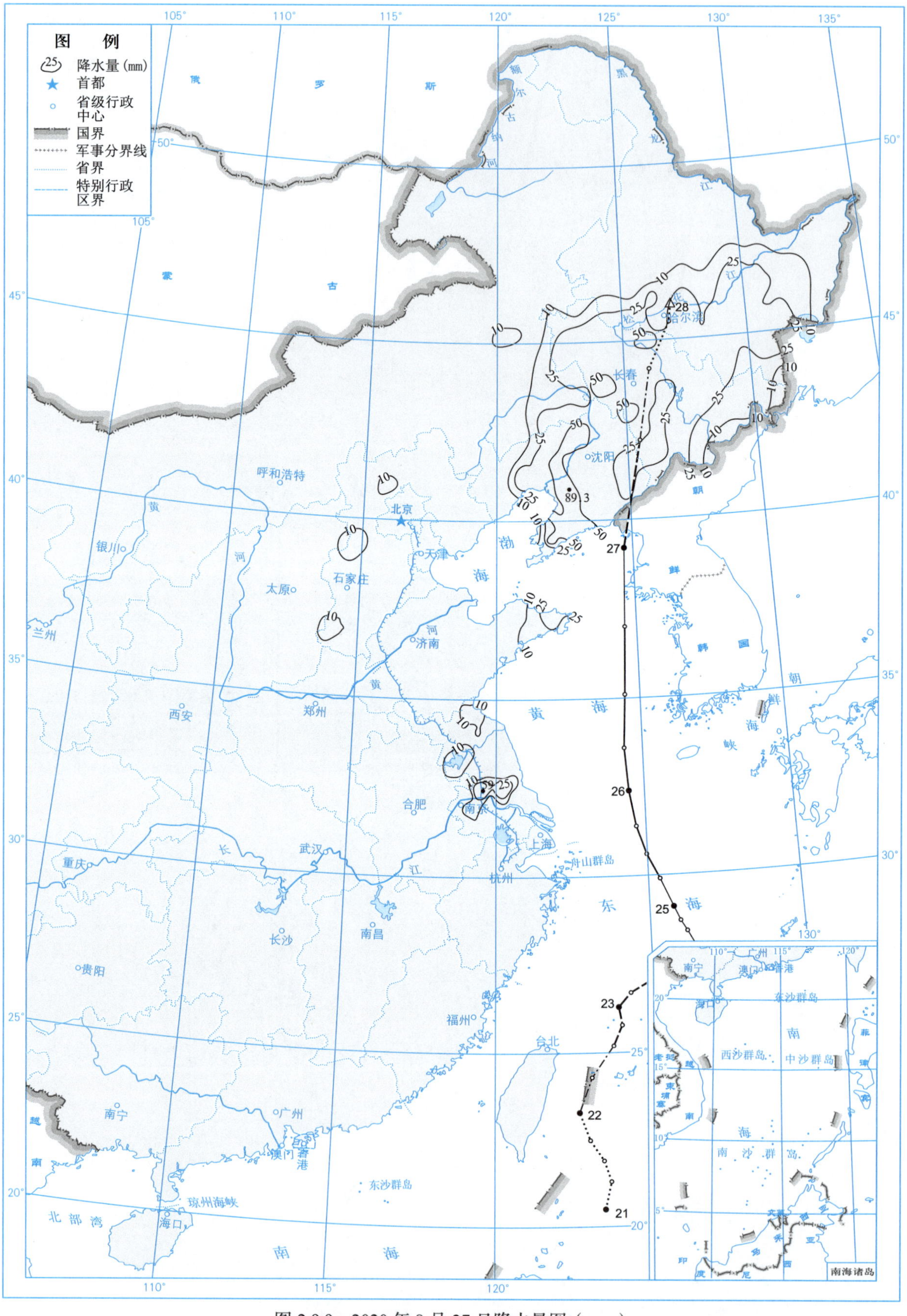

图 2.9.9　2020 年 8 月 27 日降水量图（mm）

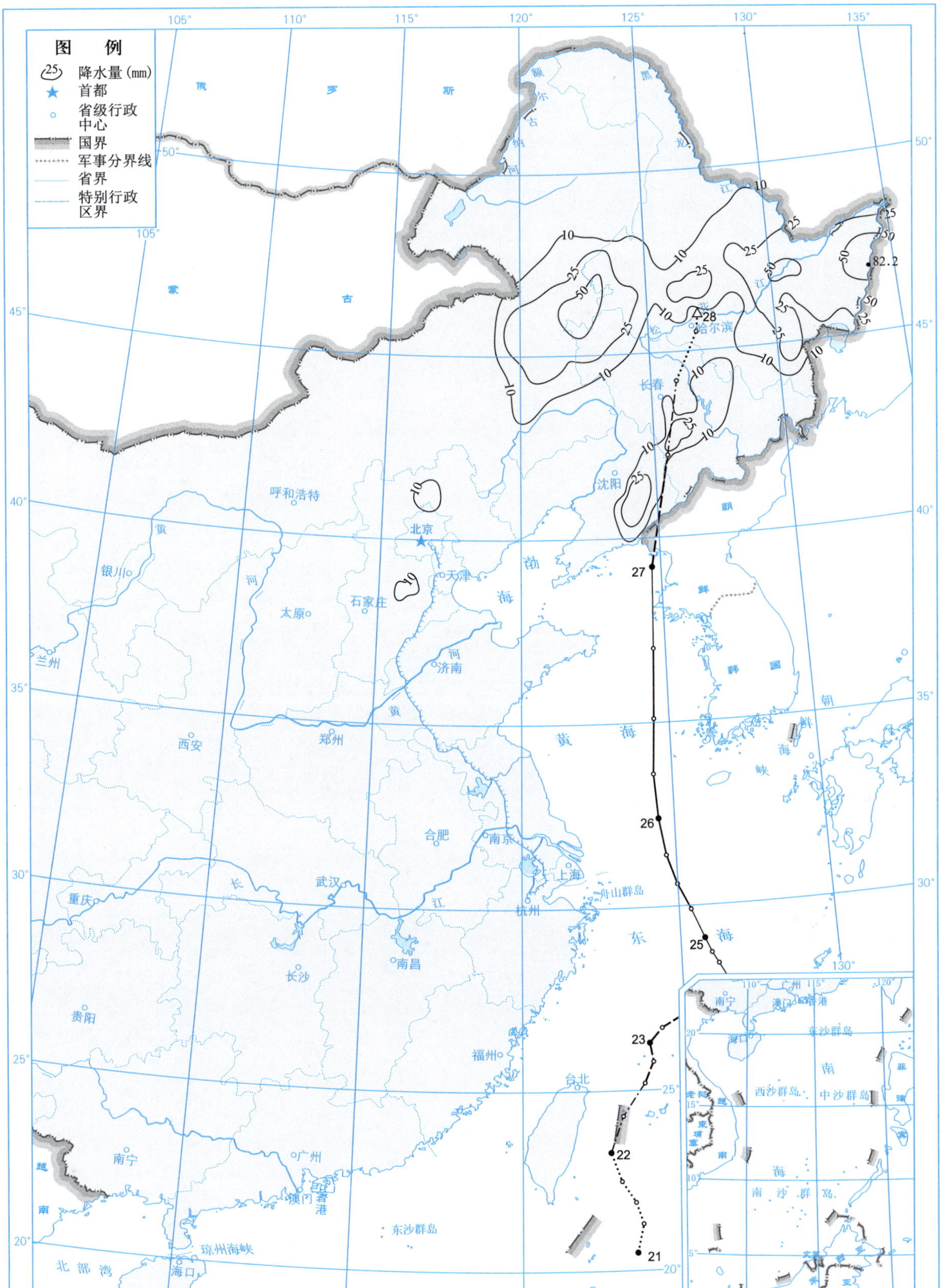

图 2.9.10　2020 年 8 月 28 日降水量图（mm）

图 2.9.11　2008 号强台风“巴威”（Bavi）大风区域演变图

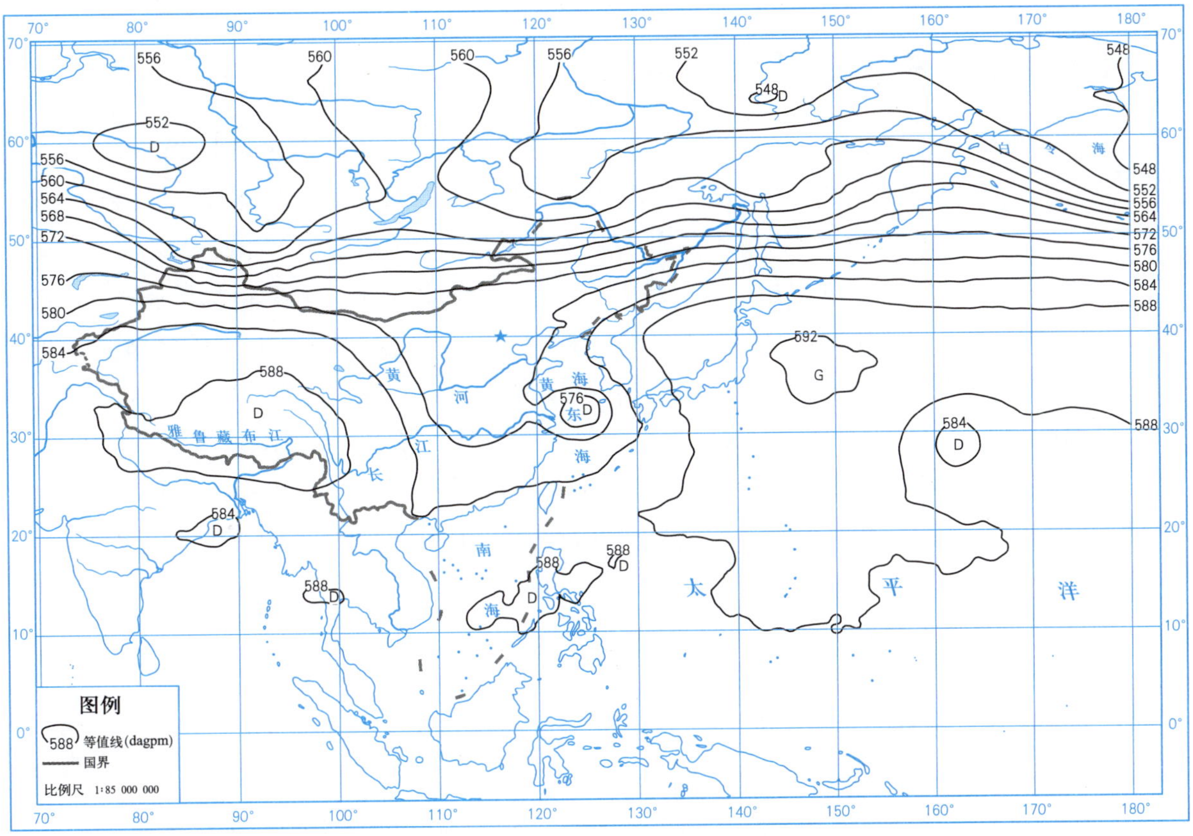

图 2.9.12　2020 年 8 月 26 日 08 时 500 hPa 高度场图

2.10　超强台风“美莎克”（Maysak）

第 2009 号超强台风“美莎克”是由 8 月 28 日早晨位于美国塞班岛以西约 1600 km 的西北太平洋洋面上一个热带低压发展形成。形成后低压中心向西南方向缓慢移动，夜间增强为热带风暴，随后折向偏北，继续增强为强热带风暴，30 日凌晨增强为台风。之后，“美莎克”加速向北偏西方向移动，进一步增强为强台风，穿过琉球群岛，于 9 月 1 日进入东海南部海域，并增强至超强台风，达到其生命史最大强度，近中心最大风速为 52 m/s，中心最低气压为 940 hPa。之后，“美莎克”移速放缓，加大向北移动的分量，2 日凌晨减弱为强台风，夜间穿过朝鲜海峡，于 3 日凌晨登陆韩国庆尚南道沿海。登陆后，“美莎克”继续减弱为台风，并快速移入日本海海域，随后二次登陆朝鲜东北部沿海，于 3 日下午移入我国吉林省境内。之后，“美莎克”转向西北，强度减弱为热带风暴，4 日早晨发生变性，并折向东北方向缓慢移动，途经黑龙江省、内蒙古自治区，于 6 日早晨在蒙古境内减弱消散。

受超强台风“美莎克”影响，8 月 31 日—9 月 5 日，广东和平、福建沿海部分、浙江沿海部分及玉环、安徽南部局部、江苏局部、山东胶东半岛沿海及泰山、辽宁局部、吉林部分、黑龙江大部、内蒙古东部局部出现最大风力 6 ~ 7 级、阵风 7 ~ 10 级；吉林珲春、黑龙江局部、内蒙古东部局部出现最大风力 8 级、阵风 9 ~ 11 级；黑龙江东宁出现最大风力 8 级（19.5 m/s）、阵风 11 级（32.1 m/s），为本次超强台风影响过程风极值。

受其影响，8 月 31 日—9 月 6 日，广东东部局部、江西局部、福建局部、浙江部分、上海南汇、安徽东部南部部分、江苏部分、山东东部局部、河北北部局部、辽宁部分、吉林南部局部、黑龙江部分、内蒙古东部部分总雨量为 10 ~ 50 mm；浙江东部局部、江苏局部、辽宁局部、吉林大部、黑龙江部分、内蒙古东北部局部总雨量为 50 ~ 158 mm；其中吉林梅河口总雨量 157.5 mm，3 日雨量 152.6 mm，分别为本次强台风影响过程总雨量及日雨量极值；江苏六合 1 日 14 时雨量 57.9 mm，为本次超强台风影响过程时雨量极值。

受“美莎克”近海北上影响，9 月 1—2 日，广东东部和华东出现小到中雨局部大雨到暴雨；3 日，“美莎克”进入我国吉林省境内，吉林大部和黑龙江南部出现大面积暴雨，局部大暴雨；4 日，雨区北移，在吉林、黑龙江和内蒙古三省（区）交界处出现大面积暴雨，局部大暴雨；5—6 日，雨势迅速减弱，雨区范围缩小，仅辽宁黑山出现暴雨。

“美莎克”是 2020 年西北太平洋首个超强台风，进入我国东北时减弱为热带风暴，但仍给内蒙古、辽宁、吉林和黑龙江省（区）带来了较严重的灾情。总计受灾人数为 686.4 万人，紧急转移 3.5 万人，农作物受灾面积达到 307.15 万公顷，农作物绝收面积达到 9.83 万公顷，倒塌房屋 1100 间，直接经济损失达到 129.3 亿元（表 2.10.2）。

表 2.10.1 是超强台风“美莎克”的中心位置和强度。图 2.10.1 ~ 图 2.10.11 分别是超强台风“美莎克”的路径图、总降水量图、大风分布图、总降水日数图、20 年 9 月 1—5 日各日的日降水量图、大风区域演变图和 2020 年 9 月 1 日 20 时 500 hPa 高度场图。

表 2.10.1 2009 号超强台风“美莎克”（Maysak）中心位置和强度

8 月 28 日—9 月 6 日

年	月	日	时	中心位置 北纬（°N）	中心位置 东经（°E）	中心气压（hPa）	中心风速（m/s）
2020	8	28	08	17.2	130.9	1000	15
	8	28	14	17.0	130.3	1000	15
	8	28	20	16.6	129.9	998	18
	8	29	02	16.4	129.6	998	18
	8	29	08	16.4	129.3	990	25
	8	29	14	16.6	129.0	990	25
	8	29	20	16.8	128.9	985	28
	8	30	02	17.0	128.9	975	33
	8	30	08	17.4	129.0	965	38
	8	30	14	18.5	129.0	965	38
	8	30	20	19.6	129.0	955	42
	8	31	02	20.9	128.8	955	42
	8	31	08	22.5	128.5	955	42
	8	31	14	24.2	127.6	950	45
	8	31	20	25.1	127.1	945	48
	9	1	02	26.1	126.5	940	52
	9	1	08	26.9	126.1	940	52
	9	1	14	27.6	126.1	940	52
	9	1	20	28.4	126.3	940	52
	9	2	02	29.4	126.6	945	48
	9	2	08	30.5	126.9	950	45
	9	2	14	31.7	127.2	955	42
	9	2	20	33.3	127.9	955	42
	9	3	02	35.4	128.7	960	40
	9	3	08	39.1	129.4	970	33
	9	3	14	42.7	128.8	975	23
	9	3	20	45.1	126.9	978	18
	9	4	02	47.0	125.4	978	18

（续表）

年	月	日	时	中心位置		中心气压（hPa）	中心风速（m/s）
				北纬（°N）	东经（°E）		
△	9	4	08	47.8	124.5	978	18
	9	4	14	49.1	123.1	980	15
	9	4	20	49.6	122.8	980	15
	9	5	02	49.9	123.4	990	13
	9	5	08	50.2	124.3	990	13
	9	5	14	51.3	125.1	998	10
	9	5	20	52.5	126.0	998	10
	9	6	02	53.0	126.6	1000	10
	9	6	08	53.5	127.0	1002	10
消散							

表 2.10.2　2009 号超级台风“美莎克”（Maysak）在内蒙古、辽宁、吉林和黑龙江省（区）引发的灾情

受灾省（区）	受灾人口（万人）	死亡人口（人）	失踪人口（人）	紧急转移人口（万人）	农作物		倒塌房屋（万间）	直接经济损失（亿元）
					受灾面积（万公顷）	绝收面积（万公顷）		
内蒙古区	25.4	0	0	0	29.17	0.44	0	4.9
辽宁省	18.8	0	0	0	3.94	0.12	0	2.1
吉林省	307.4	0	0	1.1	85.55	2.10	0.03	39.5
黑龙江省	334.8	0	0	2.4	188.49	7.17	0.08	82.8
合计	686.4	0	0	3.5	307.15	9.83	0.11	129.3

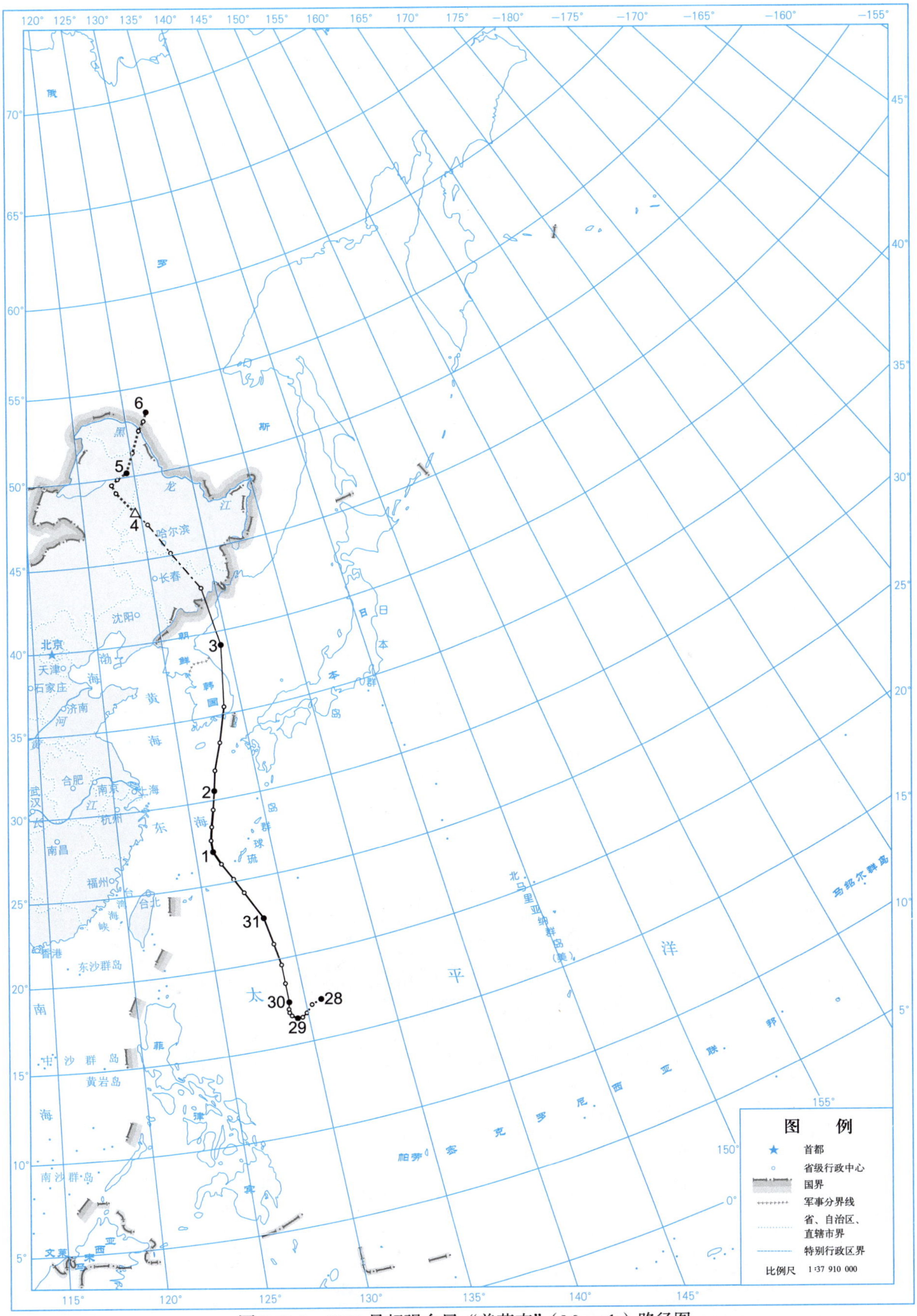

图 2.10.1 2009 号超强台风“美莎克”（Maysak）路径图

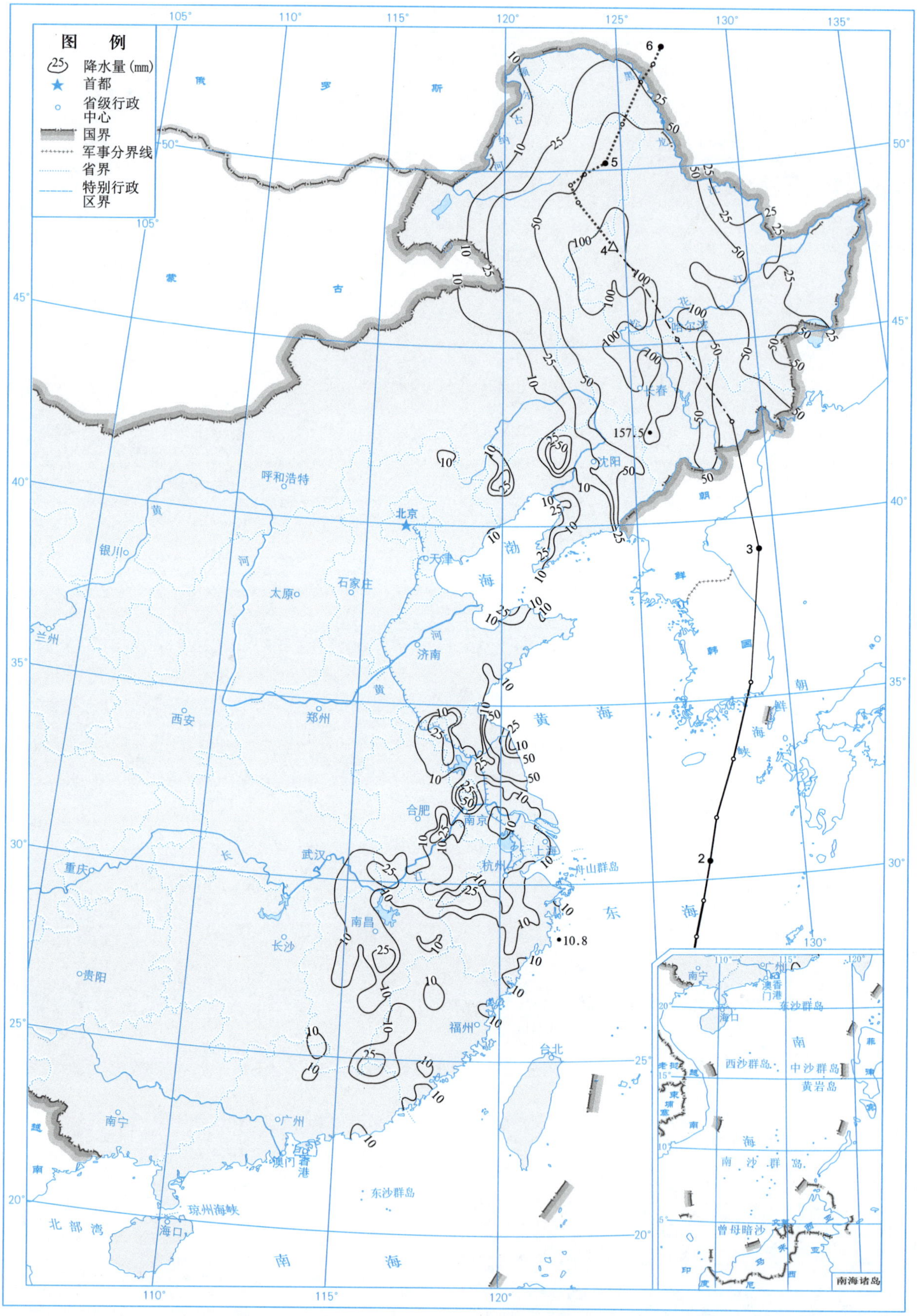

图 2.10.2　2009 号超强台风“美莎克”（Maysak）总降水量图（8 月 31 日—9 月 6 日）(mm)

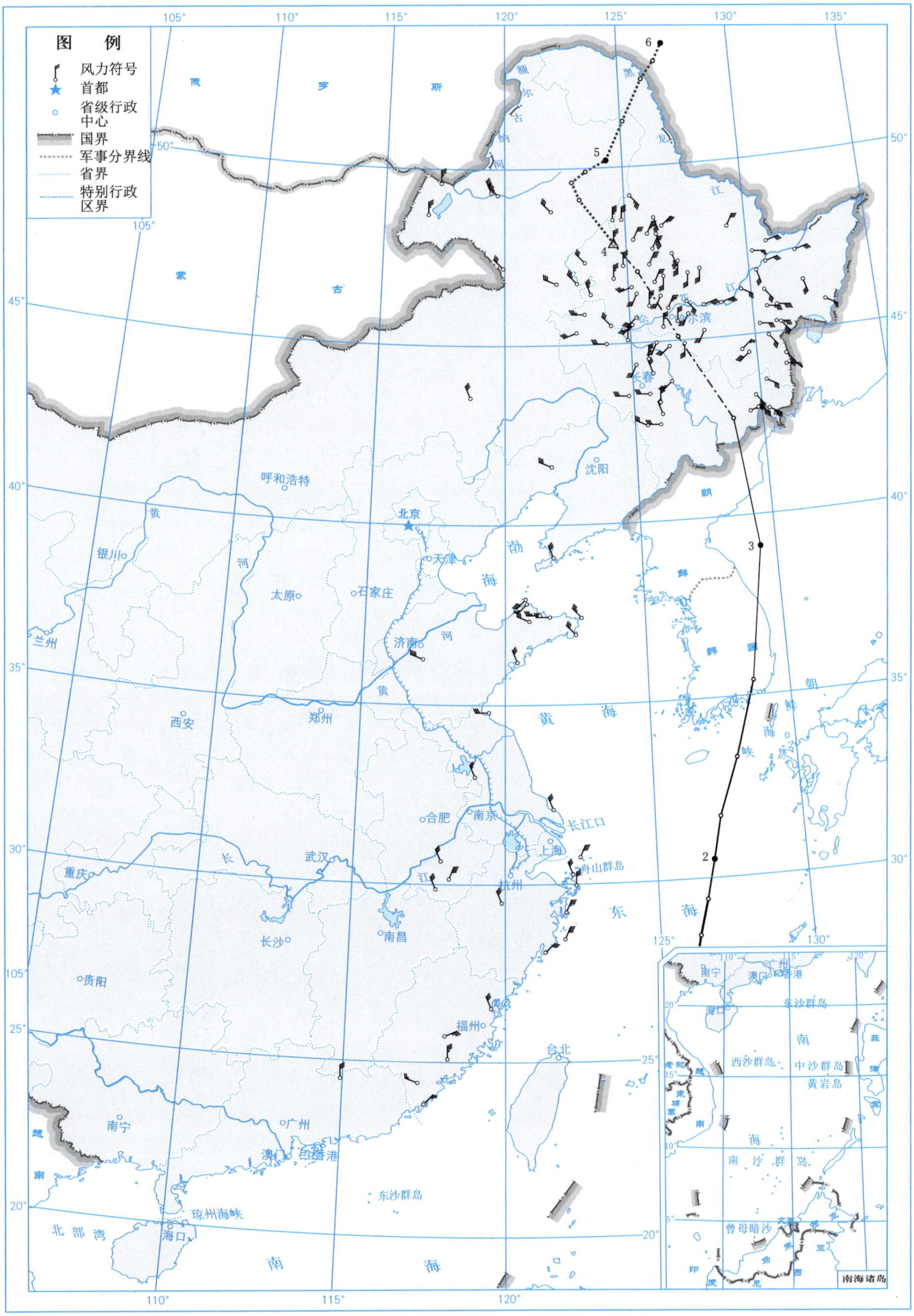

图 2.10.3　2009 号超强台风“美莎克”（Maysak）大风分布图（8 月 31 日—9 月 5 日）

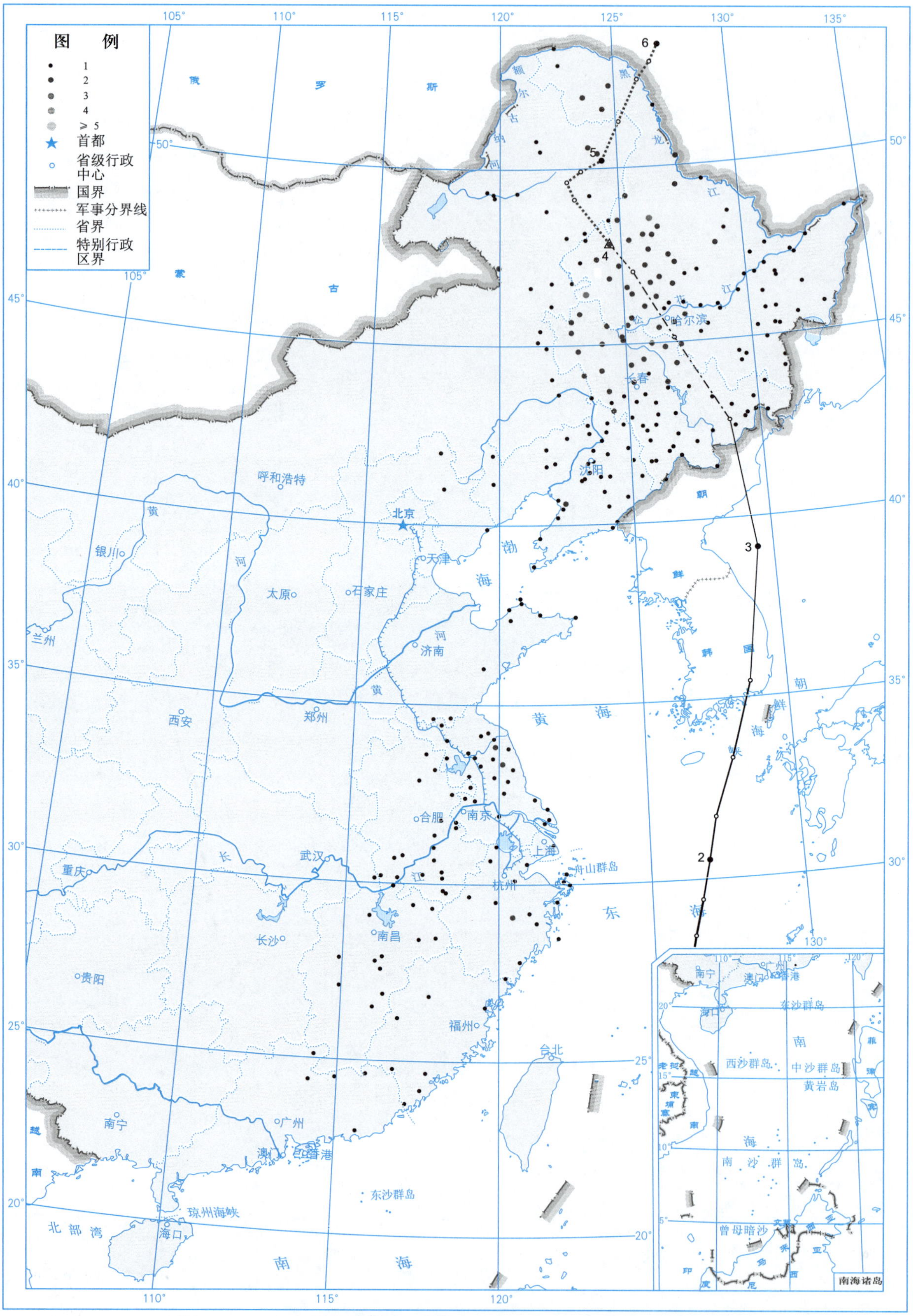

图 2.10.4　2009 号超强台风“美莎克”（Maysak）总降水日数图（d）

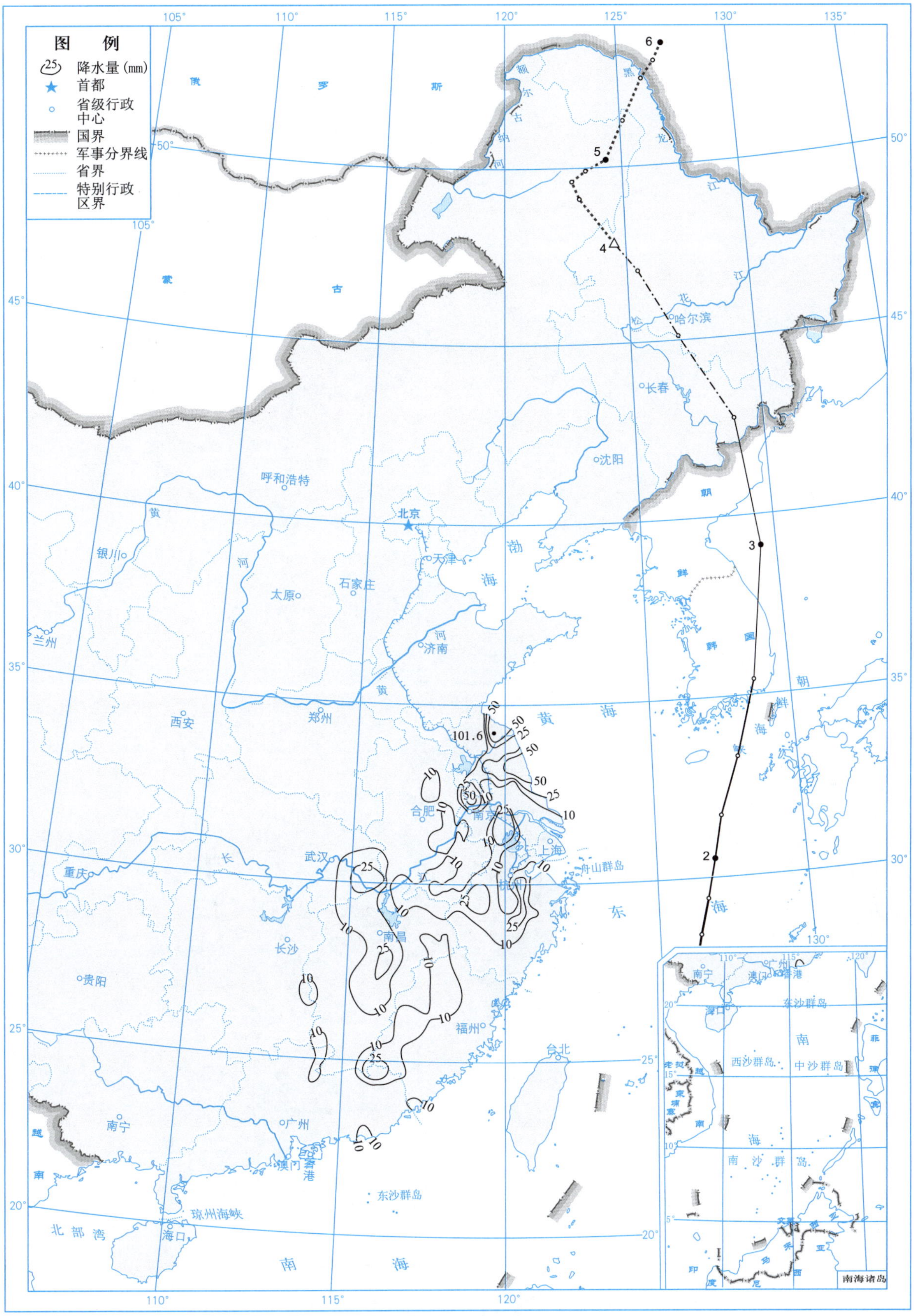

图 2.10.5　2020 年 9 月 1 日降水量图（mm）

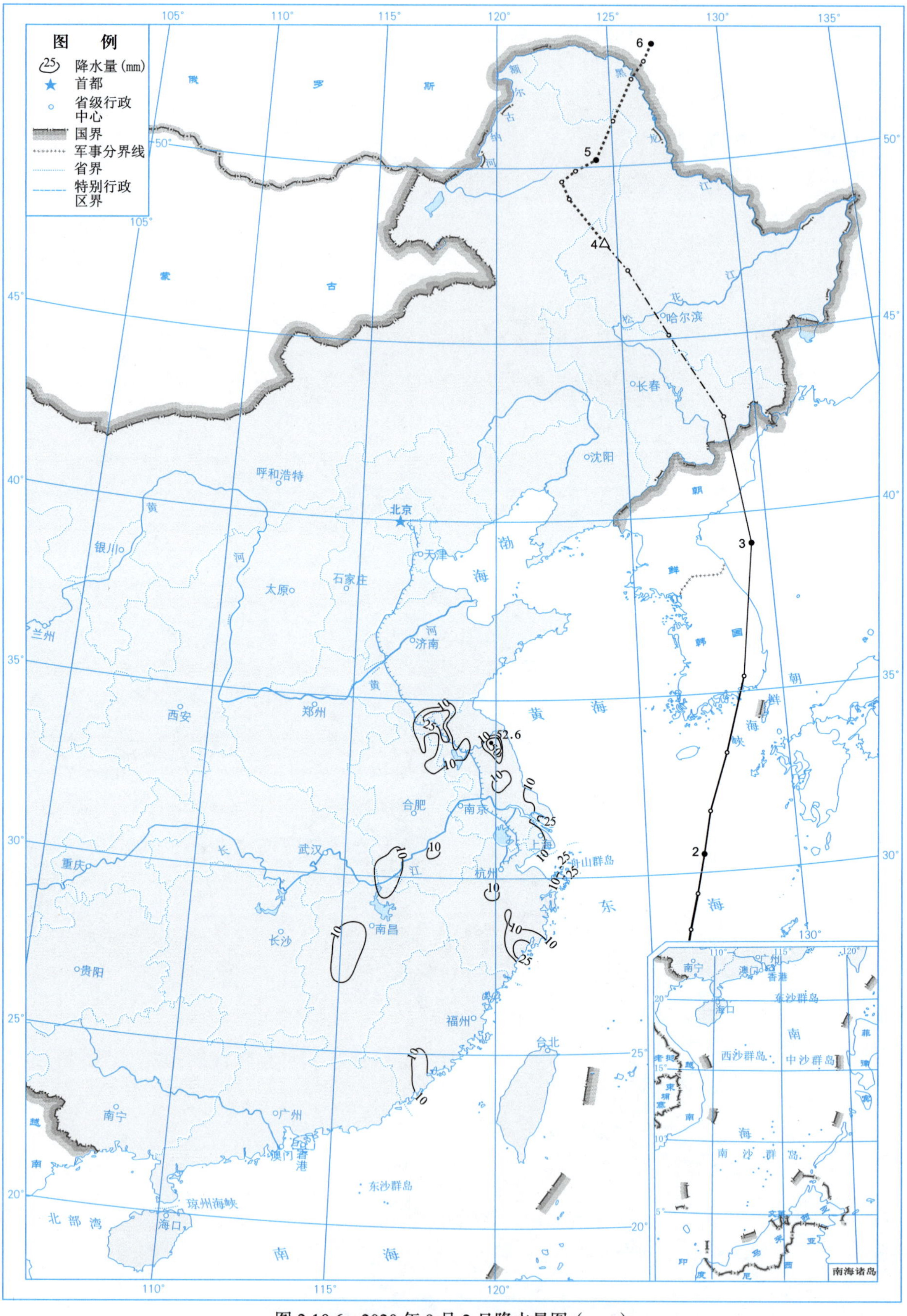

图 2.10.6　2020 年 9 月 2 日降水量图（mm）

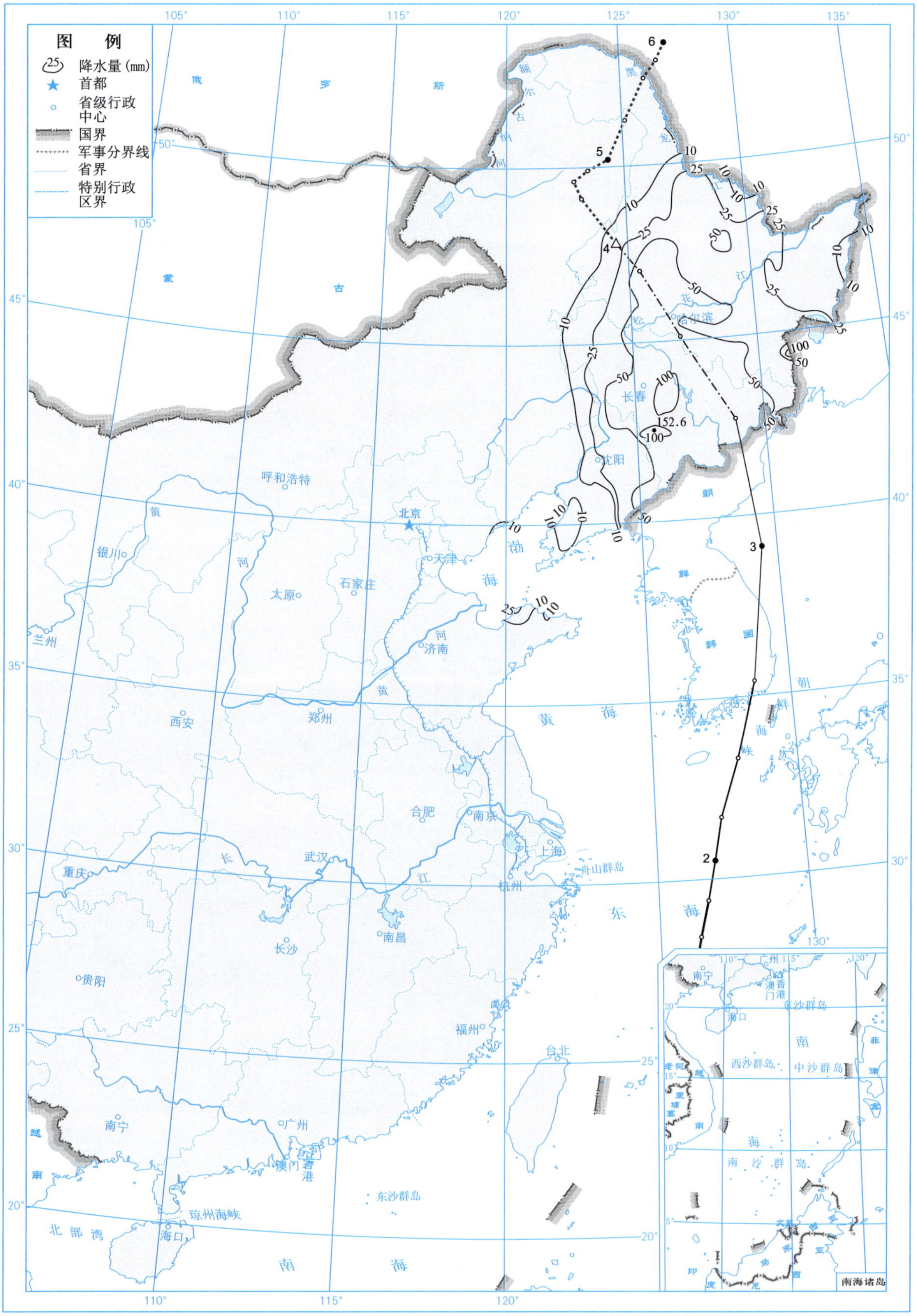

图 2.10.7 2020年9月3日降水量图（mm）

图 2.10.8　2020 年 9 月 4 日降水量图（mm）

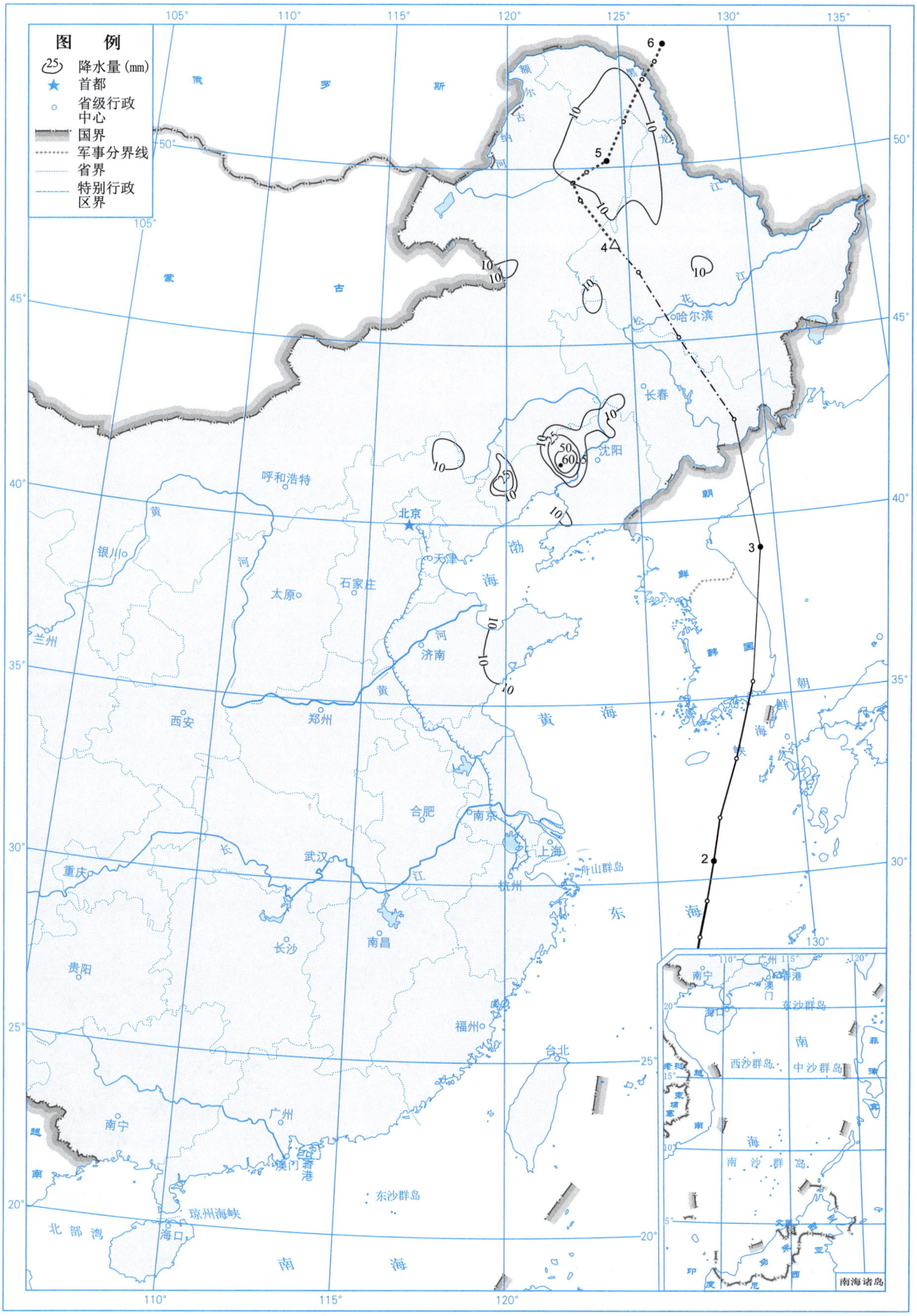

图 2.10.9　2020 年 9 月 5 日降水量图（mm）

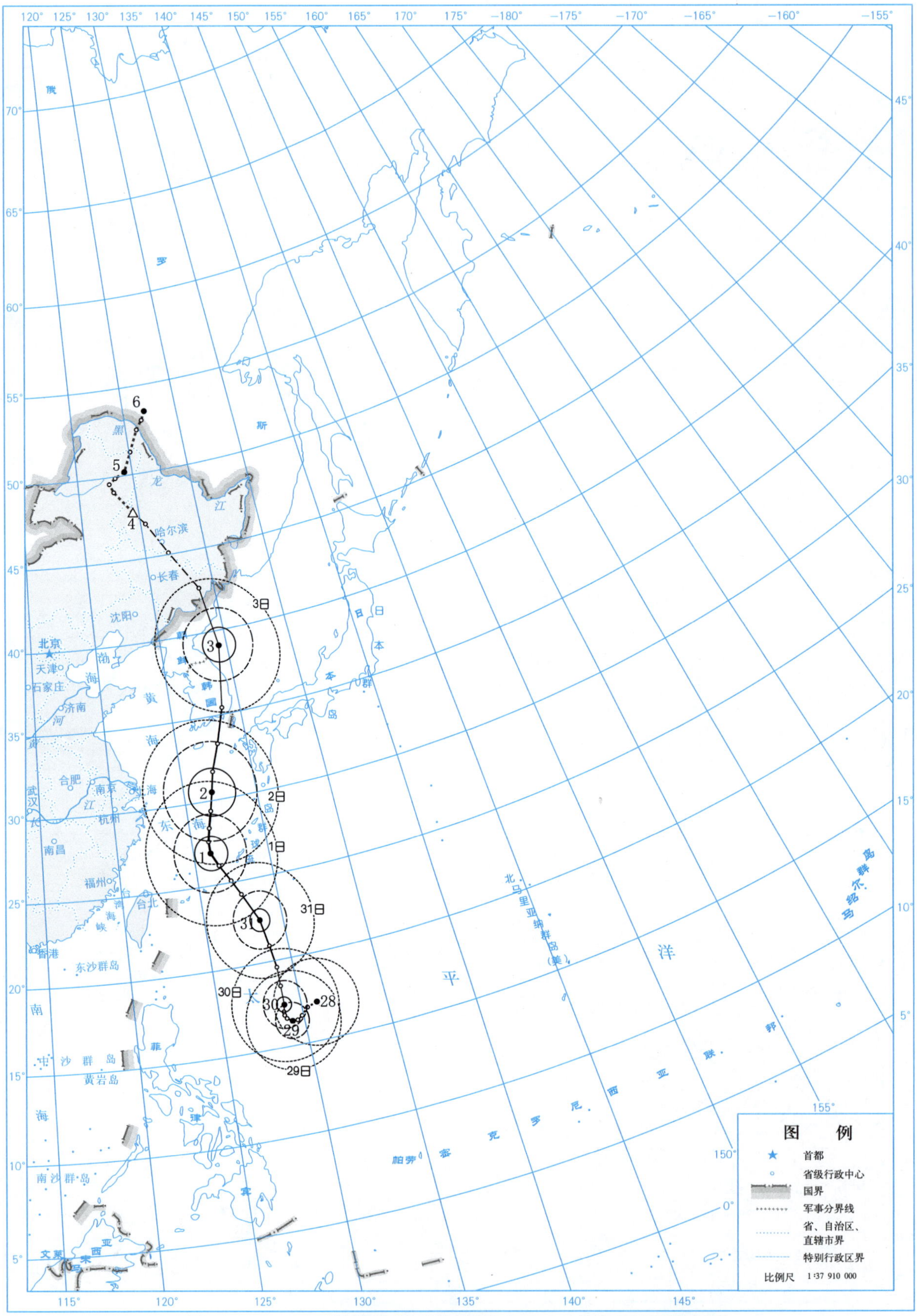

图 2.10.10　2009 号超强台风“美莎克”（Maysak）大风区域演变图

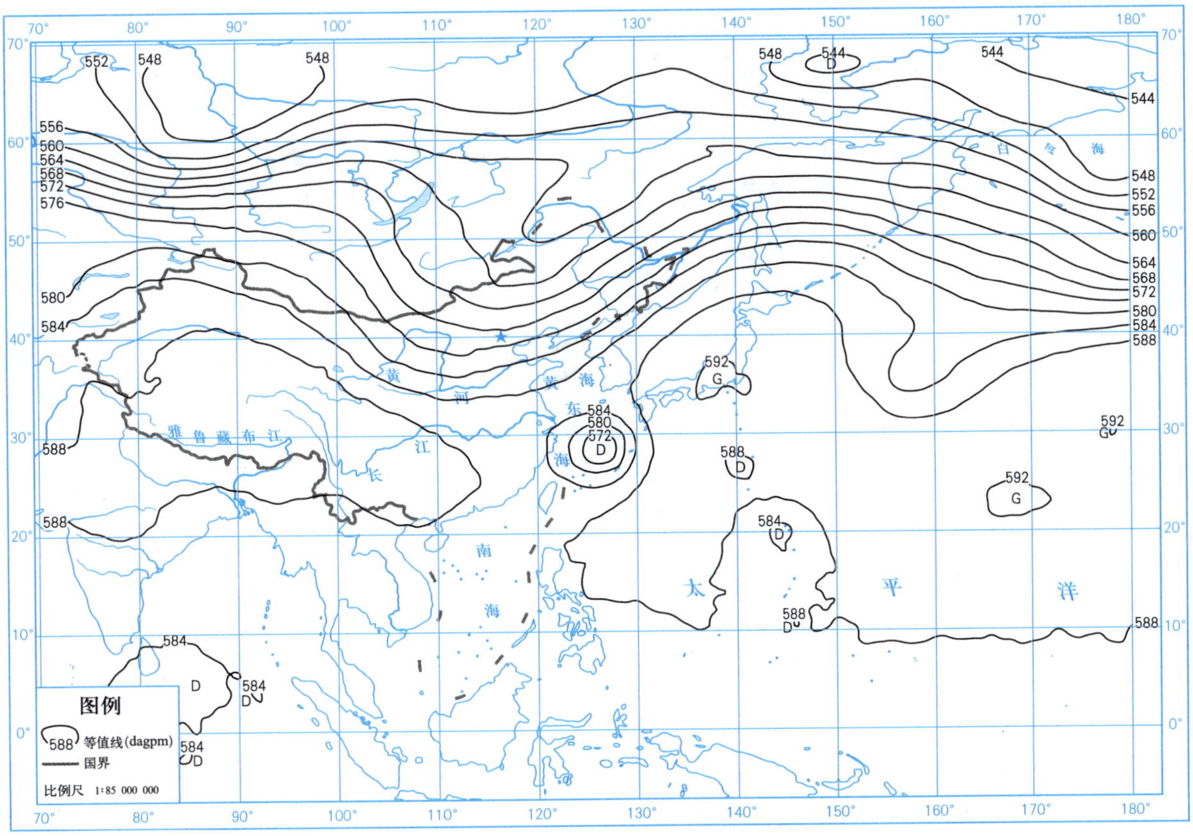

图 2.10.11 2020年9月1日20时500 hPa高度场图

2.11 超强台风“海神”（Haishen）

第 2010 号超强台风“海神”是由 8 月 31 日早晨位于美国塞班岛以北约 960 km 的西北太平洋洋面上一个热带低压发展形成。形成后低压中心向西南方向缓慢移动，9 月 1 日下午增强为热带风暴，次日增强为强热带风暴，并逐渐转向西北，3 日快速增强至强台风，4 日早晨进一步增强至超强台风，于当日夜间达到其生命史最大强度，近中心最大风速 60 m/s，中心最低气压 920 hPa。之后，超强台风“海神”转向偏北方向移动，移速加快，6 日早晨减弱为强台风，随即穿过琉球群岛，移入朝鲜海峡，于 7 日早晨登陆韩国庆尚南道沿海，强度减弱为台风。随后，“海神”进入日本海海域，二次登陆朝鲜东北部沿海，8 日凌晨由朝鲜移入我国吉林省境内，强度减弱，并逐渐转变为温带气旋，移速减缓，于 8 日夜间在黑龙江省内减弱消散。

受超强台风“海神”和冷空气共同影响，9 月 6—8 日，浙江沿海局部、山东北部局部及胶东半岛东部、河南北部部分、河北局部、北京佛爷顶、辽宁长兴岛、吉林局部、黑龙江部分、内蒙古东部局部出现最大风力 6 ~ 7 级、阵风 7 ~ 11 级；江苏西连岛和山东泰山出现最大风力 8 级、阵风 9 级；江苏西连岛出现最大风力 8 级（20.5 m/s）、阵风 10 级（27.3 m/s），河北冀州出现最大风力 7 级（15.9 m/s）、阵风 11 级（28.9 m/s），为本次超强台风影响过程风极值。

受其与冷空气共同影响，9 月 7—9 日，河南局部、山东部分、河北局部、辽宁东部部分、吉林东北部局部、黑龙江部分、内蒙古东南部局部总雨量为 10 ~ 50 mm；辽宁东部局部、吉林大部、黑龙江中南部大部总雨量为 50 ~ 152 mm；其中，黑龙江绥芬河总雨量 151.6 mm，吉林珲春 7 日雨量 114.3 mm，分别为本次超强台风影响过程总雨量及日雨量极值；河北冀州 7 日 22 时雨量 34.8 mm，为本次超强台风影响过程时雨量极值。

受“海神”穿过朝鲜半岛北上影响，9 月 7 日，吉林西部出现暴雨，局部大暴雨；8 日，雨带北移，吉林中部、黑龙江中南部大部及绥芬河出现暴雨；9 日，“海神”残留云系仍给两省带来中到大雨局部暴雨。

受超强台风“海神”的影响，造成辽宁、吉林和黑龙江省出现了一定程度的灾情。总计受灾人数为 105.3 万人，紧急转移 5.2 万人，农作物受灾面积达到 51.41 万公顷，农作物绝收面积达到 5.81 万公顷，倒塌房屋 2000 间，直接经济损失达到 41.5 亿元（表 2.11.2）。

表 2.11.1 是超强台风“海神”的中心位置和强度。图 2.11.1 ~ 图 2.11.9 分别是超强台风“海神”的路径图、总降水量图、大风分布图、总降水日数图、2020 年 9 月 7—9 日各日的日降水量图、大风区域演变图和 2020 年 9 月 5 日 08 时 500 hPa 高度场图。

表 2.11.1　2010 号超强台风“海神”（Haishen）中心位置和强度

8 月 31 日—9 月 8 日

年	月	日	时	中心位置		中心气压（hPa）	中心风速（m/s）
				北纬（°N）	东经（°E）		
2020	8	31	08	23.7	147.3	1002	13

（续表）

年	月	日	时	中心位置		中心气压（hPa）	中心风速（m/s）
				北纬（°N）	东经（°E）		
2020	8	31	14	23.4	146.5	1002	13
	8	31	20	23.0	145.9	1000	15
	9	1	02	22.4	145.4	1000	15
	9	1	08	21.7	145.0	1000	15
	9	1	14	20.9	144.5	998	18
	9	1	20	20.4	144.1	998	18
	9	2	02	20.0	143.6	995	20
	9	2	08	19.3	142.4	990	25
	9	2	14	19.3	141.3	980	30
	9	2	20	19.6	140.4	980	30
	9	3	02	19.9	139.4	975	33
	9	3	08	20.2	138.4	970	35
	9	3	14	20.6	137.5	965	38
	9	3	20	21.0	136.5	955	42
	9	4	02	21.3	135.8	945	48
	9	4	08	21.7	135.1	935	52
	9	4	14	22.2	134.3	925	58
	9	4	20	22.7	133.5	920	60
	9	5	02	23.3	132.6	920	60
	9	5	08	23.9	132.0	920	60
	9	5	14	24.7	131.4	925	58
	9	5	20	25.5	131.0	925	58
	9	6	02	26.4	130.7	935	52
	9	6	08	27.7	130.4	940	48
	9	6	14	29.4	130.0	940	48
	9	6	20	31.1	129.5	945	45
	9	7	02	32.9	129.2	950	42
	9	7	08	35.4	129.1	956	38

（续表）

年	月	日	时	中心位置		中心气压（hPa）	中心风速（m/s）
				北纬（°N）	东经（°E）		
2020	9	7	14	38.4	128.8	970	30
	9	7	20	40.1	128.8	980	25
	9	8	02	42.6	128.4	990	20
	9	8	08	43.9	128.1	990	18
△	9	8	14	45.3	127.8	990	18
	9	8	20	45.7	127.2	992	15
消散							

表 2.11.2　2010 号超强台风“海神”（Haishen）在辽宁、吉林和黑龙江省引发的灾情

受灾省	受灾人口（万人）	死亡人口（人）	失踪人口（人）	紧急转移人口（万人）	农作物		倒塌房屋（万间）	直接经济损失（亿元）
					受灾面积（万公顷）	绝收面积（万公顷）		
辽宁省	33.0	0	0	0.1	3.61	0.11	0	1.8
吉林省	26.7	0	0	2.1	9.72	0.86	0.1	17.9
黑龙江省	45.6	0	0	3.0	38.08	4.84	0.1	21.8
合计	105.3	0	0	5.2	51.41	5.81	0.2	41.5

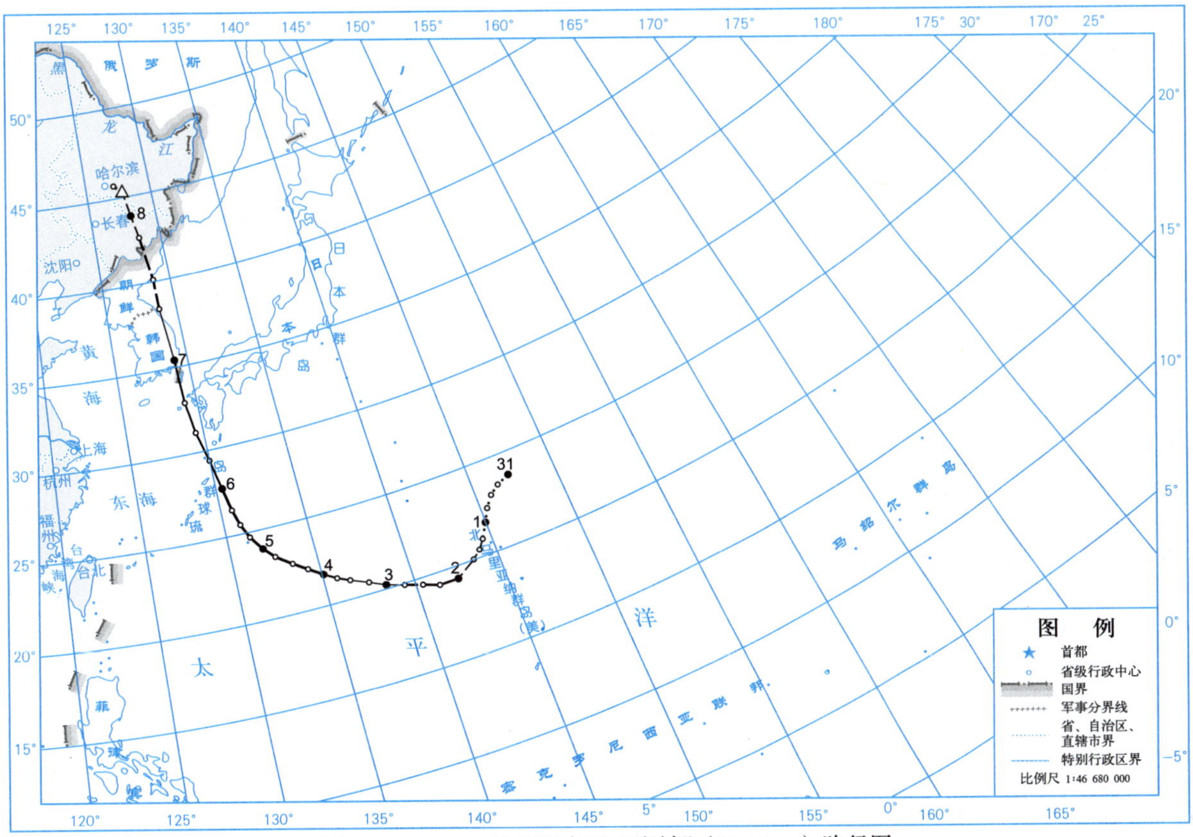

图 2.11.1　2010 号超强台风“海神”（Haishen）路径图

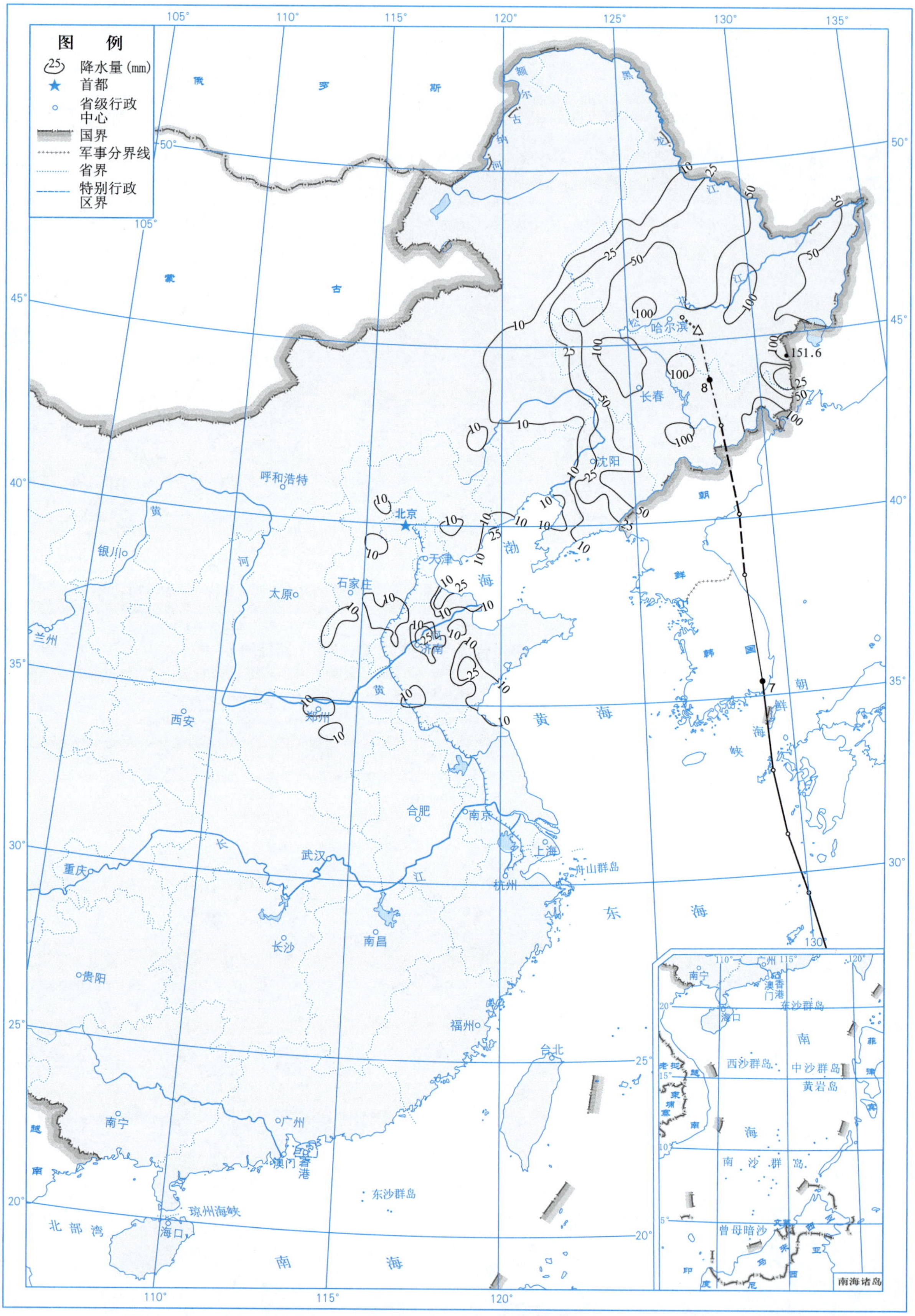

图 2.11.2 2010 号超强台风“海神”（Haishen）总降水量图（9 月 7—9 日）（mm）

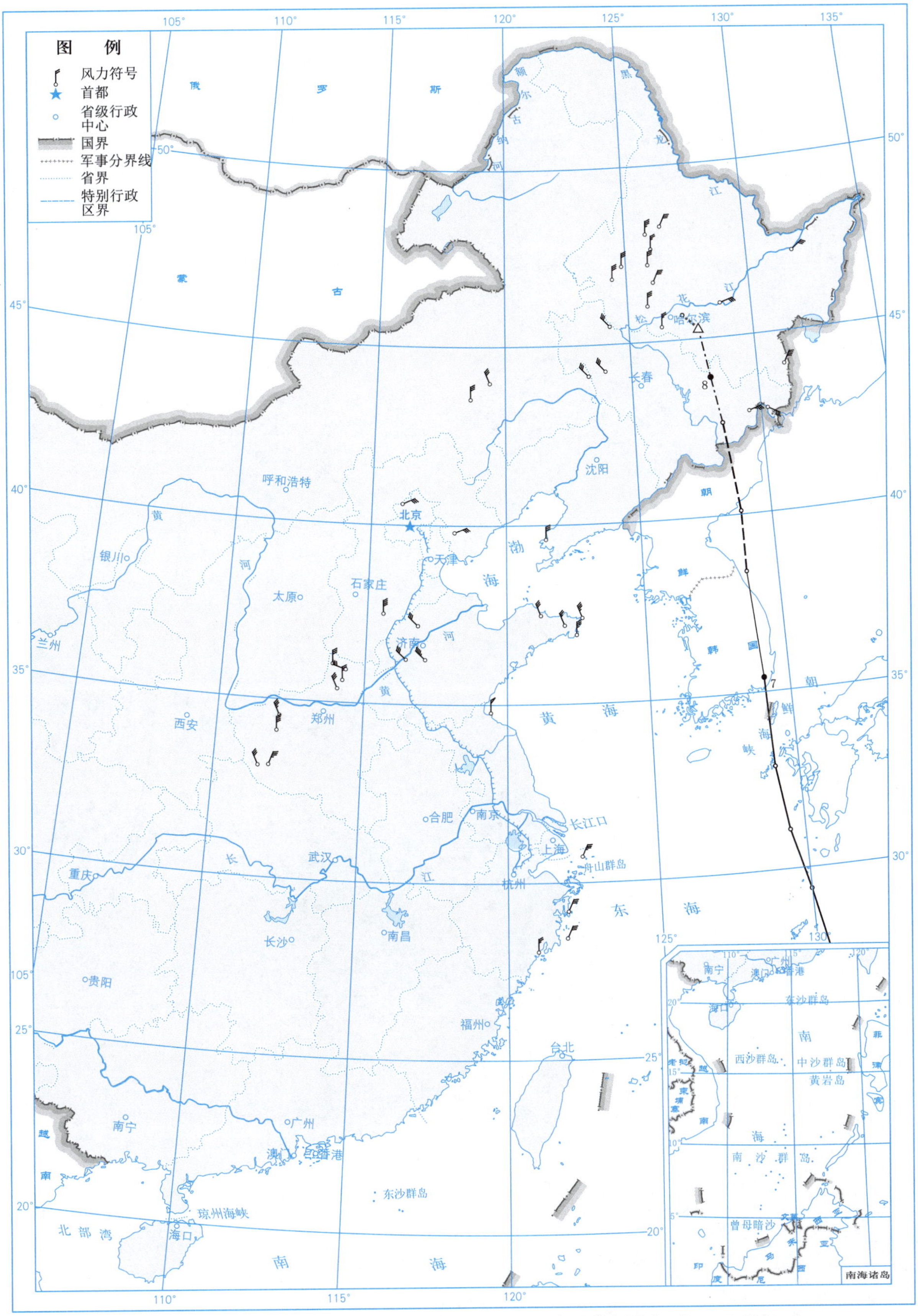

图2.11.3　2010号超强台风“海神”（Haishen）大风分布图（9月6—8日）

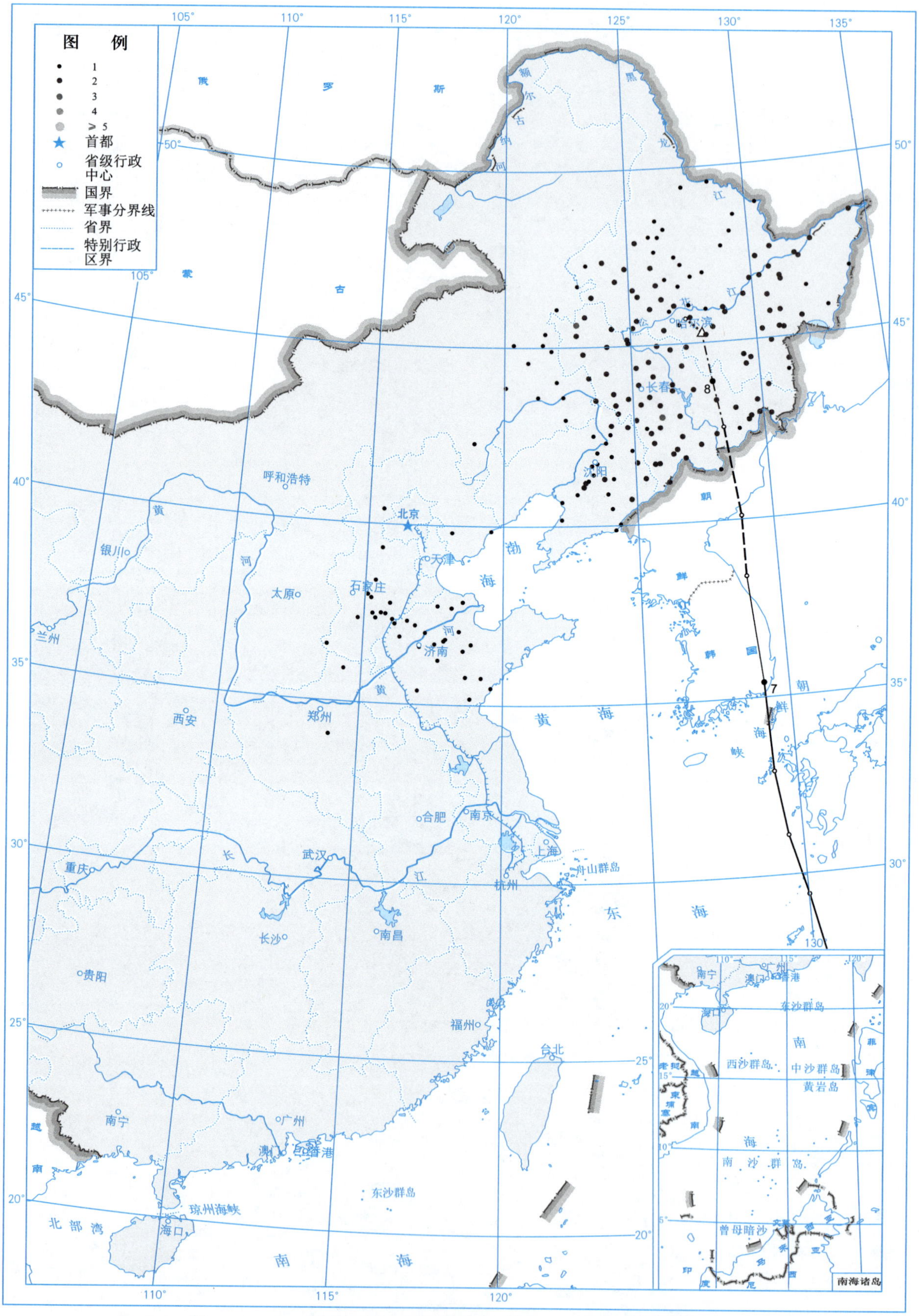

图 2.11.4　2010 号超强台风“海神”（Haishen）总降水日数图（d）

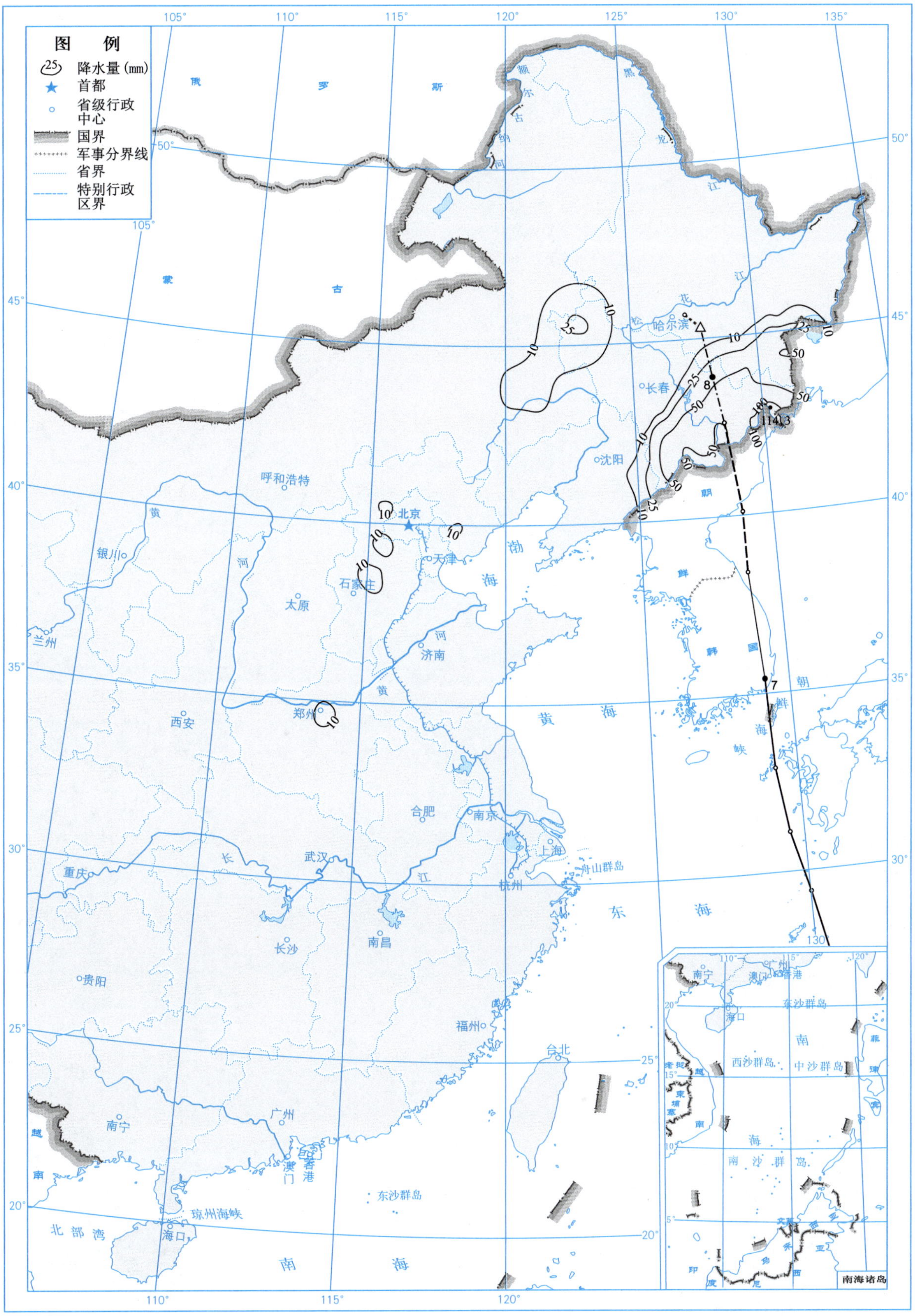

图 2.11.5　2020 年 9 月 7 日降水量图（mm）

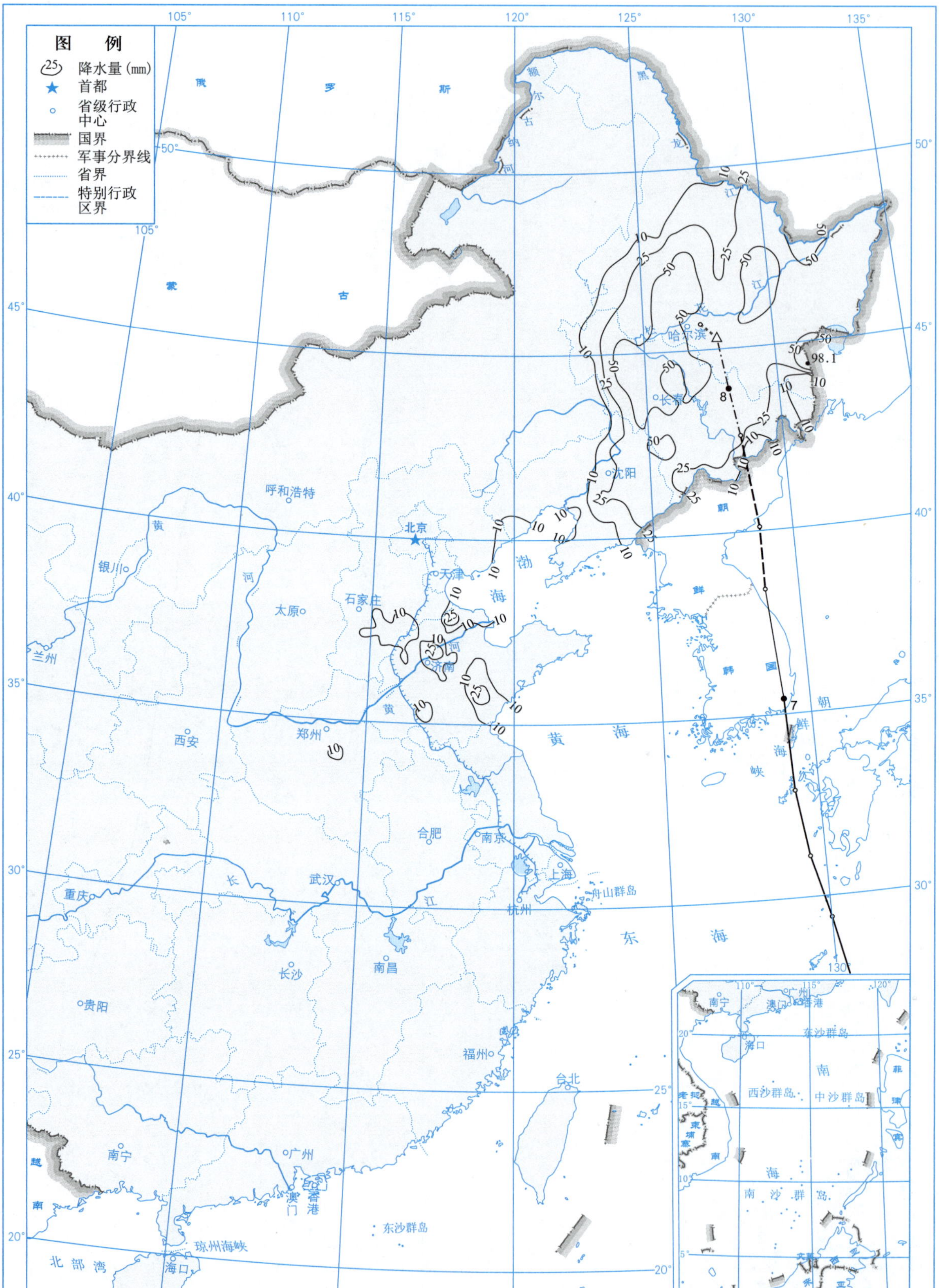

图 2.11.6　2020 年 9 月 8 日降水量图（mm）

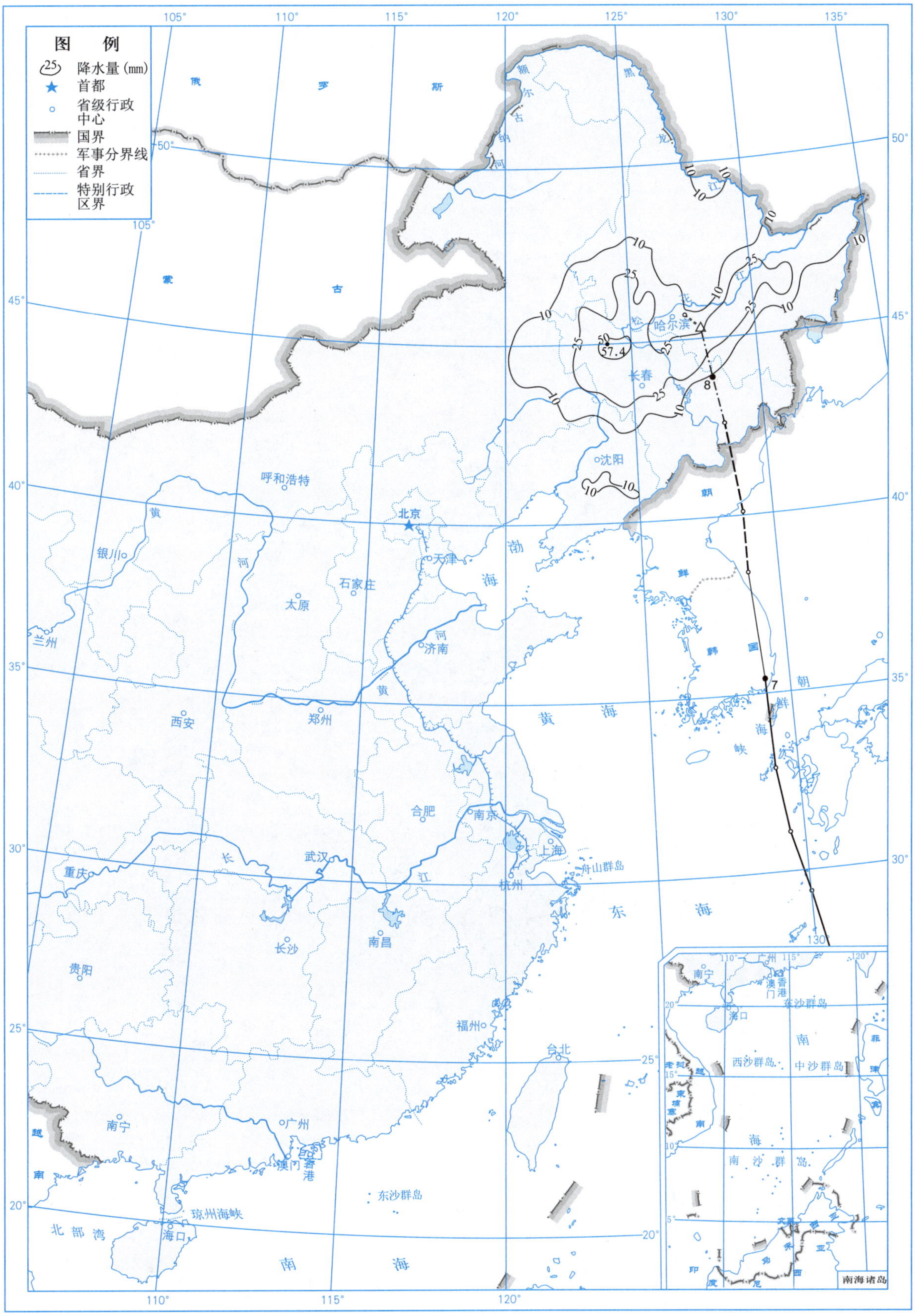

图 2.11.7　2020 年 9 月 9 日降水量图（mm）

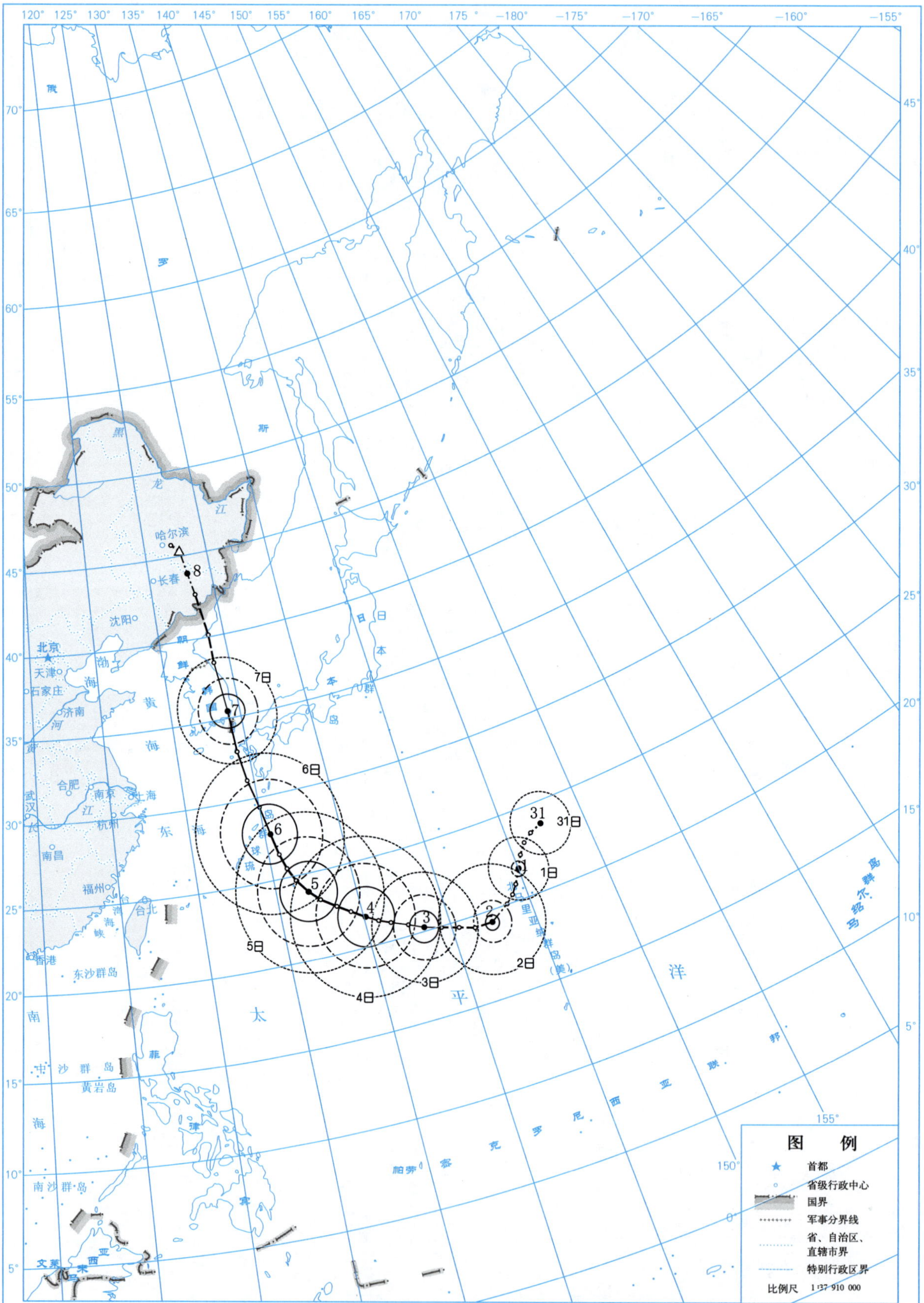

图 2.11.8 2010 号超强台风“海神”（Haishen）大风区域演变图

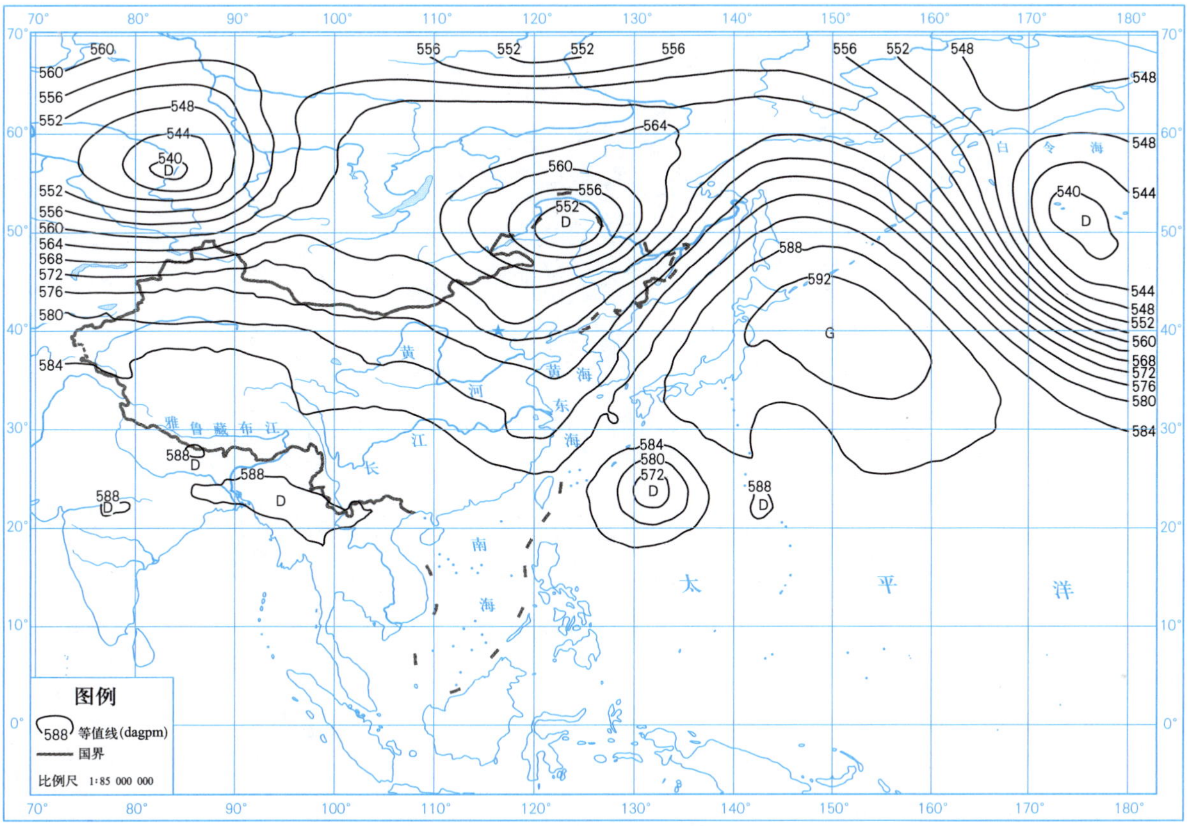

图 2.11.9 2020 年 9 月 5 日 08 时 500 hPa 高度场图

2.12 强热带风暴“红霞”（Noul）

第 2011 号强热带风暴“红霞”是由 9 月 15 日凌晨位于菲律宾萨马岛附近的西北太平洋洋面上一个热带低压发展形成。形成后低压中心向偏西方向移动，横穿菲律宾群岛后，进入南海海域，强度逐渐增强为热带风暴，之后向北移动的分量加大，17 日夜间继续增强为强热带风暴。随后，强热带风暴“红霞”继续西行，18 日上午登陆越南奉化省沿海，强度快速减弱为低压，一路西行，途经老挝，于 19 日早晨在泰国境内减弱消散。

受强热带风暴“红霞”影响，9 月 17—19 日，海南局部、广东徐闻和上川岛、广西东兴和防城港出现最大风力 6 ~ 7 级、阵风 7 ~ 8 级；海南三亚出现最大风力 8 级（18.4 m/s）、阵风 10 级（28.1 m/s），为本次强热带风暴影响过程风极值。

受其影响，9 月 16—19 日，海南部分、广东大部、广西部分、云南南部局部、湖南南部局部、江西南部局部、福建南部部分总雨量为 10 ~ 50 mm；海南东部部分、广东南部部分、广西沿海局部、云南河口、江西井冈山、福建平和总雨量为 50 ~ 150 mm；海南南部局部总雨量为 150 ~ 207 mm；其中，海南陵水总雨量 206.1 mm，18 日 8 时雨量 43.8 mm，分别为本次强热带风暴影响过程总雨量和时雨量极值；广东汕头 18 日雨量 110.0 mm，为本次强热带风暴影响过程日雨量极值。

受“红霞”南海西行外围环流影响，降水主要集中在 9 月 16 —19 日，华南大部出现中到大雨局部暴雨，其中，海南东部和南部连续 3 日出现大雨到暴雨。

表 2.12.1 是强热带风暴“红霞”的中心位置和强度。图 2.12.1 ~图 2.12.10 分别是强热带风暴“红霞”的路径图、总降水量图、大风分布图、总降水日数图、2020 年 9 月 16—19 日各日的日降水量图、大风区域演变图和 2020 年 9 月 18 日 02 时 500 hPa 高度场图。

表 2.12.1 2011 号强热带风暴“红霞”（Noul）中心位置和强度

9 月 15—19 日

年	月	日	时	中心位置		中心气压（hPa）	中心风速（m/s）
				北纬（° N）	东经（° E）		
2020	9	15	02	12.7	124.0	1005	13
	9	15	08	12.5	122.5	1005	13
	9	15	14	12.4	120.8	1002	15
	9	15	20	12.4	119.6	1002	15
	9	16	02	12.7	118.7	998	18
	9	16	08	13.0	117.8	998	18
	9	16	14	13.3	117.0	998	18
	9	16	20	13.5	115.9	995	20
	9	17	02	13.9	114.8	990	23

（续表）

年	月	日	时	中心位置		中心气压（hPa）	中心风速（m/s）
				北纬（° N）	东经（° E）		
	9	17	08	14.8	113.9	990	23
	9	17	14	15.6	113.0	990	23
	9	17	20	15.8	111.9	985	25
	9	18	02	16.1	110.4	985	25
	9	18	08	16.4	108.0	985	25
	9	18	14	16.3	105.8	992	18
	9	18	20	16.4	103.9	994	15
	9	19	02	16.5	102.3	996	13
	9	19	08	16.4	100.5	996	13
消散							

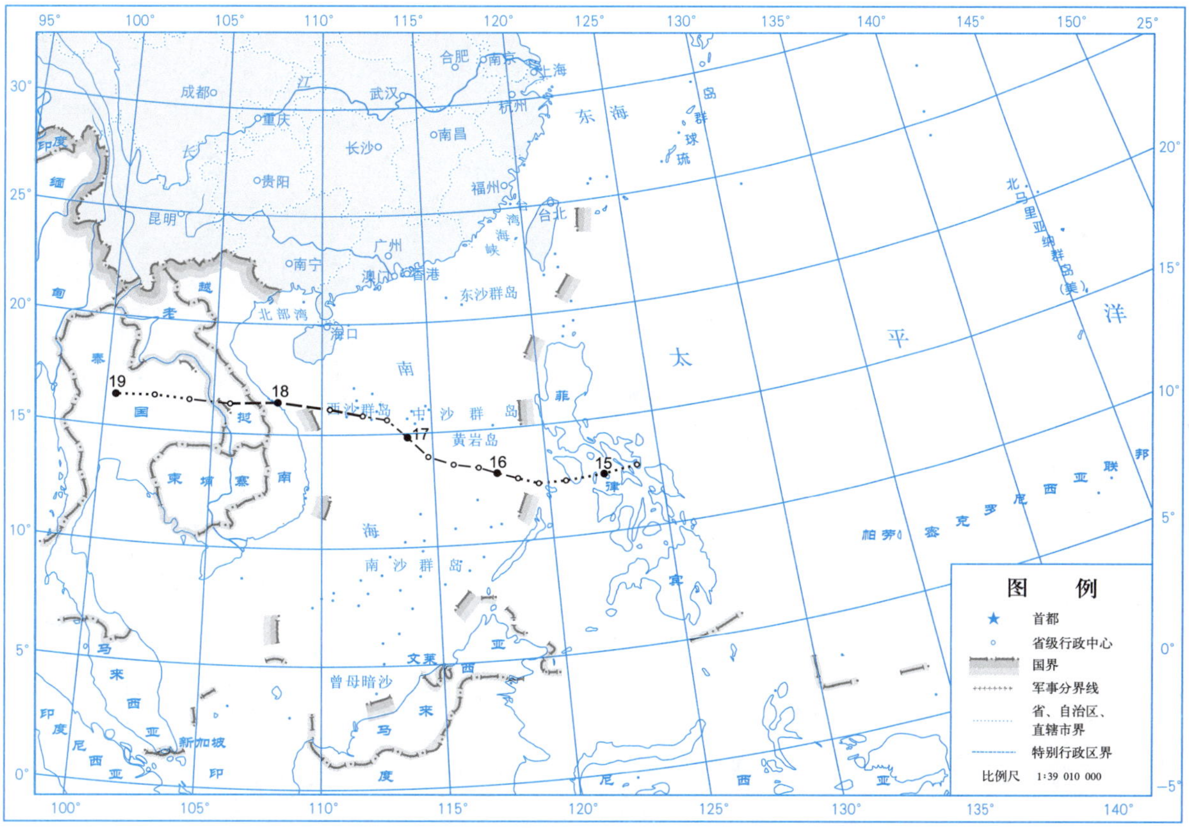

图 2.12.1 2011 号强热带风暴“红霞”（Noul）路径图

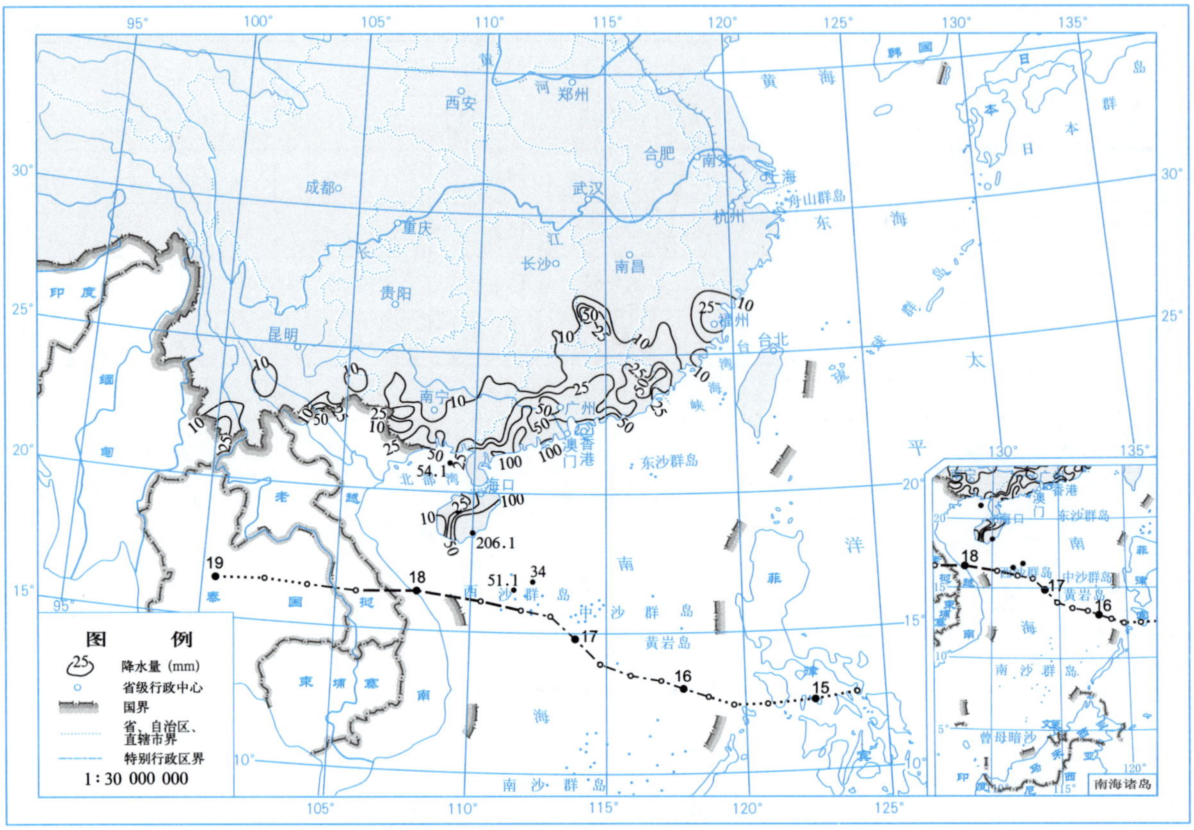

图 2.12.2　2011 号强热带风暴“红霞”（Noul）总降水量图（9 月 16—19 日）（mm）

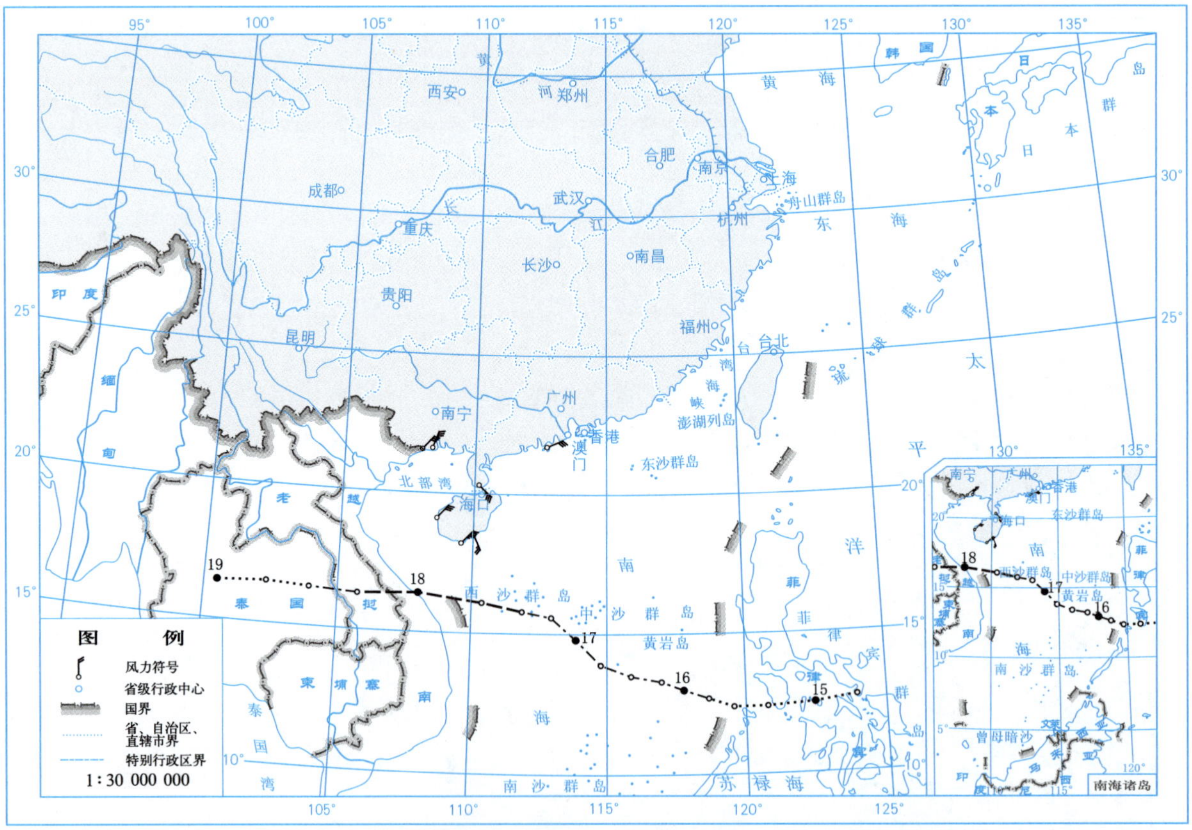

图 2.12.3　2011 号强热带风暴“红霞”（Noul）大风分布图（9 月 17—19 日）

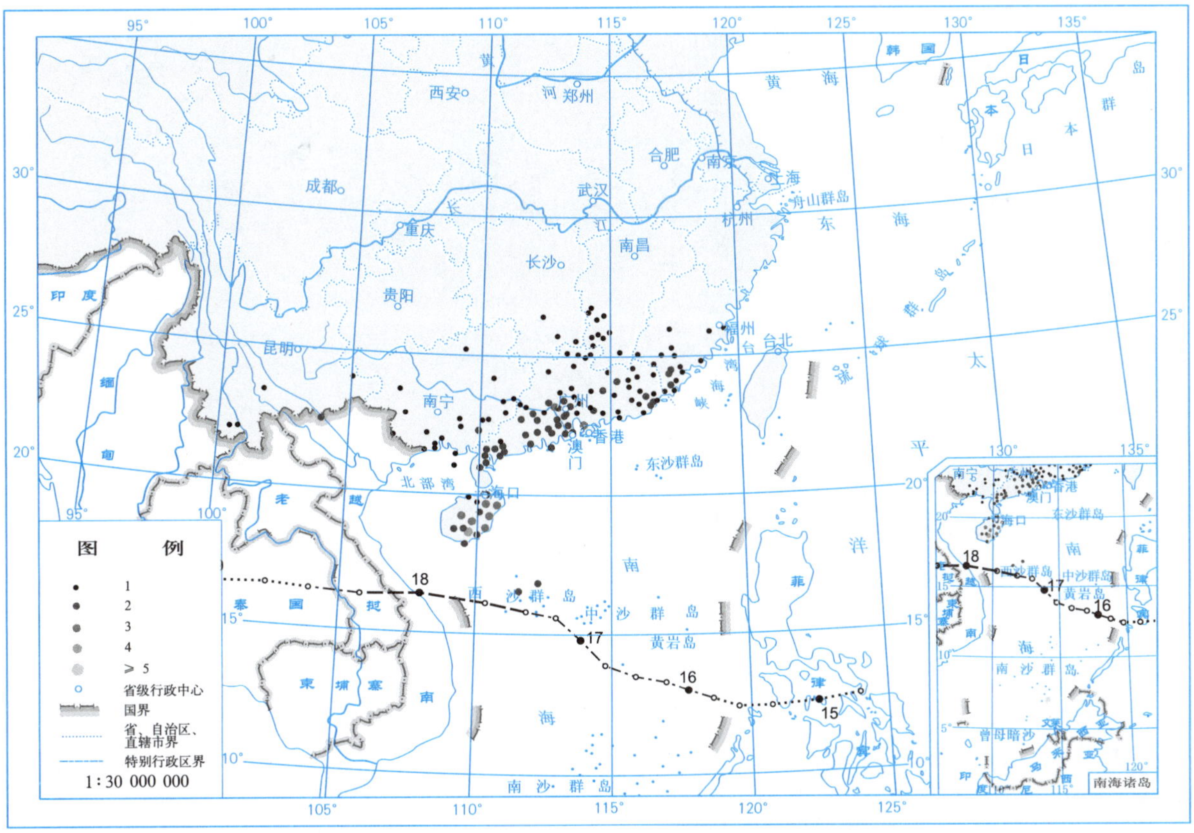

图 2.12.4　2011 号强热带风暴“红霞”（Noul）总降水日数图（d）

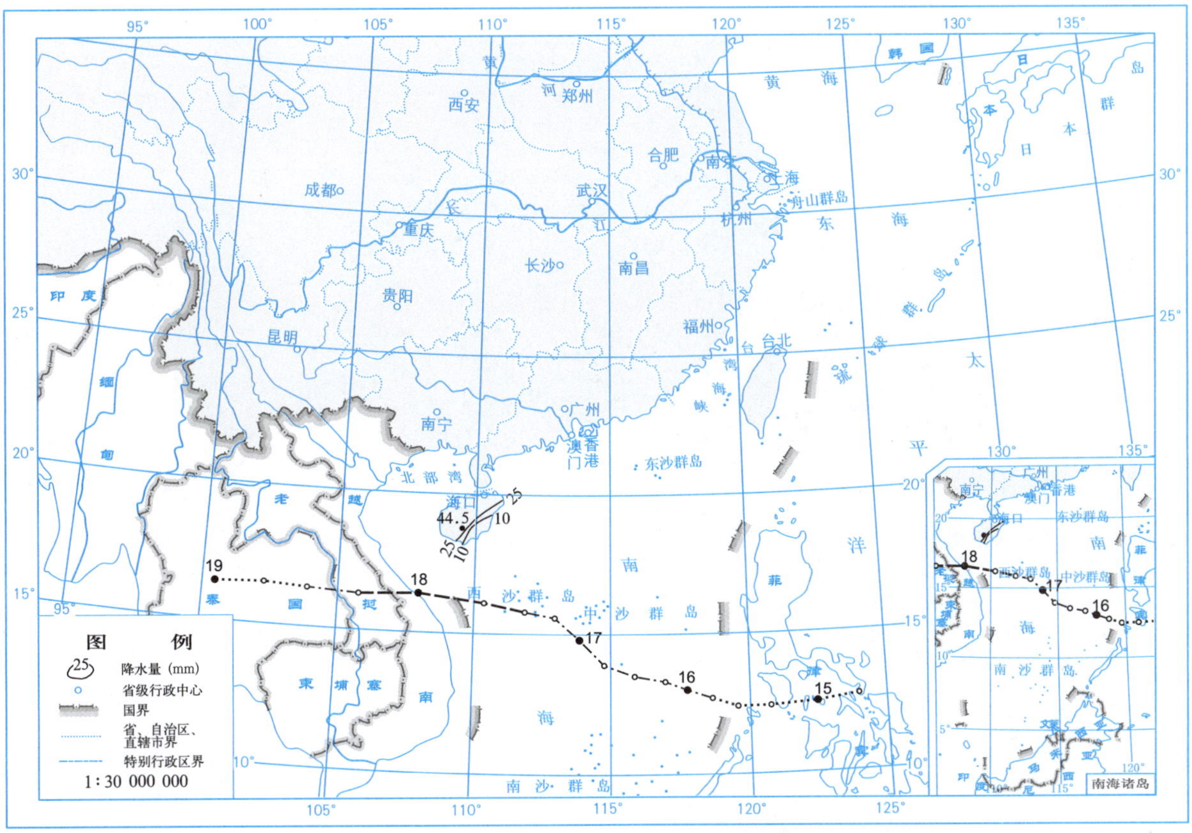

图 2.12.5　2020 年 9 月 16 日降水量图（mm）

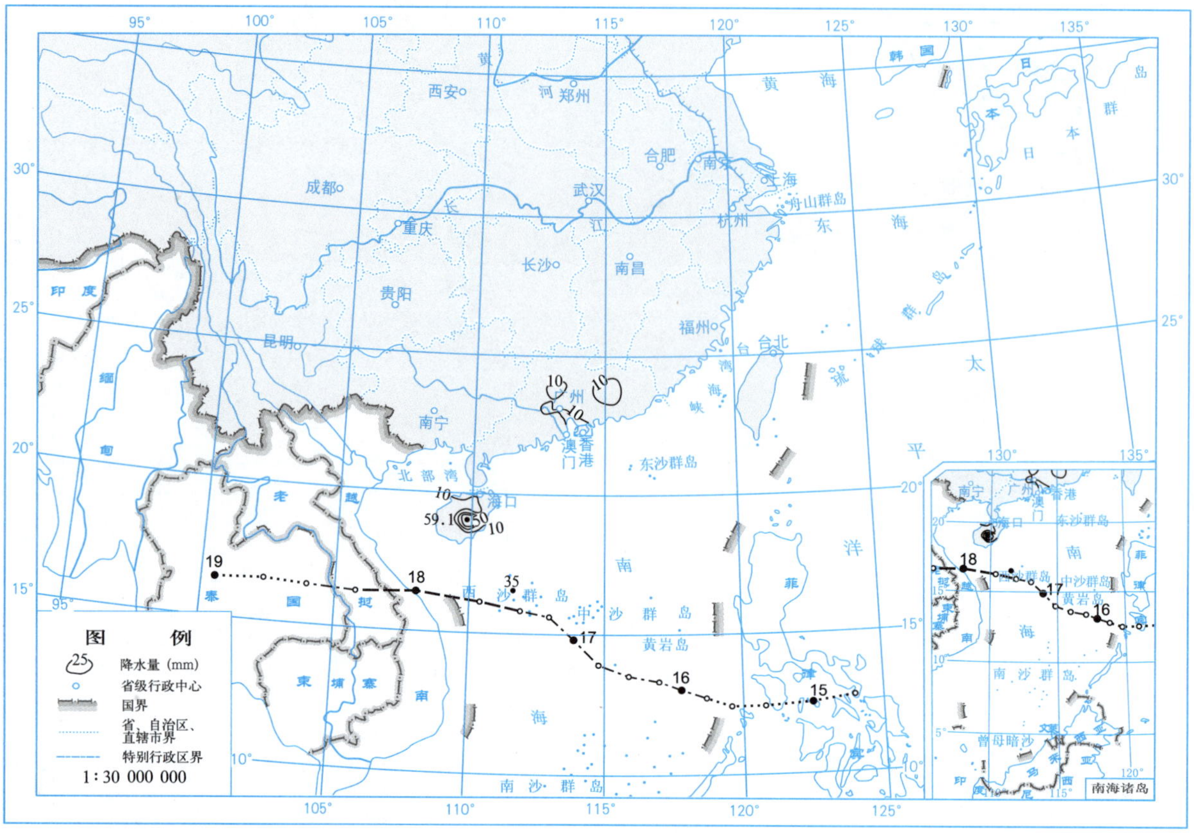

图 2.12.6　2020 年 9 月 17 日降水量图（mm）

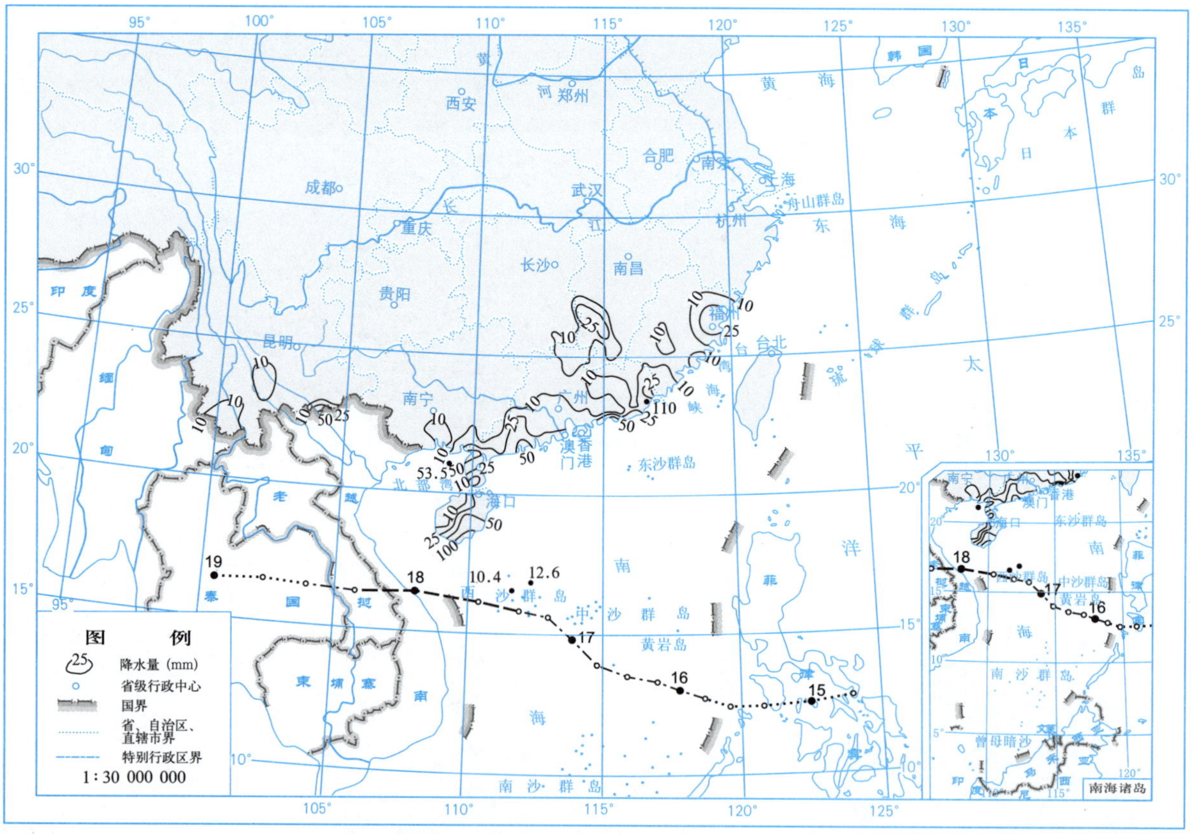

图 2.12.7　2020 年 9 月 18 日降水量图（mm）

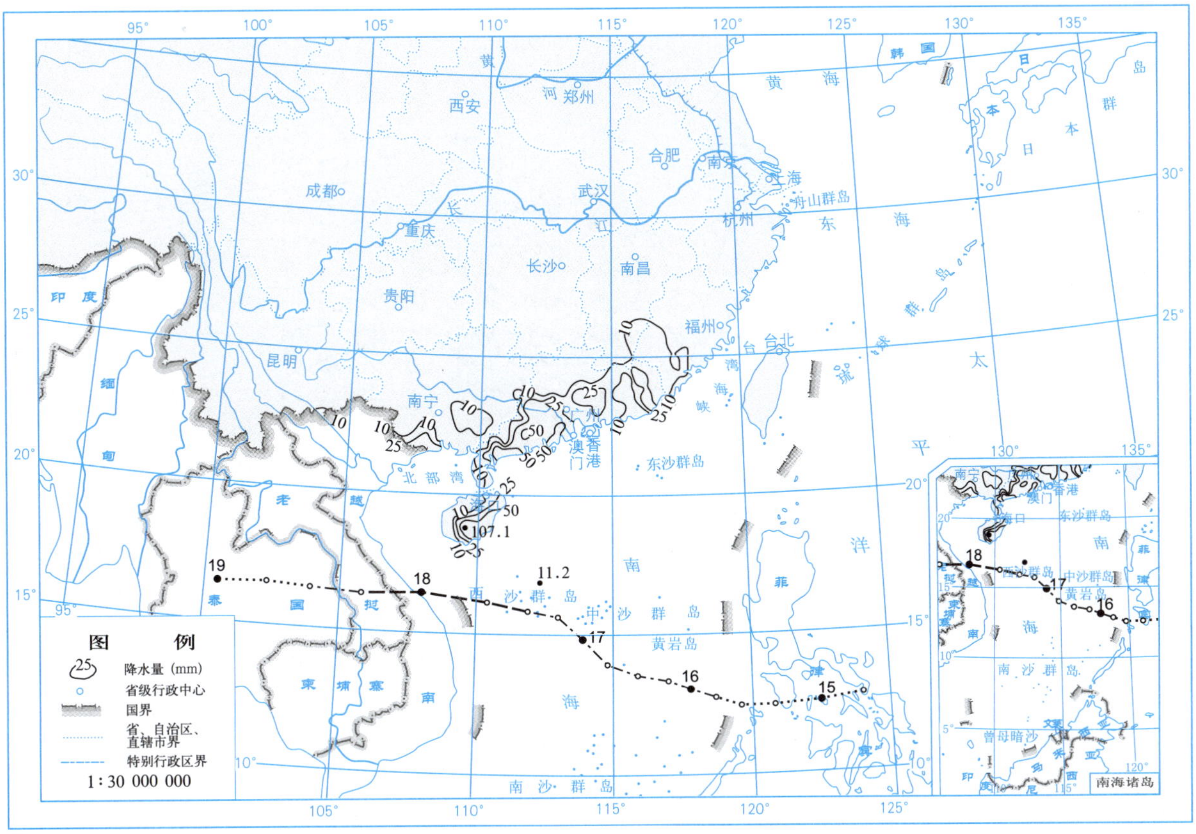

图 2.12.8　2020 年 9 月 19 日降水量图（mm）

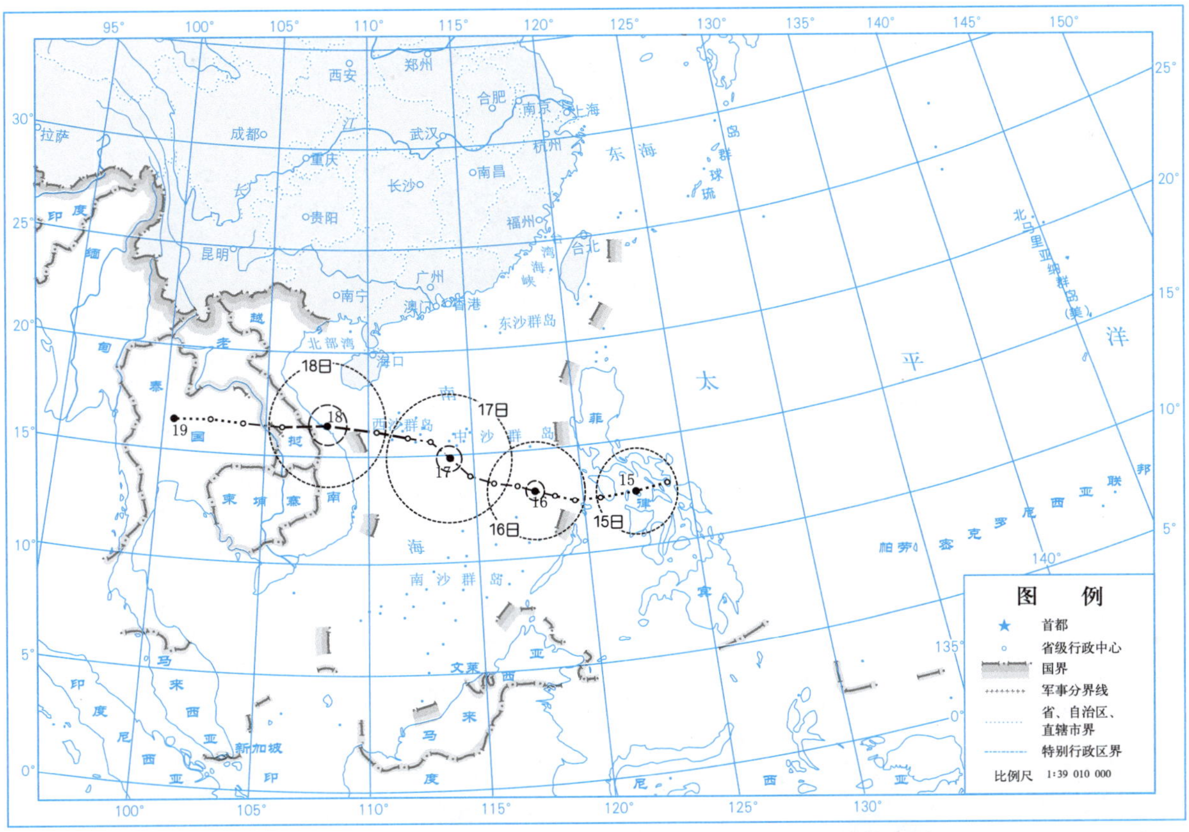

图 2.12.9　2011 号强热带风暴“红霞”（Noul）大风区域演变图

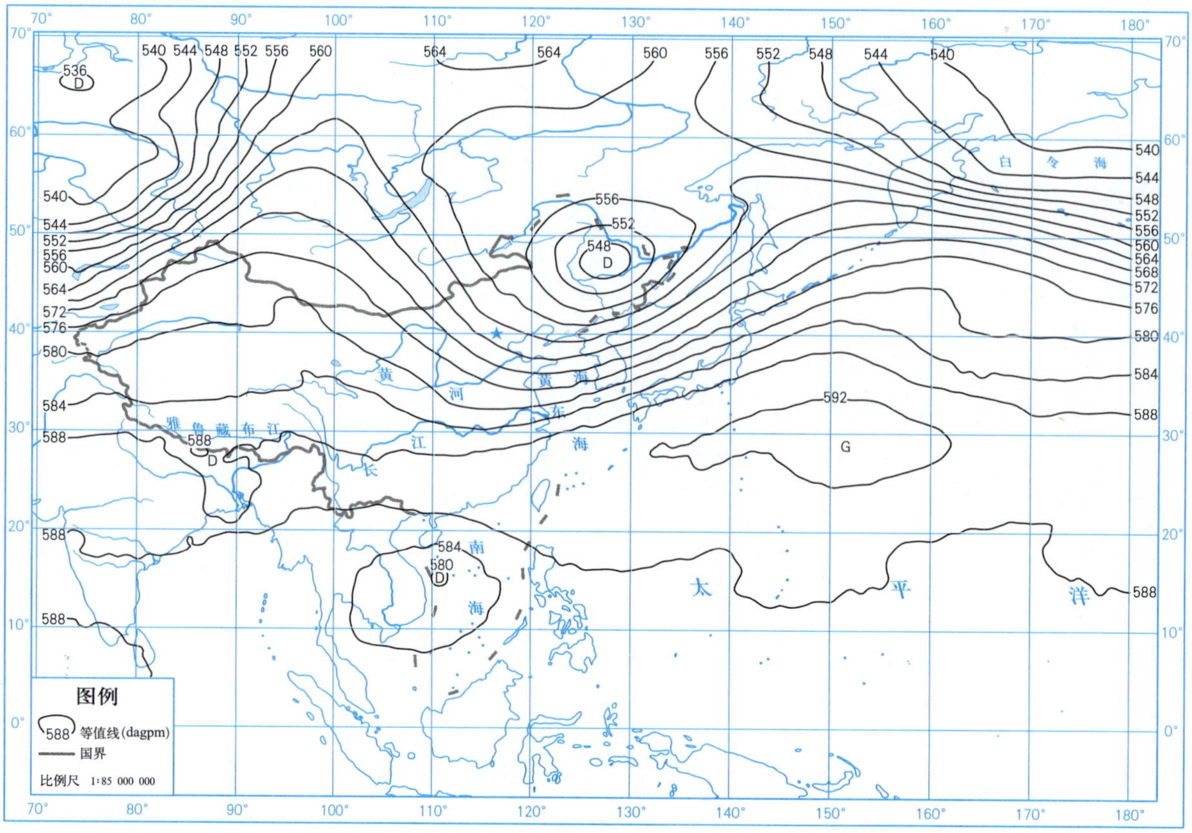

图 2.12.10　2020 年 9 月 18 日 02 时 500 hPa 高度场图

2.13 强热带风暴“白海豚”（Dolphin）

第2012号强热带风暴“白海豚”是由9月20日早晨位于日本冲绳岛东南方向约710 km的西北太平洋洋面上一个热带低压发展形成。形成后低压中心向偏北方向缓慢移动，21日早晨加强为热带风暴，次日增强为强热带风暴，随后逐渐转向东北，移速略有加快，向日本以东洋面靠近。24日，强热带风暴“白海豚”于日本本州岛以东约300 km的洋面上逆时针移动半周后，逐渐变性为温带气旋，继续东北行，穿过千岛群岛后，29日早晨在堪察加半岛以东的西北太平洋洋面减弱消散。

表2.13.1是强热带风暴“白海豚”的中心位置和强度。图2.13.1～图2.13.3分别是强热带风暴“白海豚”的路径图、大风区域演变图和2020年9月25日14时500 hPa高度场图。

表2.13.1 2012号强热带风暴“白海豚”（Dolphin）中心位置和强度

9月20—29日

年	月	日	时	中心位置		中心气压（hPa）	中心风速（m/s）
				北纬（°N）	东经（°E）		
2020	9	20	08	23.5	134.2	1002	13
	9	20	14	23.9	134.2	1002	13
	9	20	20	24.1	134.5	1000	15
	9	21	02	24.4	134.8	1000	15
	9	21	08	24.9	134.9	998	18
	9	21	14	25.3	134.9	995	20
	9	21	20	25.7	134.9	995	20
	9	22	02	26.2	135.0	990	23
	9	22	08	26.9	135.2	985	25
	9	22	14	28.1	135.7	980	30
	9	22	20	29.3	136.3	980	30
	9	23	02	30.2	136.9	980	30
	9	23	08	31.2	137.6	980	30
	9	23	14	32.1	138.8	982	28
	9	23	20	32.7	140.7	985	25
	9	24	02	32.9	141.3	990	23
	9	24	08	32.9	141.8	995	20
△	9	24	14	32.8	142.4	998	18

（续表）

年	月	日	时	中心位置		中心气压（hPa）	中心风速（m/s）
				北纬（°N）	东经（°E）		
2020	9	24	20	33.2	142.7	998	18
	9	25	02	33.8	142.4	1000	18
	9	25	08	34.1	141.7	1000	18
	9	25	14	35.6	141.9	1000	18
	9	25	20	37.3	142.7	998	20
	9	26	02	38.9	143.7	998	20
	9	26	08	40.1	144.8	998	20
	9	26	14	40.8	145.8	998	20
	9	26	20	41.4	146.5	998	20
	9	27	02	41.9	147.3	998	20
	9	27	08	42.7	147.8	998	20
	9	27	14	43.5	147.9	998	20
	9	27	20	44.2	148.3	998	20
	9	28	02	45.9	149.7	998	20
	9	28	08	47.5	151.3	990	23
	9	28	14	48.7	152.6	990	23
	9	28	20	49.7	154.5	990	23
	9	29	02	50.5	158.0	995	18
	9	29	08	51.0	161.1	998	15
消散							

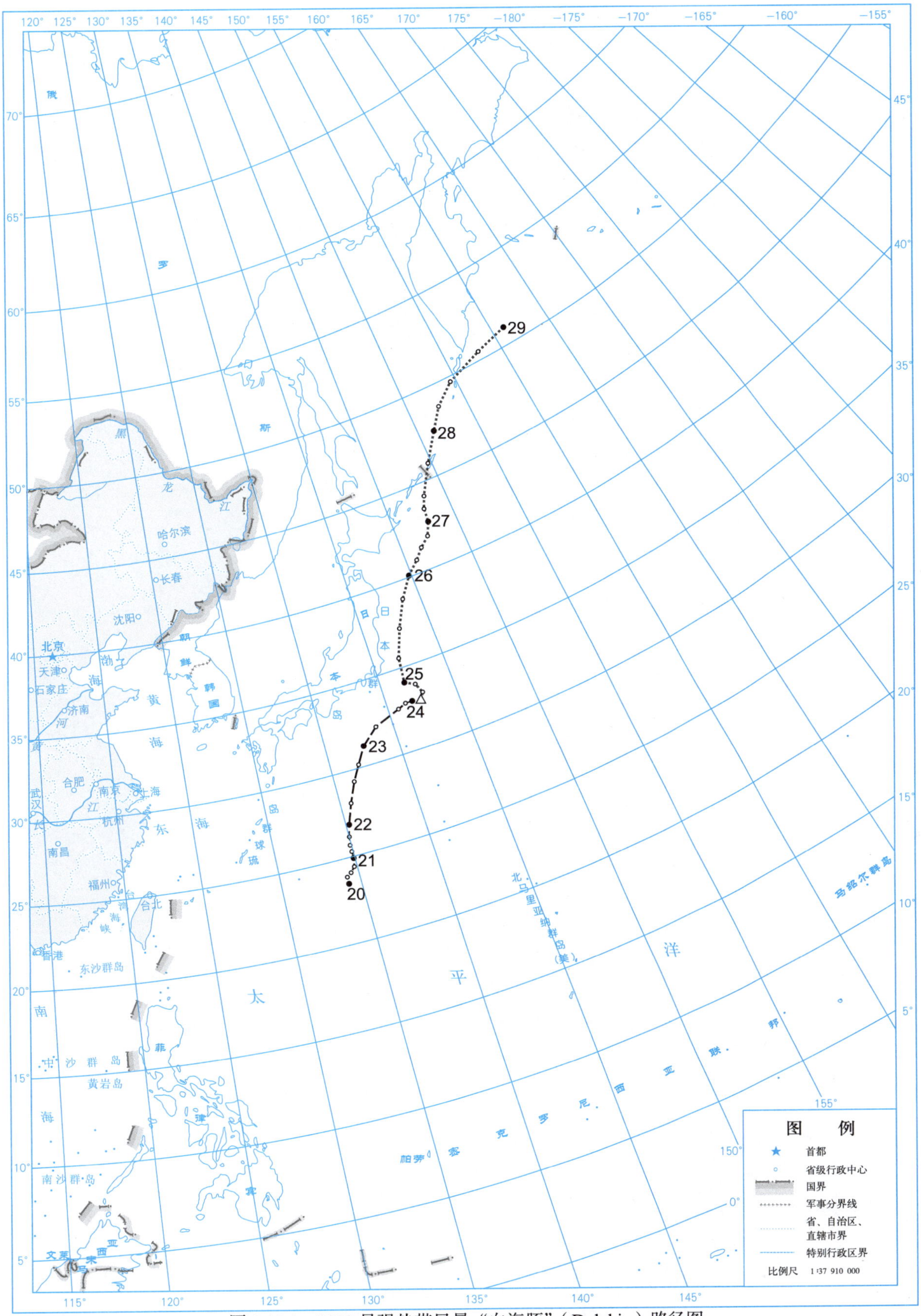

图 2.13.1 2012 号强热带风暴“白海豚”（Dolphin）路径图

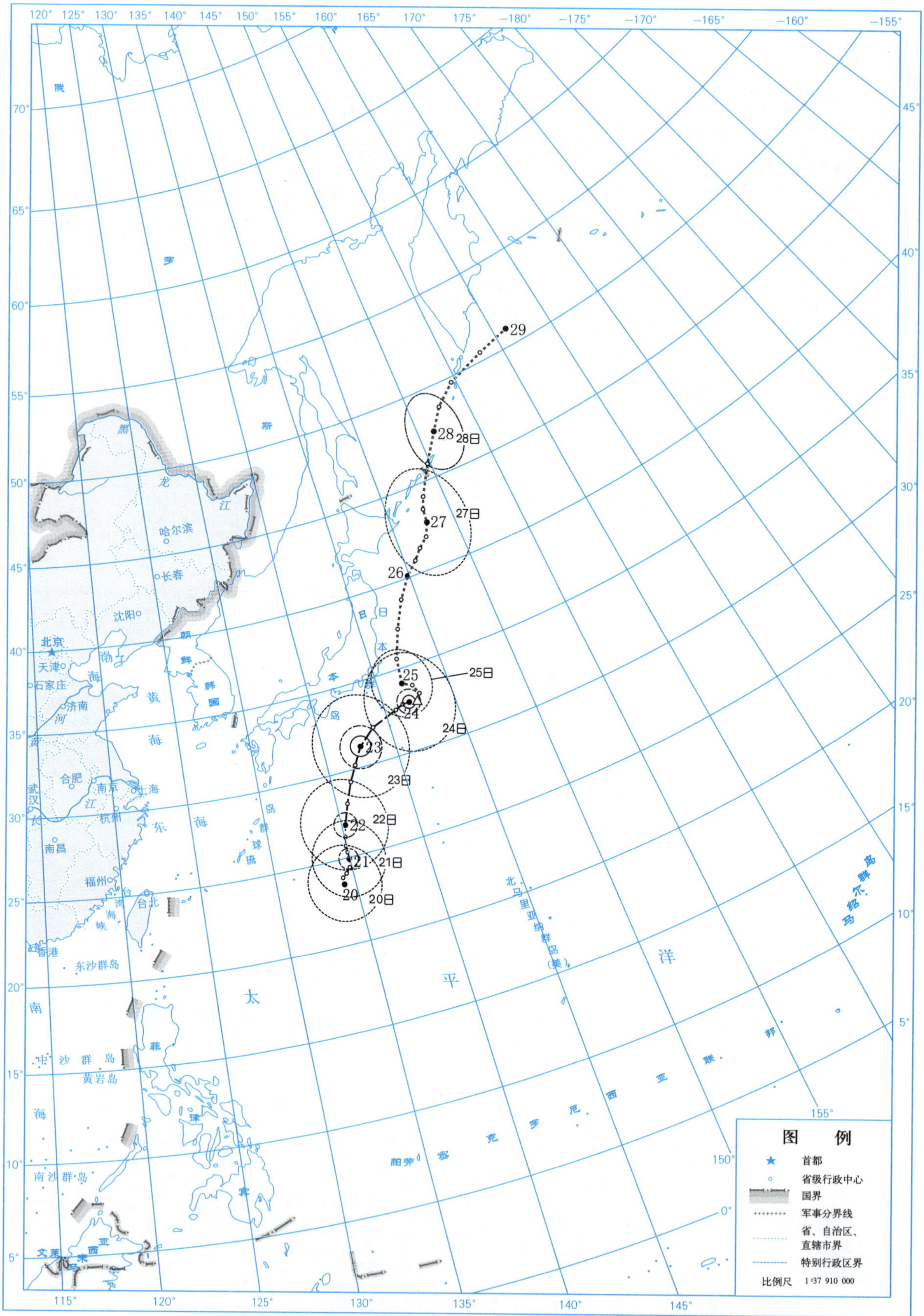

图 2.13.2 2012 号强热带风暴“白海豚”（Dolphin）大风区域演变图

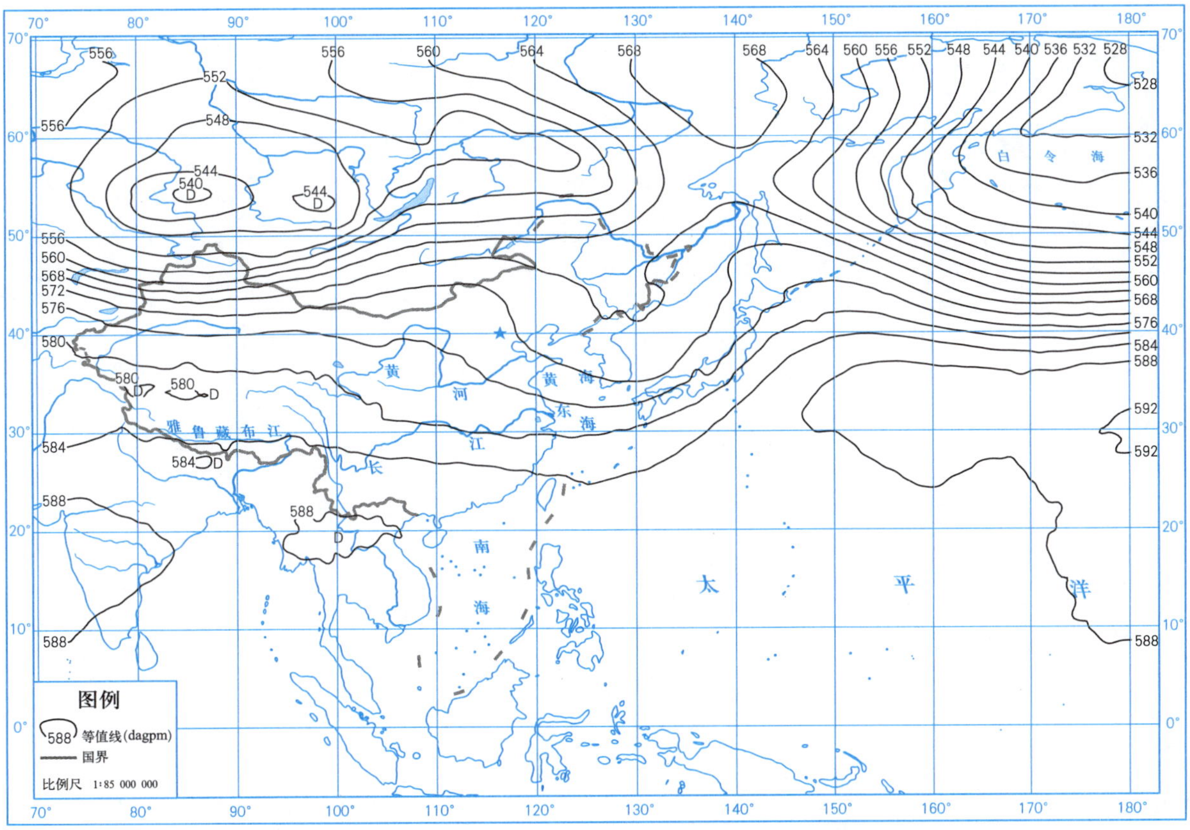

图 2.13.3 2020 年 9 月 25 日 14 时 500 hPa 高度场图

2.14 台风“鲸鱼”（Kujira）

第 2013 号台风“鲸鱼”是由 9 月 26 日早晨位于马绍尔群岛西北方向约 1700 km 的西北太平洋洋面上一个热带低压发展形成。形成后低压中心向偏北方向缓慢移动，27 日增强为热带风暴，并转向西北，移速略有加快，次日夜间继续增强为强热带风暴，逐渐转向东偏北方向移动。29 日下午“鲸鱼”短暂增强为台风后，强度开始减弱，次日变性为温带气旋，之后加大向东移动的分量，于 10 月 2 日早晨在中途岛东北方向约 1060 km 的西北太平洋洋面减弱消散。

表 2.14.1 是台风“鲸鱼”的中心位置和强度。图 2.14.1 ~ 图 2.14.3 分别是台风“鲸鱼”的路径图、大风区域演变图和 2020 年 9 月 29 日 14 时 500 hPa 高度场图。

表 2.14.1 2013 号台风“鲸鱼”（Kujira）中心位置和强度

9 月 26 日—10 月 2 日

年	月	日	时	中心位置		中心气压（hPa）	中心风速（m/s）
				北纬（°N）	东经（°E）		
2020	9	26	08	18.1	159.0	1002	13
	9	26	14	18.6	159.4	1002	13
	9	26	20	19.3	159.6	1000	15
	9	27	02	19.9	159.6	1000	15
	9	27	08	20.9	158.7	998	18
	9	27	14	22.0	157.6	998	18
	9	27	20	23.3	156.3	998	18
	9	28	02	24.9	155.0	995	20
	9	28	08	26.6	153.6	990	23
	9	28	14	27.8	153.1	990	23
	9	28	20	29.0	152.8	988	25
	9	29	02	30.8	153.2	985	28
	9	29	08	32.6	154.0	980	30
	9	29	14	34.7	155.1	975	33
	9	29	20	36.7	156.4	975	33
	9	30	02	38.6	158.3	985	28
△	9	30	08	40.1	160.6	990	25
	9	30	14	41.0	163.1	995	20
	9	30	20	41.3	166.4	1000	18

（续表）

年	月	日	时	中心位置		中心气压（hPa）	中心风速（m/s）
				北纬（°N）	东经（°E）		
	10	1	02	41.2	169.5	1000	18
	10	1	08	40.7	172.8	1002	15
	10	1	14	39.9	175.8	1002	15
	10	1	20	38.7	178.7	1002	15
	10	2	02	37.4	181.4	1005	13
	10	2	08	35.9	183.9	1005	13
消散							

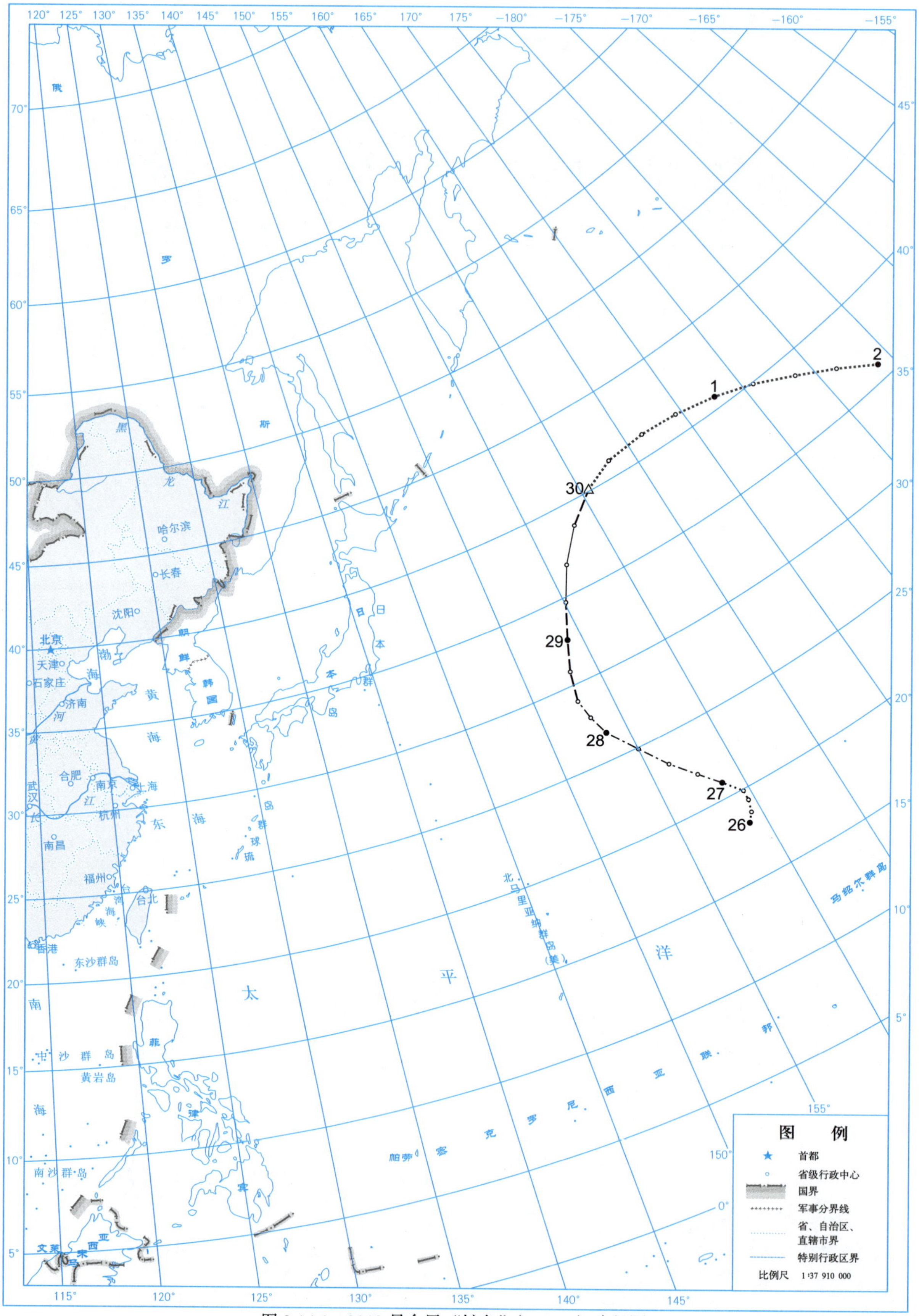

图 2.14.1　2013 号台风“鲸鱼”（Kujira）路径图

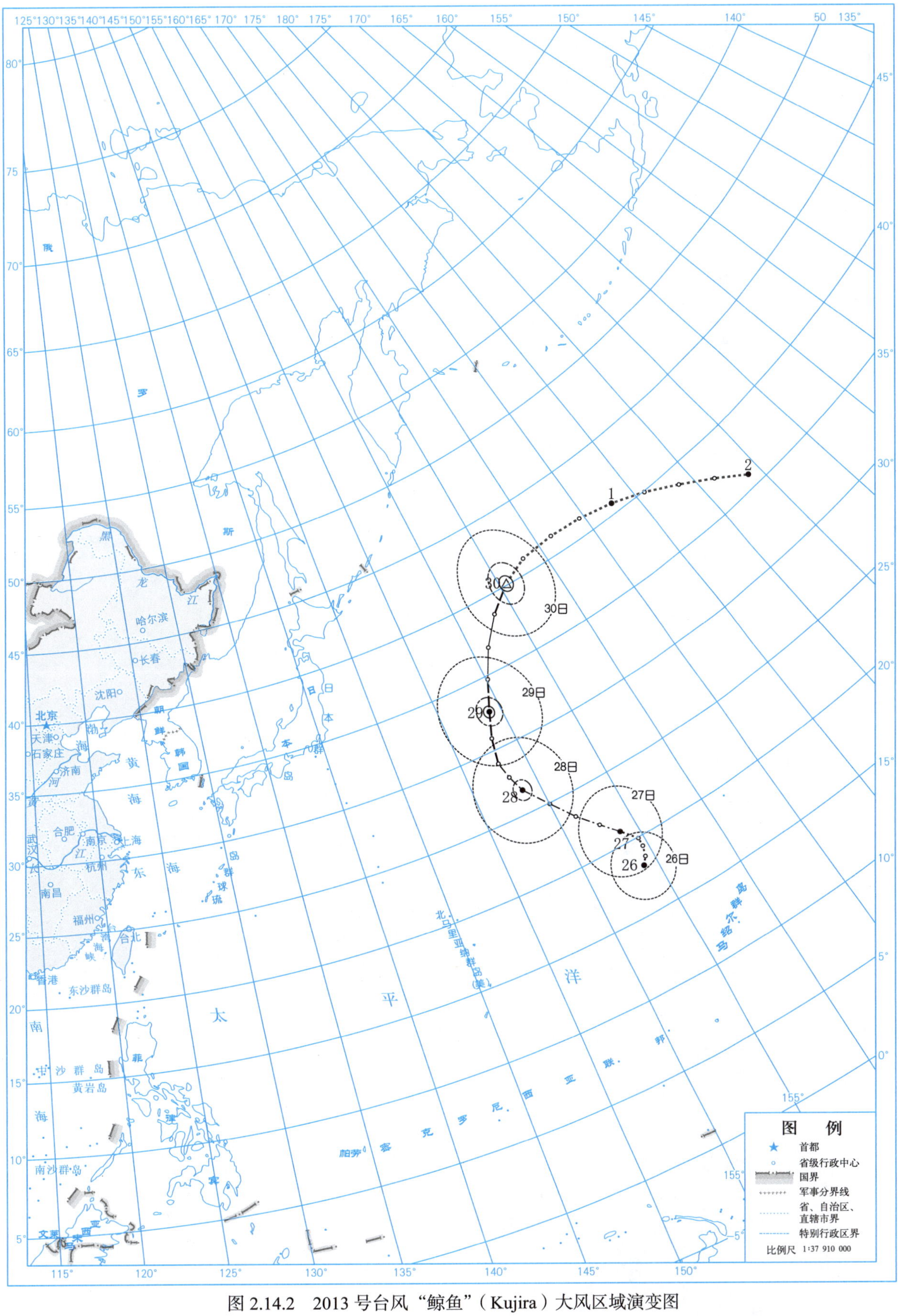

图 2.14.2　2013 号台风“鲸鱼”（Kujira）大风区域演变图

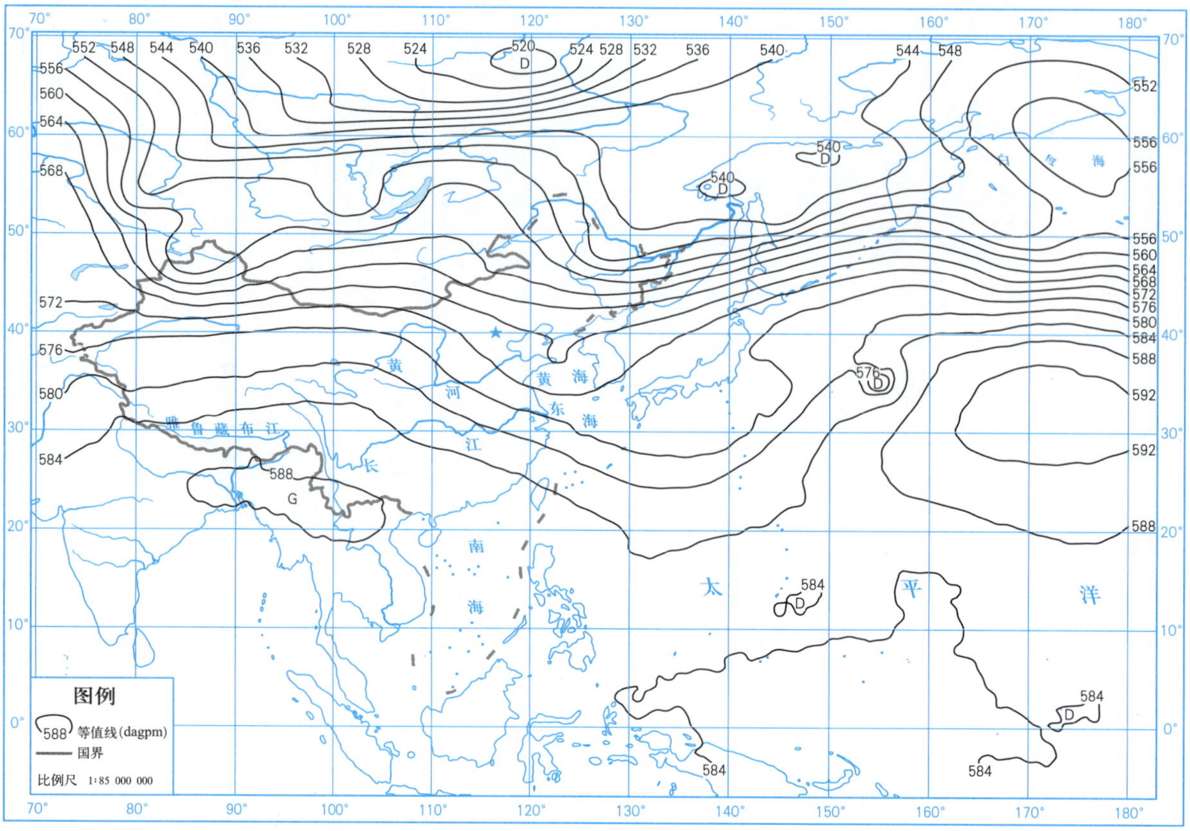

图 2.14.3　2020 年 9 月 29 日 14 时 500 hPa 高度场图

2.15　台风“灿鸿”（Chan-hom）

第 2014 号台风“灿鸿”是由 10 月 4 日凌晨位于美国塞班岛西北方向约 920 km 的西北太平洋洋面上一个热带低压发展形成。形成后低压中心向西偏北方向缓慢移动，5 日增强为热带风暴，并逐渐转向西北，移速加快，次日夜间继续增强为强热带风暴，7 日下午进一步增强至台风。随后，台风“灿鸿”靠近日本以东沿海，8 日起加大向北移动的分量，次日夜间强度减弱为强热带风暴，并转向偏东，11 日凌晨继续减弱为热带风暴，夜间折向偏南方向移动。之后，“灿鸿”沿逆时针方向缓慢移动半周，16 日夜间转向东北，移速加快，次日转变为温带气旋，并迅速在日本以东的西北太平洋洋面减弱消散。

表 2.15.1 是台风“灿鸿”的中心位置和强度。图 2.15.1 ~ 图 2.15.3 分别是台风“灿鸿”的路径图、大风区域演变图和 2020 年 10 月 9 日 14 时 500 hPa 高度场图。

表 2.15.1　2014 号台风“灿鸿”（Chan-hom）中心位置和强度

10 月 4—17 日

年	月	日	时	中心位置		中心气压（hPa）	中心风速（m/s）
				北纬（°N）	东经（°E）		
2020	10	4	02	21.6	140.3	1002	13
	10	4	08	21.7	140.0	1002	13
	10	4	14	21.8	139.8	1000	15
	10	4	20	21.9	139.6	1000	15
	10	5	02	22.0	139.4	1000	15
	10	5	08	22.1	139.3	998	18
	10	5	14	22.5	139.2	998	18
	10	5	20	23.0	139.2	998	18
	10	6	02	23.5	139.1	995	20
	10	6	08	24.0	138.7	990	23
	10	6	14	24.2	138.3	990	23
	10	6	20	24.4	137.7	985	25
	10	7	02	24.6	136.9	982	28
	10	7	08	25.1	136.0	980	30
	10	7	14	25.7	134.9	975	33
	10	7	20	26.4	133.8	970	35
	10	8	02	27.2	133.0	970	35
	10	8	08	27.9	132.8	970	35

（续表）

年	月	日	时	中心位置		中心气压（hPa）	中心风速（m/s）
				北纬（°N）	东经（°E）		
2020	10	8	14	28.6	132.8	970	35
	10	8	20	29.4	133.2	965	38
	10	9	02	30.1	133.5	965	38
	10	9	08	30.4	133.6	965	38
	10	9	14	30.7	133.8	970	35
	10	9	20	31.0	134.1	980	30
	10	10	02	31.4	134.7	985	28
	10	10	08	32.0	135.7	985	28
	10	10	14	32.2	136.9	985	28
	10	10	20	32.1	138.2	985	28
	10	11	02	32.1	139.4	990	25
	10	11	08	32.1	140.5	992	23
	10	11	14	31.9	141.5	995	20
	10	11	20	31.4	142.1	998	18
	10	12	02	30.8	142.2	1000	15
	10	12	08	30.2	142.1	1002	13
	10	12	14	29.5	142.3	1002	13
	10	12	20	29.0	142.7	1002	13
	10	13	02	28.7	143.4	1005	10
	10	13	08	28.6	143.9	1005	10
	10	13	14	28.5	144.3	1005	10
	10	13	20	28.5	144.5	1005	10
	10	14	02	28.6	144.5	1005	10
	10	14	08	28.7	144.4	1005	10
	10	14	14	28.9	144.3	1005	10
	10	14	20	29.1	144.2	1005	10
	10	15	02	29.4	144.2	1005	10
	10	15	08	29.6	144.1	1005	10
	10	15	14	29.7	143.9	1005	10

（续表）

年	月	日	时	中心位置		中心气压（hPa）	中心风速（m/s）
				北纬（°N）	东经（°E）		
2020	10	15	20	30.1	144.1	1005	10
	10	16	02	30.6	144.5	1008	10
	10	16	08	31.3	145.7	1008	10
	10	16	14	32.1	146.3	1008	10
	10	16	20	33.2	147.4	1008	10
	10	17	02	34.7	150.0	1008	10
△	10	17	08	36.0	153.2	1010	10
消散							

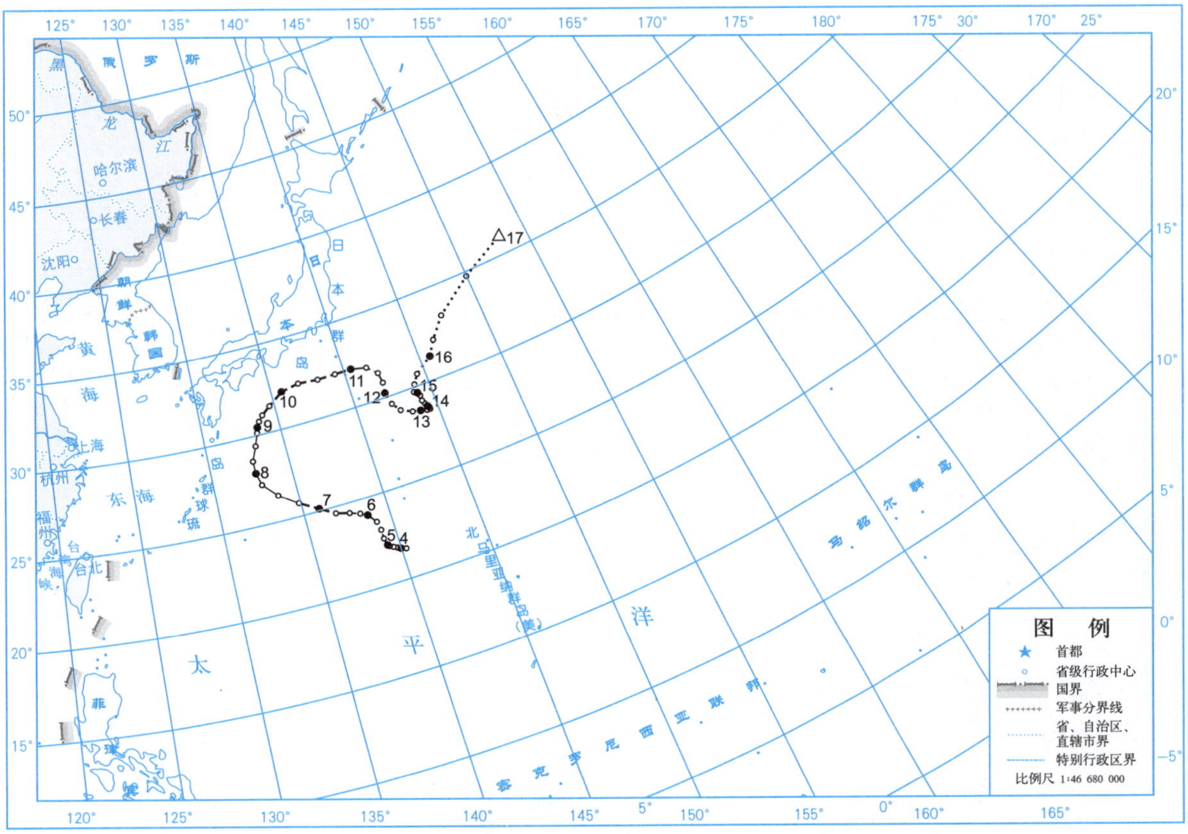

图 2.15.1　2014 号台风“灿鸿”（Chan-hom）路径图

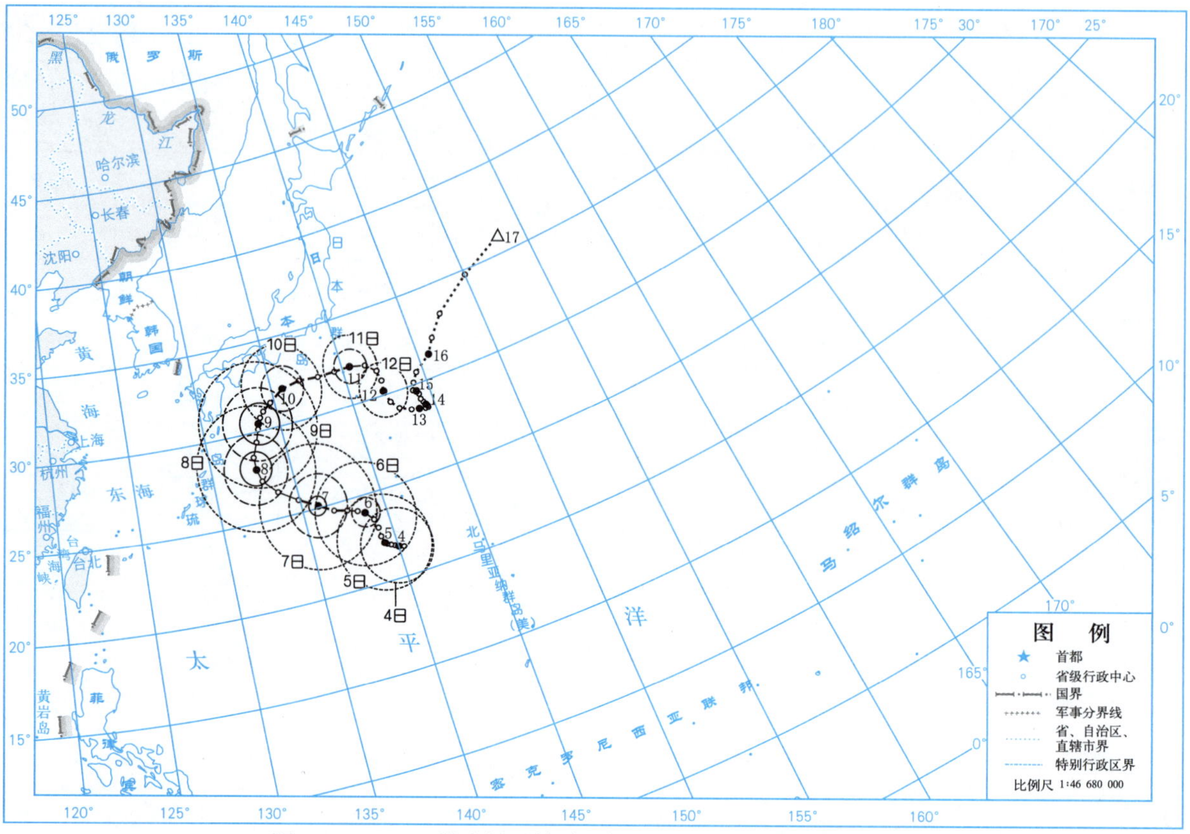

图 2.15.2　2014 号台风“灿鸿”（Chan-hom）大风区域演变图

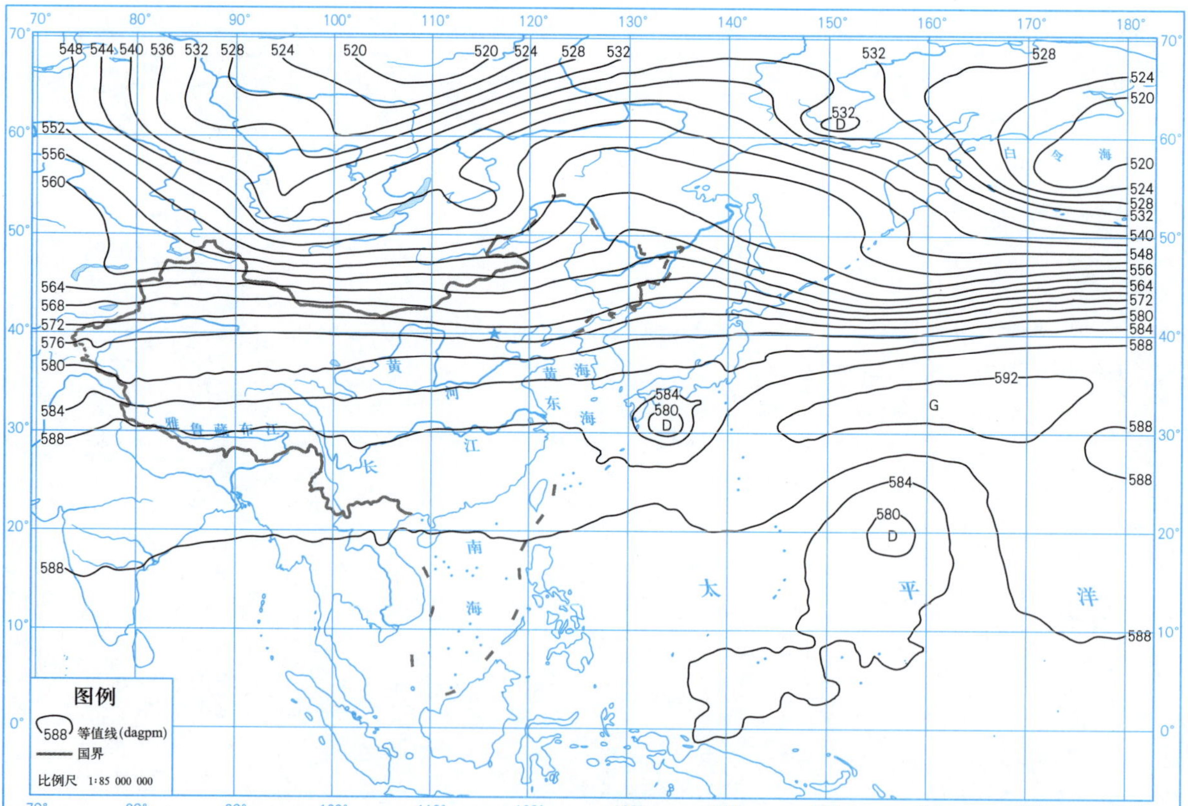

图 2.15.3　2020 年 10 月 9 日 14 时 500 hPa 高度场图

2.16　热带风暴“莲花”（Linfa）

第 2015 号热带风暴“莲花”是由 10 月 7 日下午位于菲律宾萨马岛以北约 240 km 的西北太平洋洋面上一个热带低压发展形成。形成后低压中心向西偏南方向移动，快速穿过菲律宾群岛，于 8 日夜间进入南海海域。之后“莲花”沿西偏北移动，强度维持，逐渐靠近越南中部沿海，11 日凌晨增强为热带风暴，随后中午登陆越南中部沿海。登陆后，热带风暴“莲花”转向西南，强度减弱为热带低压，于 12 日早晨在老挝和泰国交界处附近减弱消散。

受热带风暴“莲花”影响，10 月 10 —12 日，海南三亚出现最大风力 6 级（13.1m/s）、阵风 10 级（25.2 m/s），为本次热带风暴影响过程风极值。

受“莲花”南海西行外围环流影响，10 月 9 —12 日，海南岛南部局部总雨量为 10 ~ 52 mm；海南珊瑚总雨量为 137.7 mm；海南西沙总雨量 263.0 mm，9 日雨量 138.6 mm，9 日 03 时雨量 32.5 mm，分别为本次热带风暴影响过程总雨量、日雨量和时雨量极值。受其影响，10 月 9 —12 日，海南珊瑚和西沙出现暴雨到大暴雨。

表 2.16.1 是热带风暴“莲花”的中心位置和强度。图 2.16.1 ~ 图 2.16.9 分别是热带风暴“莲花”的路径图、总降水量图、大风分布图、总降水日数图、2020 年 10 月 9—11 日各日的日降水量图、大风区域演变图和 2020 年 10 月 11 日 08 时 500 hPa 高度场图。

表 2.16.1　2015 号热带风暴“莲花”（Linfa）中心位置和强度

10 月 7—12 日

年	月	日	时	中心位置		中心气压（hPa）	中心风速（m/s）
				北纬（°N）	东经（°E）		
2020	10	7	14	14.1	124.8	1005	10
	10	7	20	13.8	124.2	1005	10
	10	8	02	13.3	123.4	1005	10
	10	8	08	12.8	122.2	1005	10
	10	8	14	12.6	121.1	1005	10
	10	8	20	12.3	119.9	1005	10
	10	9	02	12.4	118.4	1005	10
	10	9	08	12.8	117.0	1005	10
	10	9	14	13.1	115.8	1004	13
	10	9	20	13.2	115.3	1004	13
	10	10	02	13.5	114.7	1004	13
	10	10	08	13.8	114.1	1002	15
	10	10	14	14.2	113.3	1002	15

（续表）

年	月	日	时	中心位置		中心气压（hPa）	中心风速（m/s）
				北纬（°N）	东经（°E）		
	10	10	20	14.5	112.2	1002	15
	10	11	02	14.7	110.9	998	18
	10	11	08	14.8	109.6	995	20
	10	11	14	15.1	108.6	996	18
	10	11	20	15.0	107.9	1002	15
	10	12	02	14.7	107.3	1002	15
	10	12	08	14.4	106.7	1004	13
消散							

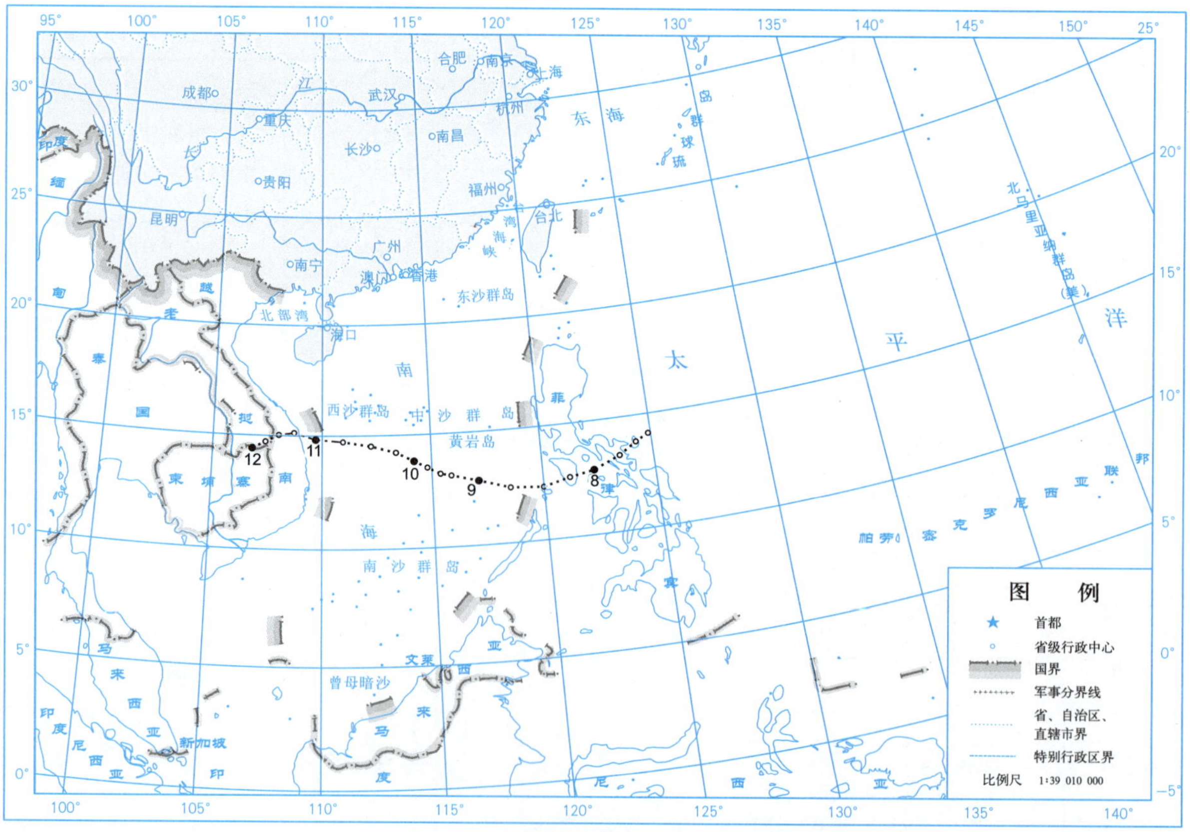

图 2.16.1　2015 号热带风暴“莲花”（Linfa）路径图

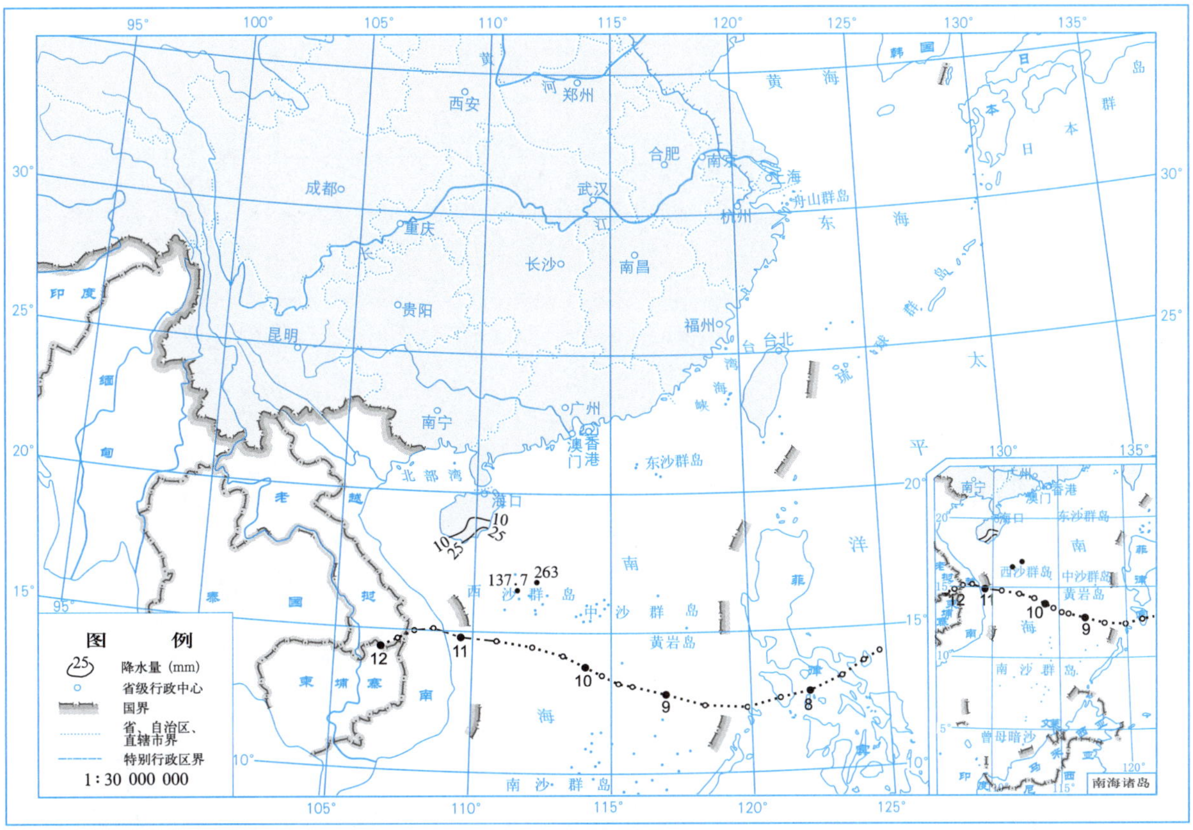

图 2.16.2 2015 号热带风暴“莲花”（Linfa）总降水量图（10 月 9—12 日）（mm）

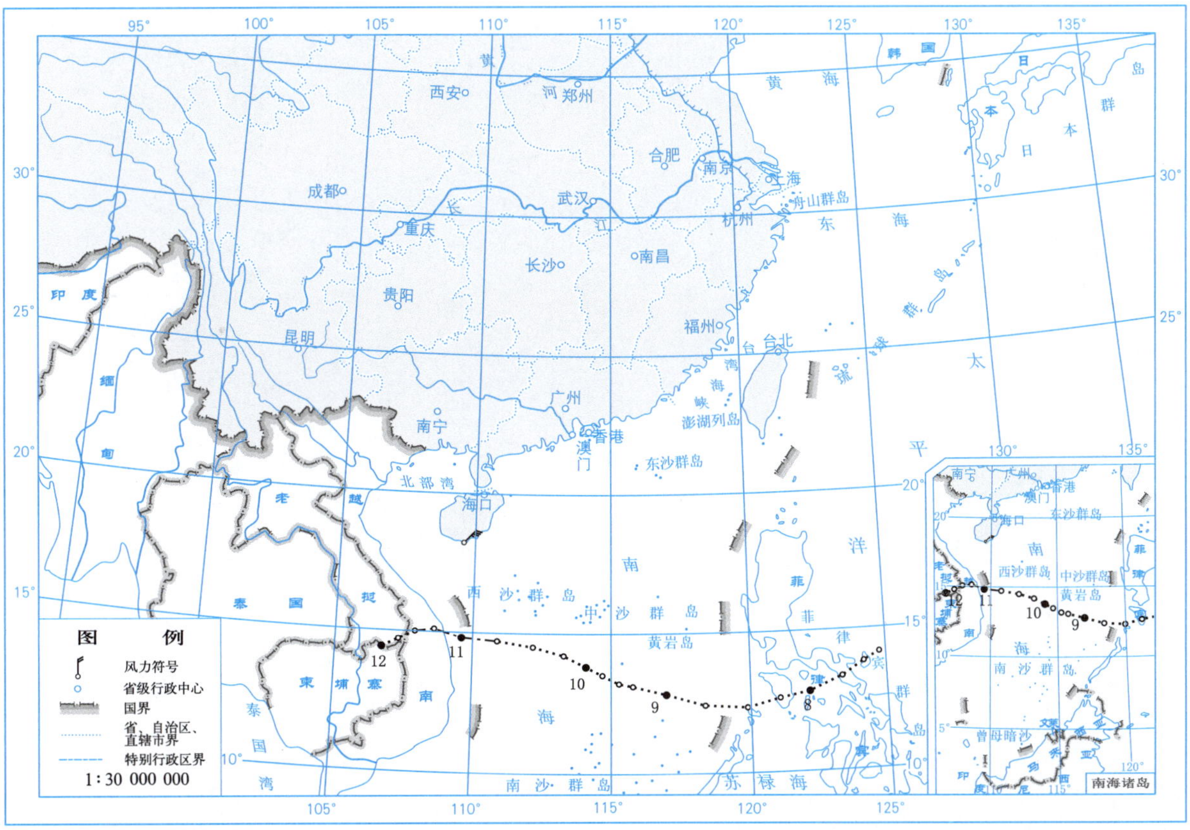

图 2.16.3 2015 号热带风暴“莲花”（Linfa）大风分布图（10 月 10—12 日）

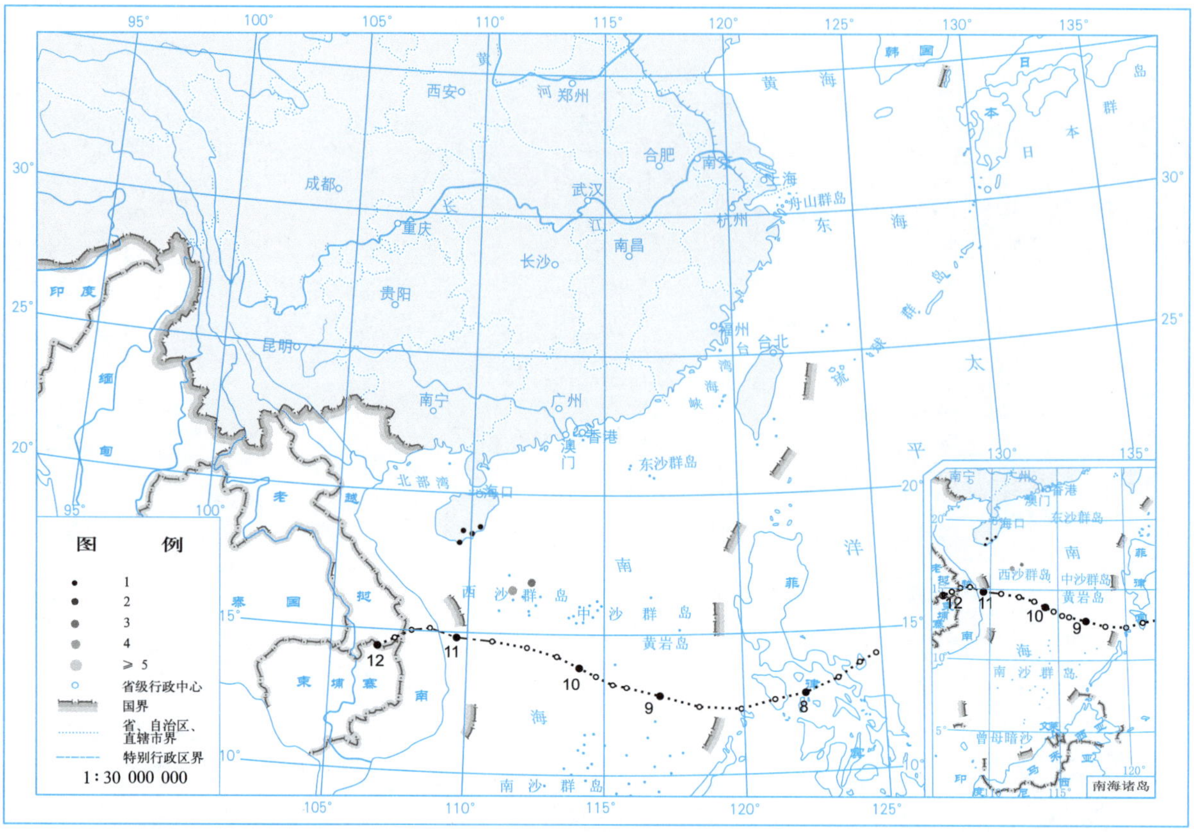

图 2.16.4 2015 号热带风暴“莲花”（Linfa）总降水日数图（d）

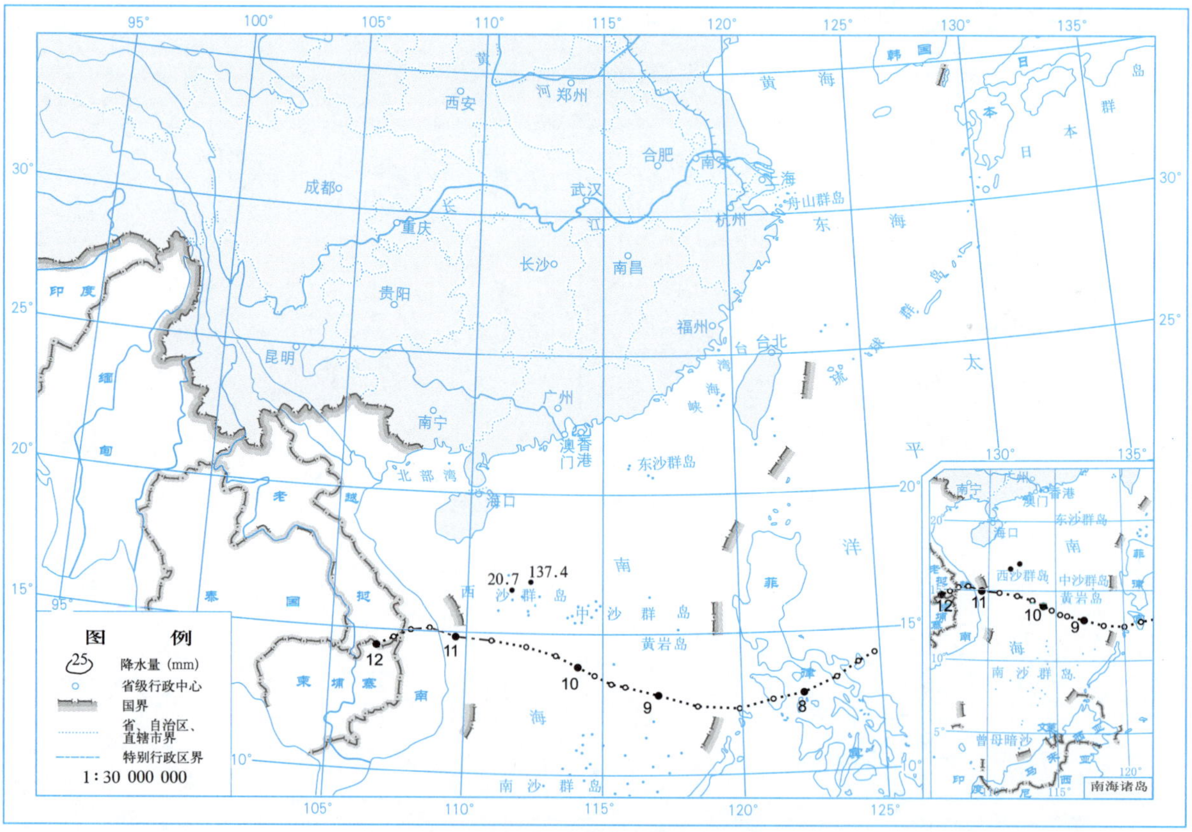

图 2.16.5 2020 年 10 月 9 日降水量图（mm）

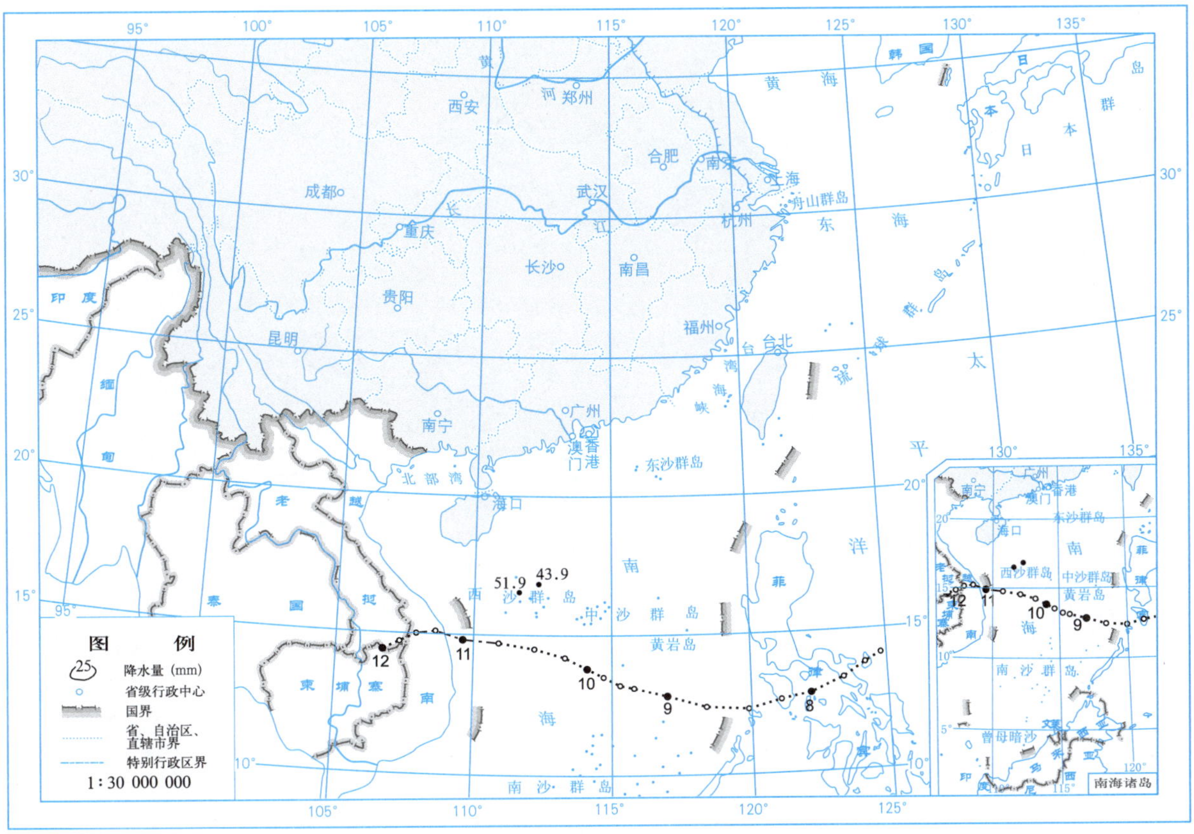

图 2.16.6 2020 年 10 月 10 日降水量图（mm）

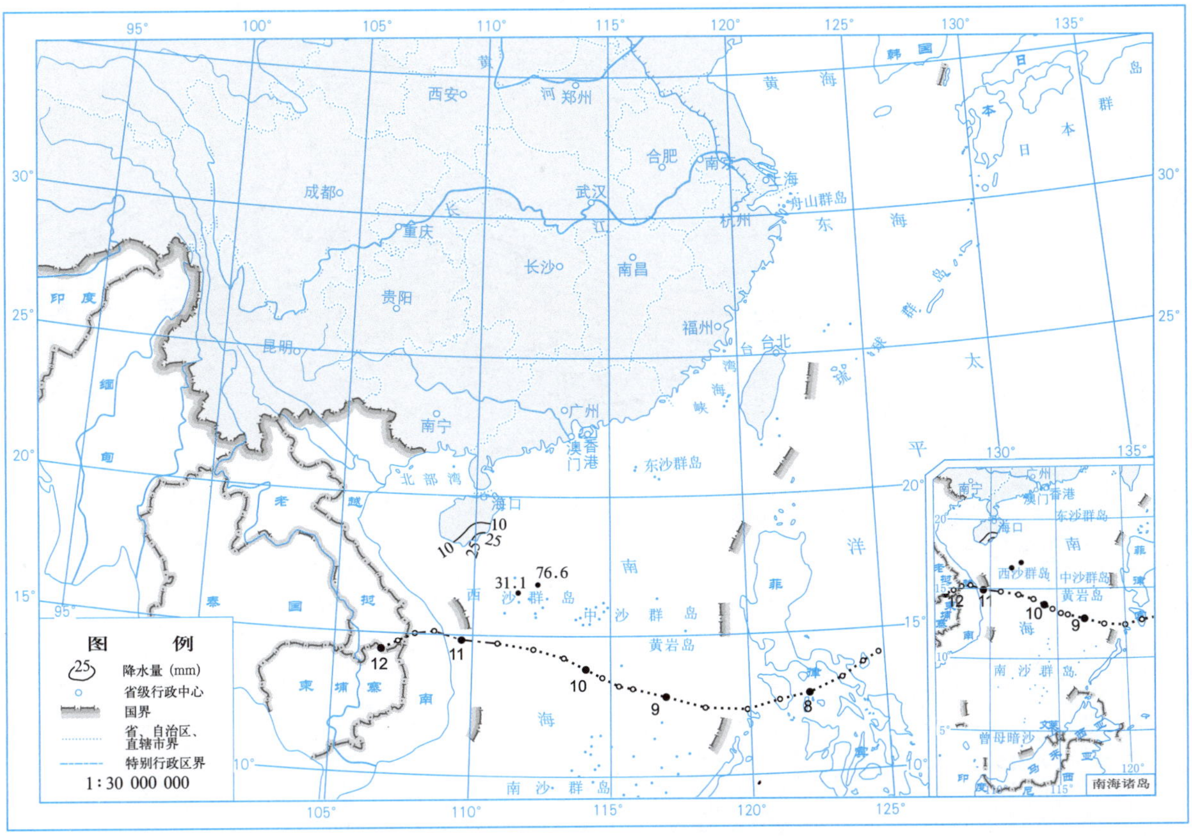

图 2.16.7 2020 年 10 月 11 日降水量图（mm）

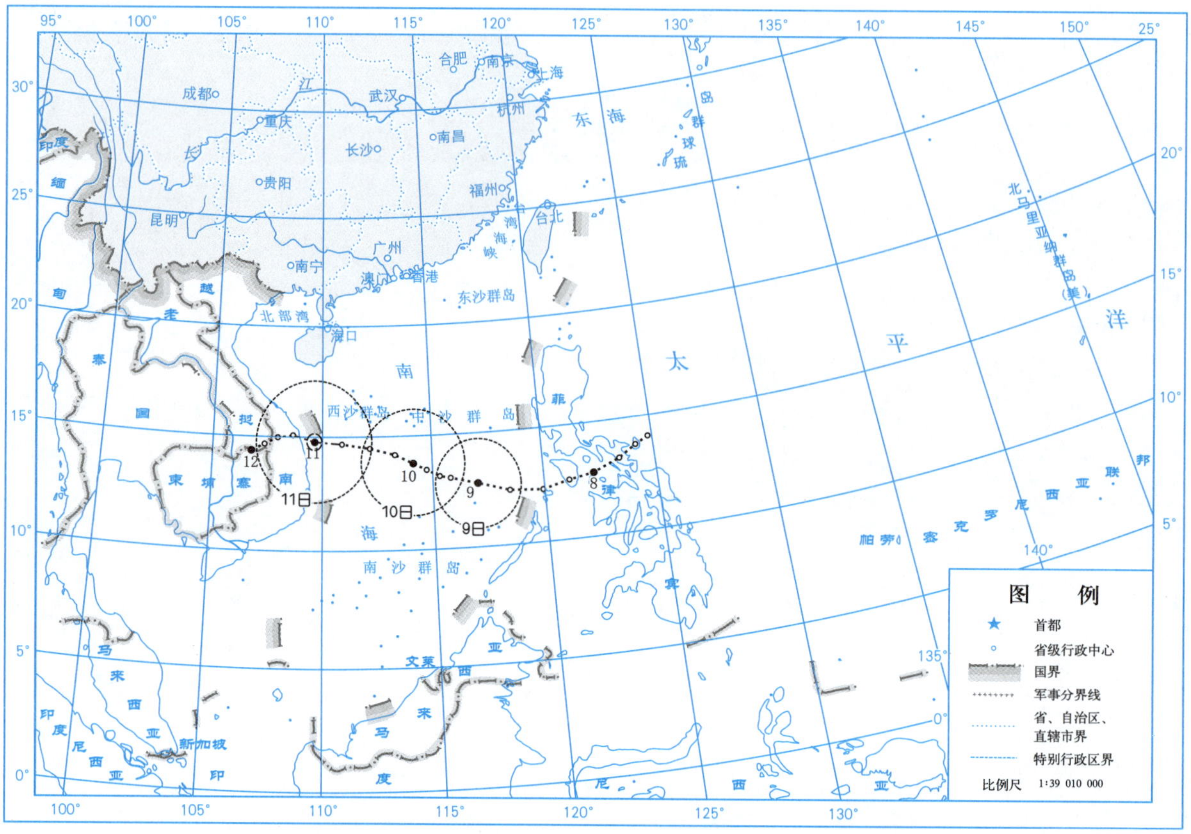

图 2.16.8　2015 号热带风暴“莲花”（Linfa）大风区域演变图

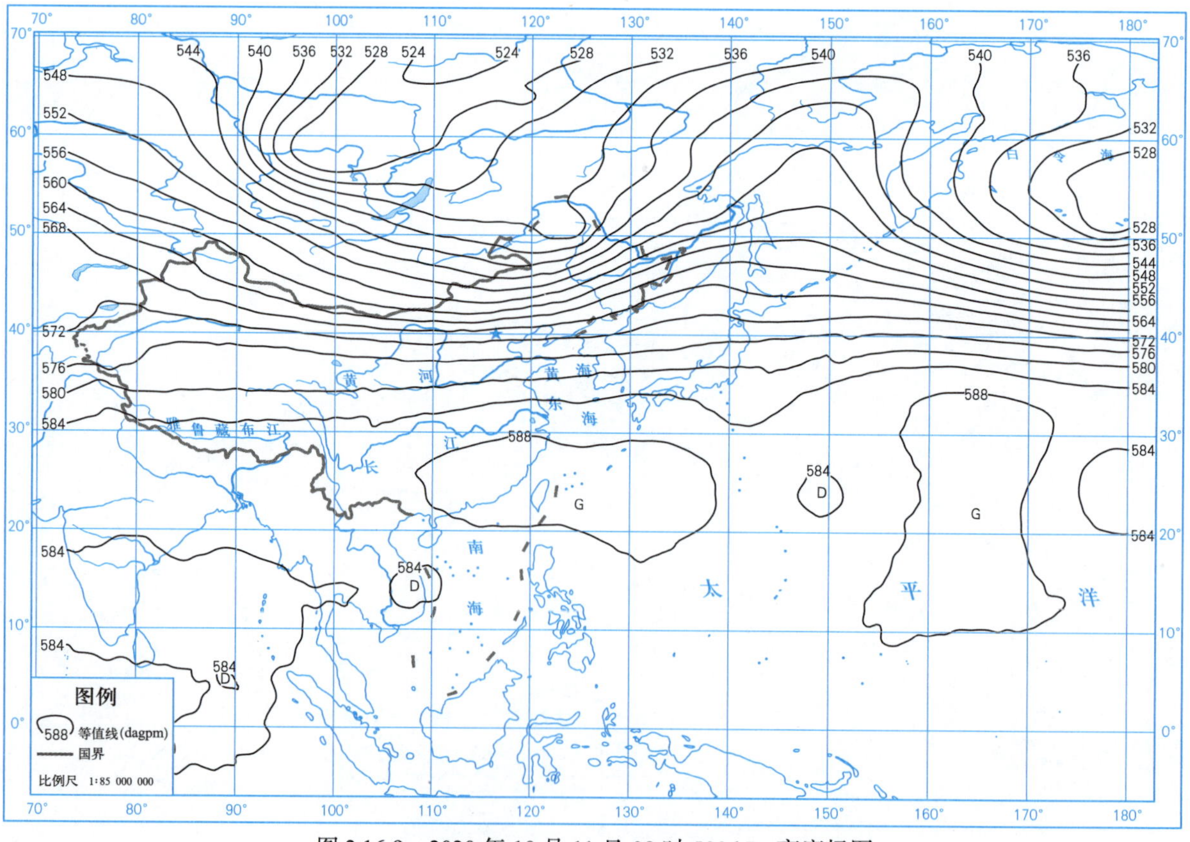

图 2.16.9　2020 年 10 月 11 日 08 时 500 hPa 高度场图

2.17 强热带风暴“浪卡”（Nangka）

第 2016 号强热带风暴“浪卡”是由 10 月 11 日早晨位于菲律宾吕宋岛附近的南海海面上一个热带低压发展形成。形成后低压中心稳定地向西偏北方向移动，次日增强为热带风暴，向我国海南岛东部沿海靠近，13 日中午加强为强热带风暴，于当日 19 时 35 分以其生命史最大强度登陆海南琼海，登陆时近中心最大风速为 25 m/s（10 级），中心最低气压为 988 hPa。登陆后，强热带风暴“浪卡”强度减弱，夜间减弱为热带风暴，并快速进入北部湾，之后一路西行，14 日夜间二次登陆越南北部沿海，随即于越南境内减弱消散。

受强热带风暴“浪卡”影响，10 月 12—14 日，海南沿海部分及西沙、广东西南部沿海部分、广西南部局部出现最大风力 6 ~ 7 级、阵风 7 ~ 10 级；广东上川岛出现最大风力 7 级（16.4 m/s）、阵风 9 级（23.7 m/s），海南三亚出现最大风力 7 级（15.8 m/s）、阵风 10 级（25.2 m/s），为本次强热带风暴影响过程风极值。

受其影响，10 月 12—15 日，海南局部、广东局部、广西部分、云南东部局部、贵州中南部部分、湖南中西部部分总雨量为 10 ~ 50 mm；海南大部、广东西南部沿海局部、广西部分、贵州南部局部总雨量为 50 ~ 150 mm；海南东部部分、广东湛江市东部沿海部分、广西上思总雨量为 150 ~ 287 mm；其中，广东湛江总雨量 286.9 mm，14 日雨量 205.3 mm，分别为本次强热带风暴影响过程总雨量和日雨量极值；广西涠洲岛 14 日 4 时雨量 40.5 mm，为本次强热带风暴影响过程时雨量极值。

受“浪卡”登陆海南影响，13 日，海南海口出现暴雨；14 日，海南和广东西南部和广西普降大到暴雨，广东西南部局部大暴雨，广东湛江特大暴雨（205.3 mm）；15 日，海南东部、广东西南部和广西中南部出现暴雨，局部大暴雨。

“浪卡”具有路径稳定、移速较快、以生命史最大强度登陆我国等特点。受其影响，造成广东、广西、海南、云南省（区）出现了一定程度的灾情。总计受灾人数为 6.81 万人，紧急转移 1.6 万人，农作物受灾面积达到 0.61 万公顷，农作物绝收面积为 0.02 万公顷，直接经济损失达到 0.55 亿元（表 2.17.2）。

表 2.17.1 是强热带风暴“浪卡”的中心位置和强度。图 2.17.1 ~ 图 2.17.10 分别是强热带风暴“浪卡”的路径图、总降水量图、大风分布图、总降水日数图、2020 年 10 月 13—15 日各日的日降水量图、大风区域演变图和 2020 年 10 月 13 日 14 时 500 hPa 高度场图。

表 2.17.1 2016 号强热带风暴“浪卡”（Nangka）中心位置和强度

10 月 11—14 日

年	月	日	时	中心位置		中心气压（hPa）	中心风速（m/s）
				北纬（°N）	东经（°E）		
2020	10	11	08	16.5	120.2	1004	13
	10	11	14	16.9	119.6	1000	15
	10	11	20	17.2	118.9	1000	15

（续表）

年	月	日	时	中心位置		中心气压（hPa）	中心风速（m/s）
				北纬（°N）	东经（°E）		
2020	10	12	02	17.4	118.1	1000	15
	10	12	08	17.6	117.2	998	18
	10	12	14	17.8	115.8	998	18
	10	12	20	18.1	114.6	992	20
	10	12	23	18.2	114.2	990	23
	10	13	02	18.3	113.7	990	23
	10	13	05	18.4	113.1	990	23
	10	13	08	18.5	112.5	990	23
	10	13	11	18.6	111.9	988	25
	10	13	14	18.7	111.4	988	25
	10	13	17	18.9	111.0	988	25
	10	13	20	19.2	110.5	988	25
	10	13	23	19.6	109.6	990	23
	10	14	02	19.7	108.7	990	23
	10	14	08	19.8	107.6	990	23
	10	14	14	19.9	106.7	990	23
	10	14	20	19.9	105.7	1002	15
消散							

表 2.17.2　2016 号强热带风暴“浪卡”（Nangka）在广东、广西、海南、云海省（区）引发的灾情

受灾省（区）	受灾人口（万人）	死亡人口（人）	失踪人口（人）	紧急转移人口（万人）	农作物		倒塌房屋（万间）	直接经济损失（亿元）
					受灾面积（万公顷）	绝收面积（万公顷）		
广东省	0.70	0	0	0	0.10	0.01	0	0.04
广西区	3.20	0	0	0	0.41	0	0	0.20
海南省	2.90	0	0	1.6	0.10	0.01	0	0.30
云南省	0.01	0	0	0	0	0	0	0.01
合计	6.81	0	0	1.6	0.61	0.02	0	0.55

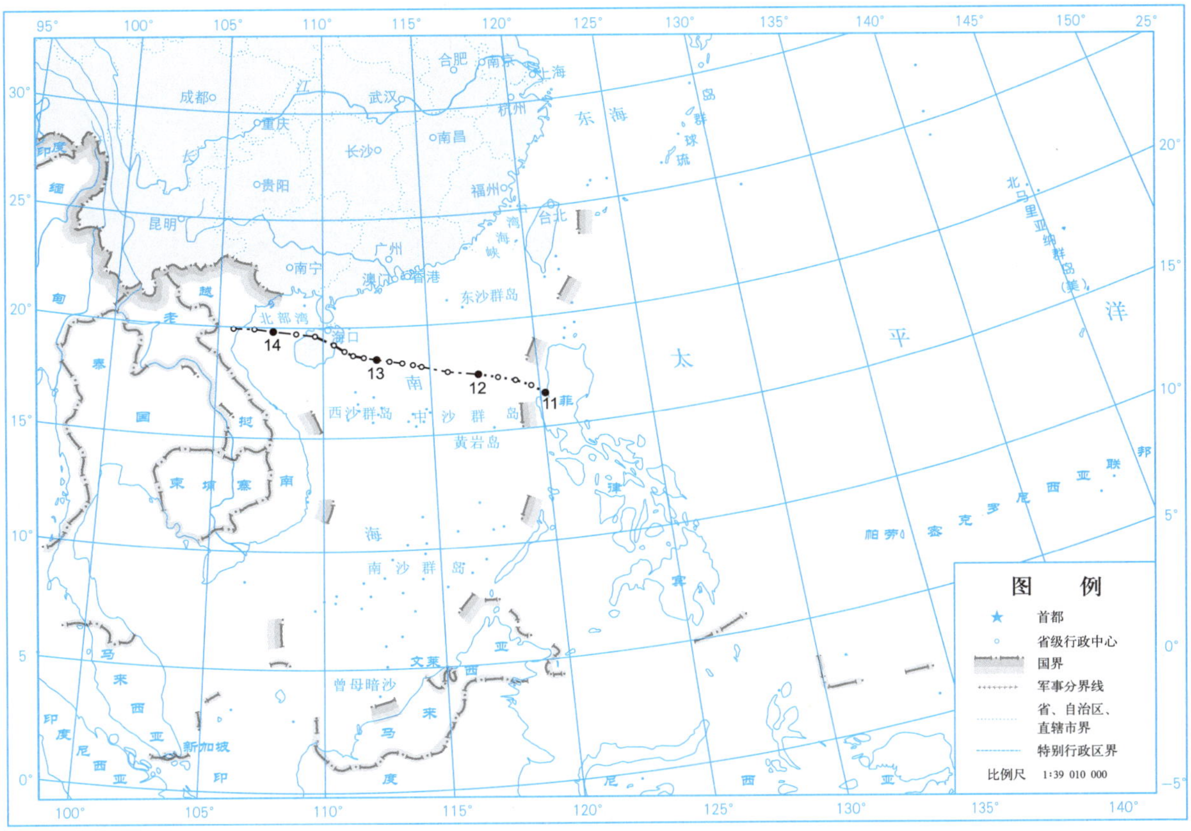

图 2.17.1　2016 号强热带风暴“浪卡”（Nangka）路径图

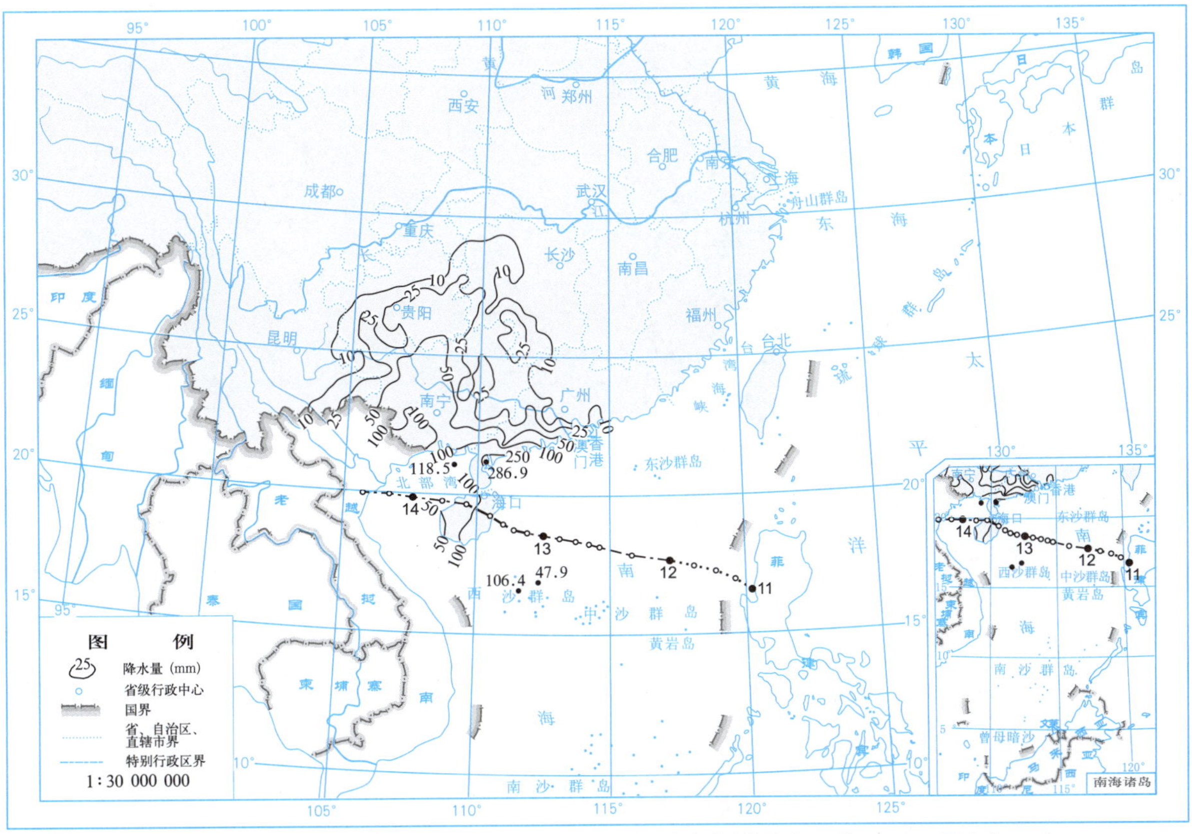

图 2.17.2　2016 号强热带风暴“浪卡”（Nangka）总降水量图（10 月 12—15 日）（mm）

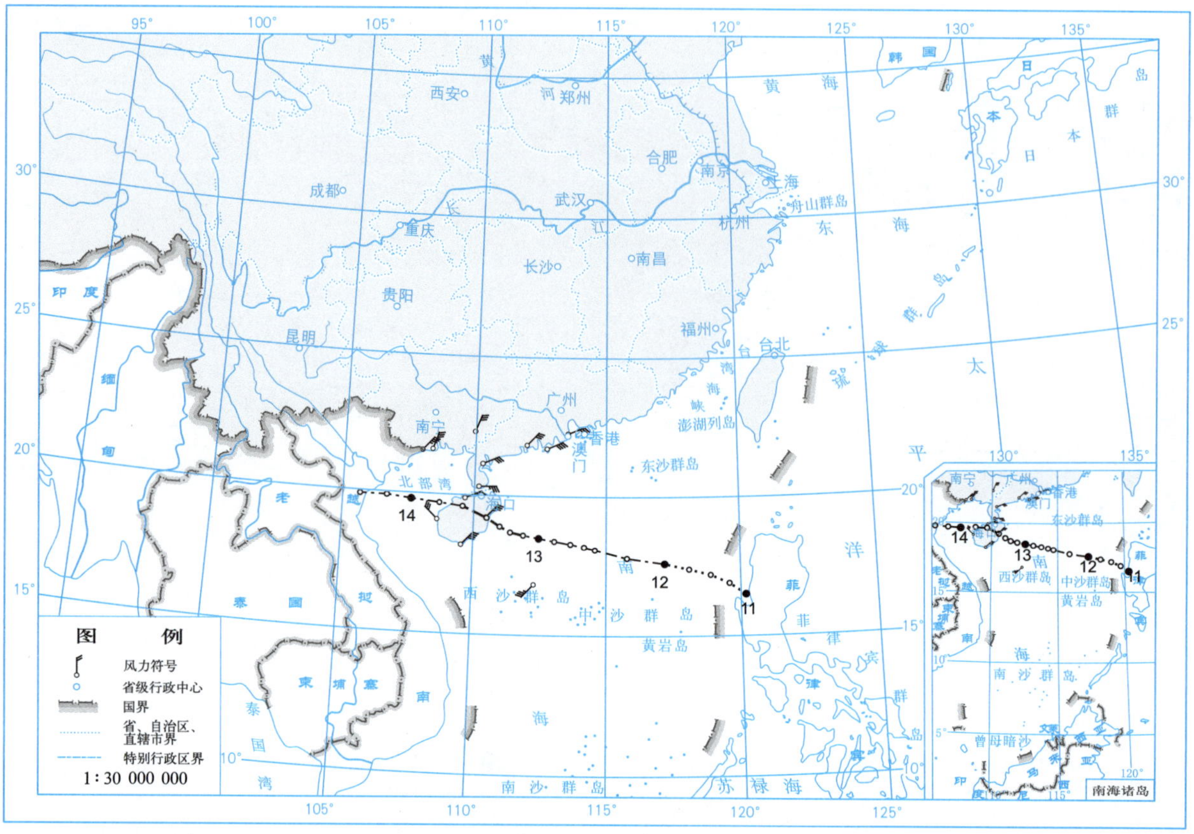

图 2.17.3　2016 号强热带风暴“浪卡”（Nangka）大风分布图（10 月 12—14 日）

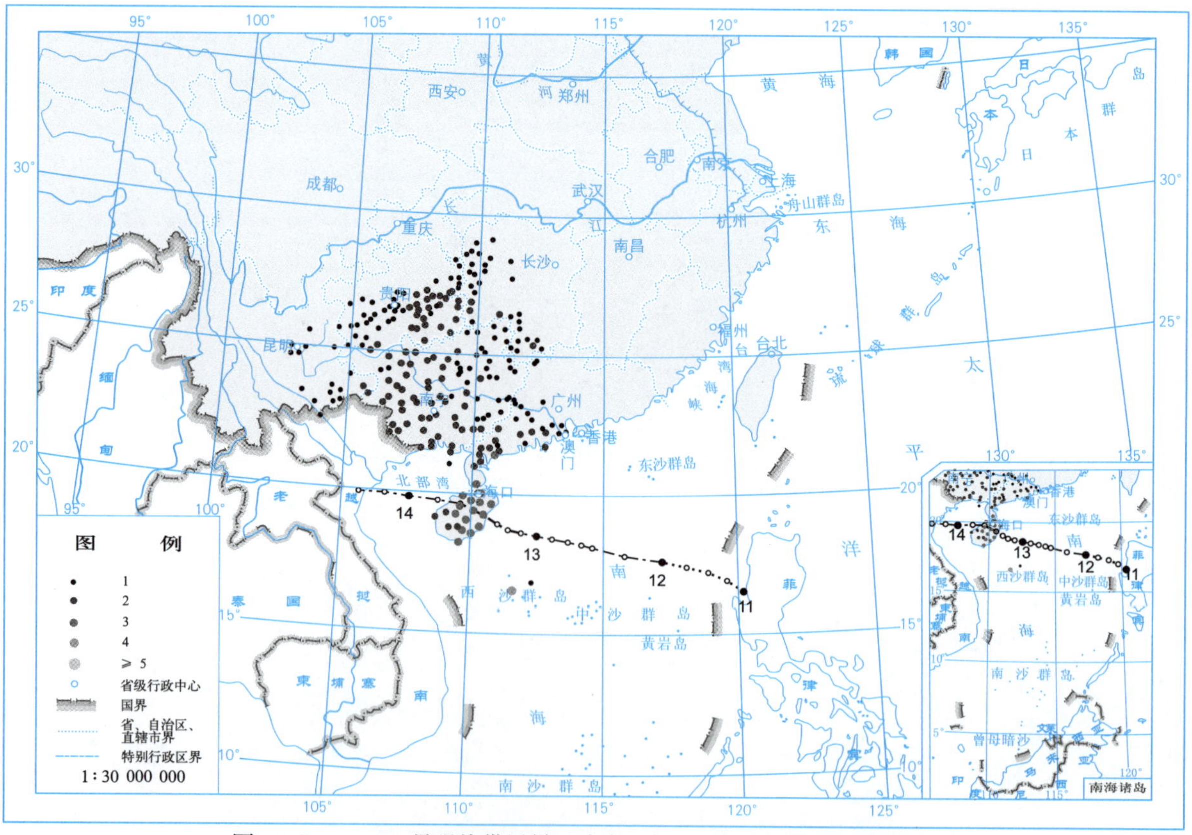

图 2.17.4　2016 号强热带风暴“浪卡”（Nangka）总降水日数图（d）

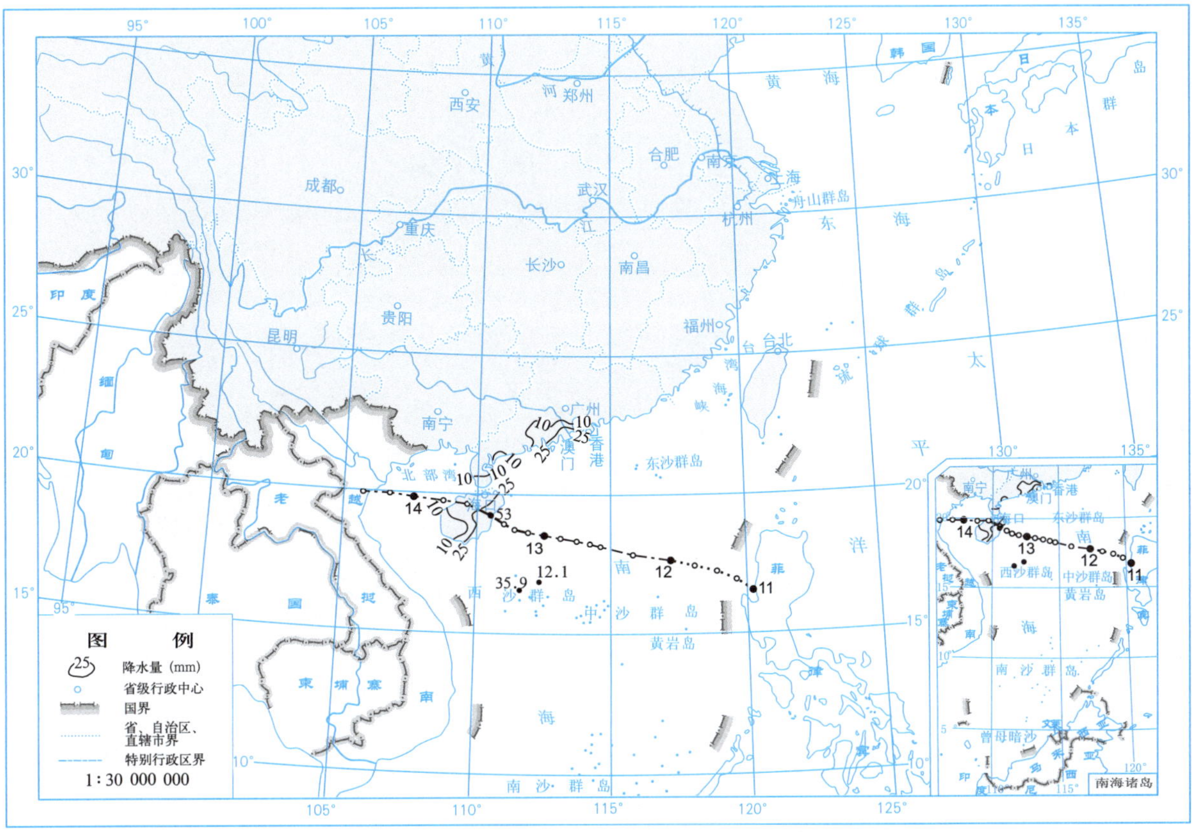

图 2.17.5　2020 年 10 月 13 日降水量图（mm）

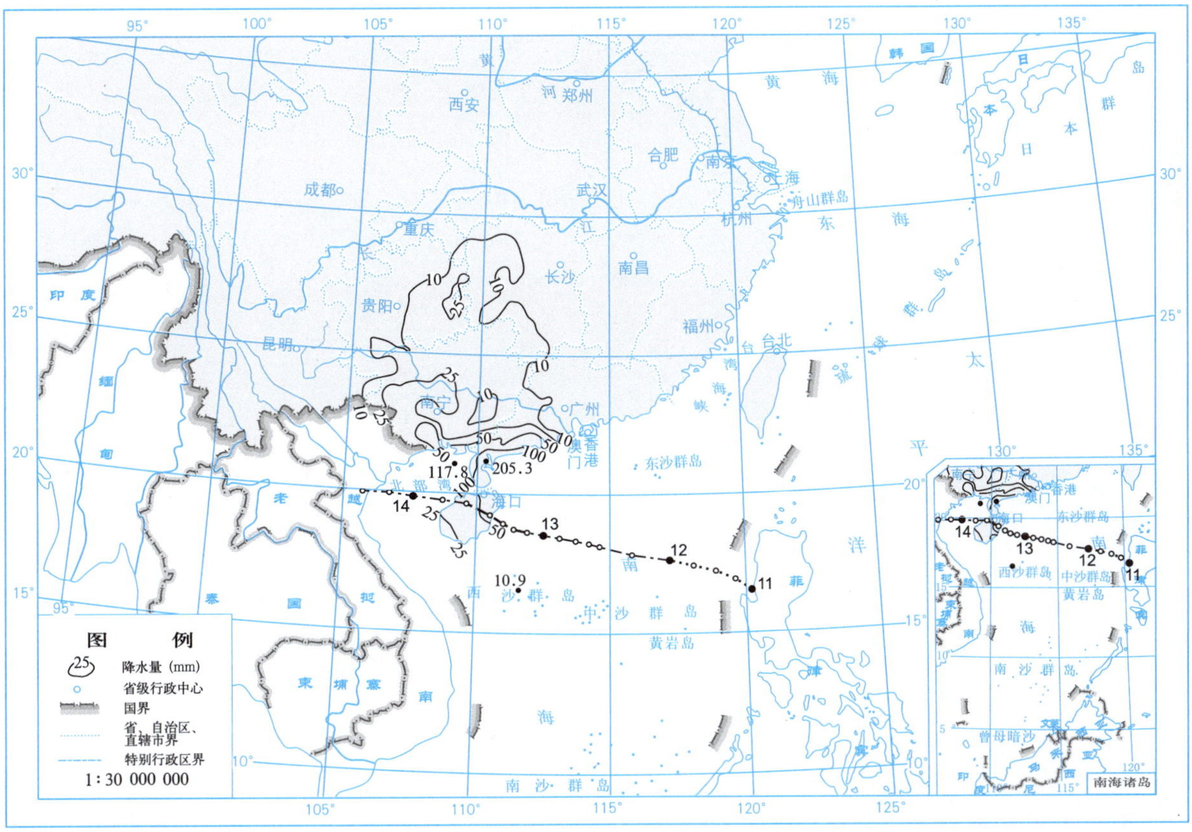

图 2.17.6　2020 年 10 月 14 日降水量图（mm）

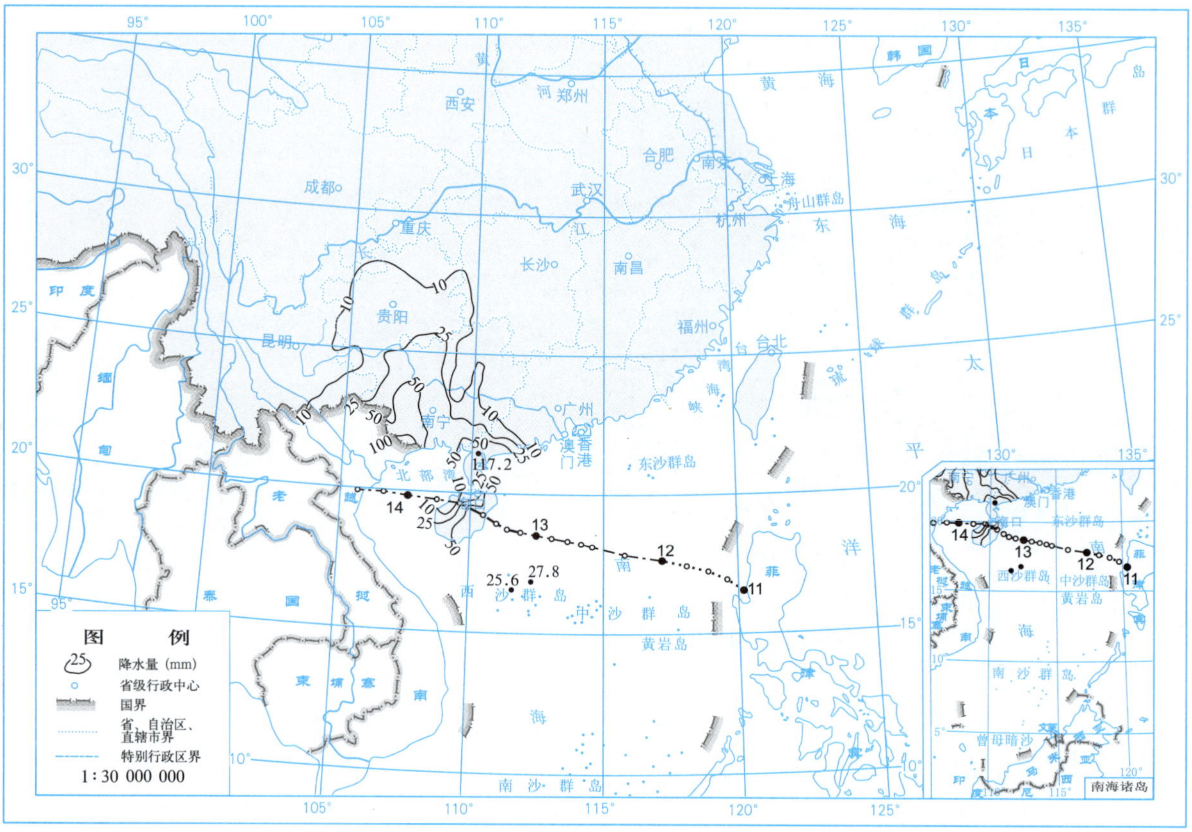

图 2.17.7　2020 年 10 月 15 日降水量图（mm）

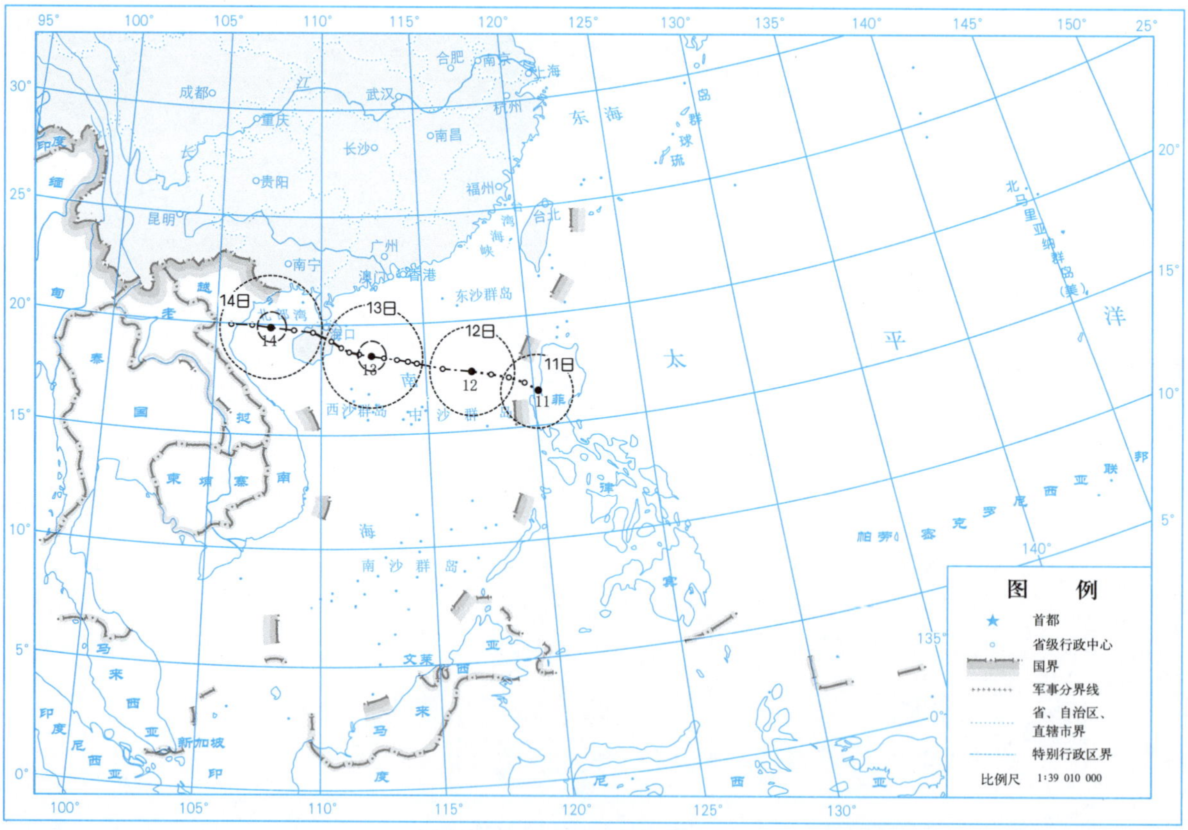

图 2.17.8　2016 号强热带风暴“浪卡”（Nangka）大风区域演变图

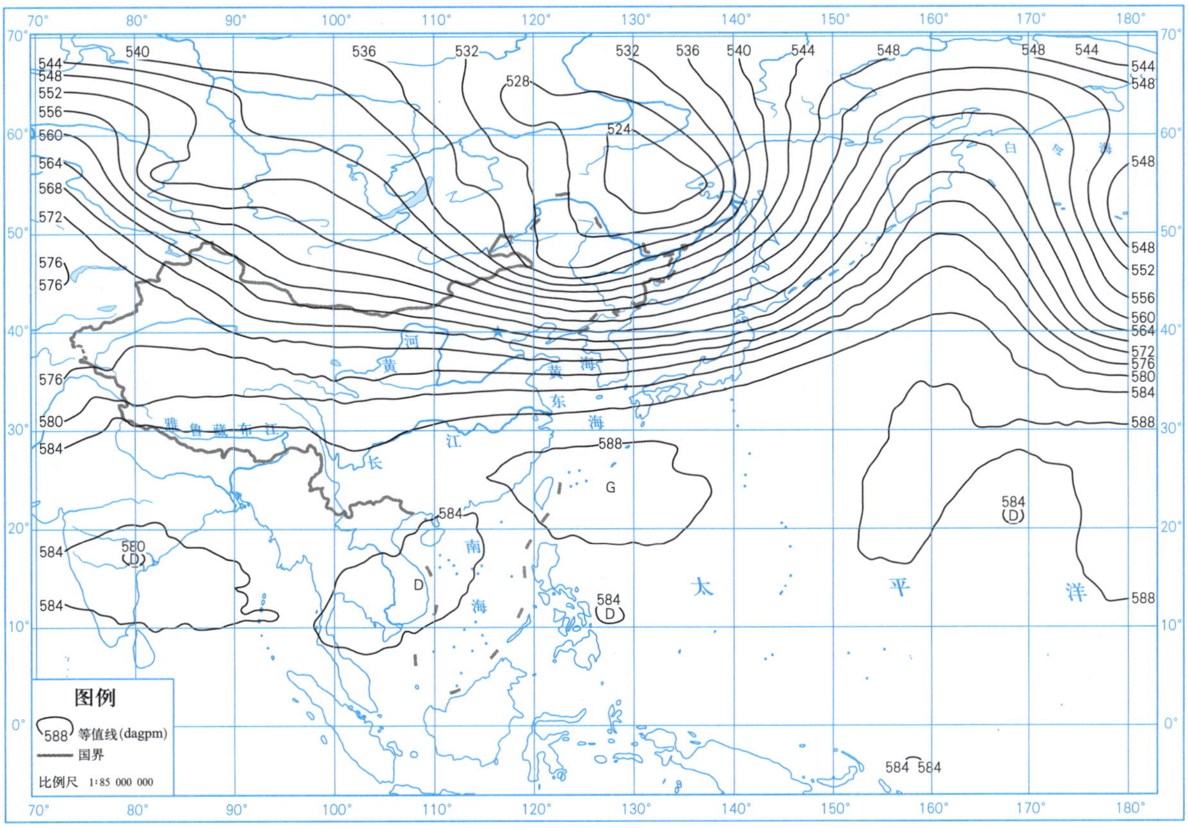

图 2.17.9 2020 年 10 月 13 日 14 时 500 hPa 高度场图

2.18 热带低压（TD2002）

热带低压（TD2002）是由 10 月 14 日下午在菲律宾萨马岛附近的西北太平洋洋面上一个热带低压形成。形成后低压中心稳定地向西偏北方向移动，横穿菲律宾群岛进入南海海域。随后，热带低压（TD2002）移速加快，穿过中沙群岛，于 16 日夜间在越南中部沿海以东约 20 km 的南海海面减弱消散。

受热带低压（TD2002）影响，10 月 15—16 日，海南东方出现最大风力 6 级、阵风 8 级，海南三亚出现最大风力 8 级（17.4 m/s）、阵风 10 级（28.3 m/s），为本次热带低压影响过程风极值。

受其影响，10 月 15—16 日，海南部分总雨量为 10 ~ 90 mm，其中，海南万宁总雨量 89.7 mm，16 日雨量 89.7 mm，16 日 19 时雨量 25.1 mm，分别为本次热带低压影响过程总雨量、日雨量和时雨量极值。

表 2.18.1 是热带低压（TD2002）的中心位置和强度。图 2.18.1 ~ 图 2.18.7 分别是热带低压（TD2002）的路径图、总降水量图、大风分布图、总降水日数图、2020 年 10 月 16 日的日降水量图、大风区域演变图和 2020 年 10 月 16 日 14 时 500 hPa 高度场图。

表 2.18.1 热带低压（TD2002）中心位置和强度

10 月 14—16 日

年	月	日	时	中心位置		中心气压（hPa）	中心风速（m/s）
				北纬（°N）	东经（°E）		
2020	10	14	14	12.9	124.0	1004	13
	10	14	20	13.5	122.6	1004	13
	10	15	02	13.9	121.2	1004	13
	10	15	08	14.3	120.1	1004	13
	10	15	14	15.0	117.8	1002	13
	10	15	20	15.3	115.5	1002	13
	10	16	02	15.6	113.5	1000	15
	10	16	08	15.7	112.1	1000	15
	10	16	14	15.7	110.6	1000	15
	10	16	20	15.5	109.1	1002	13
消散							

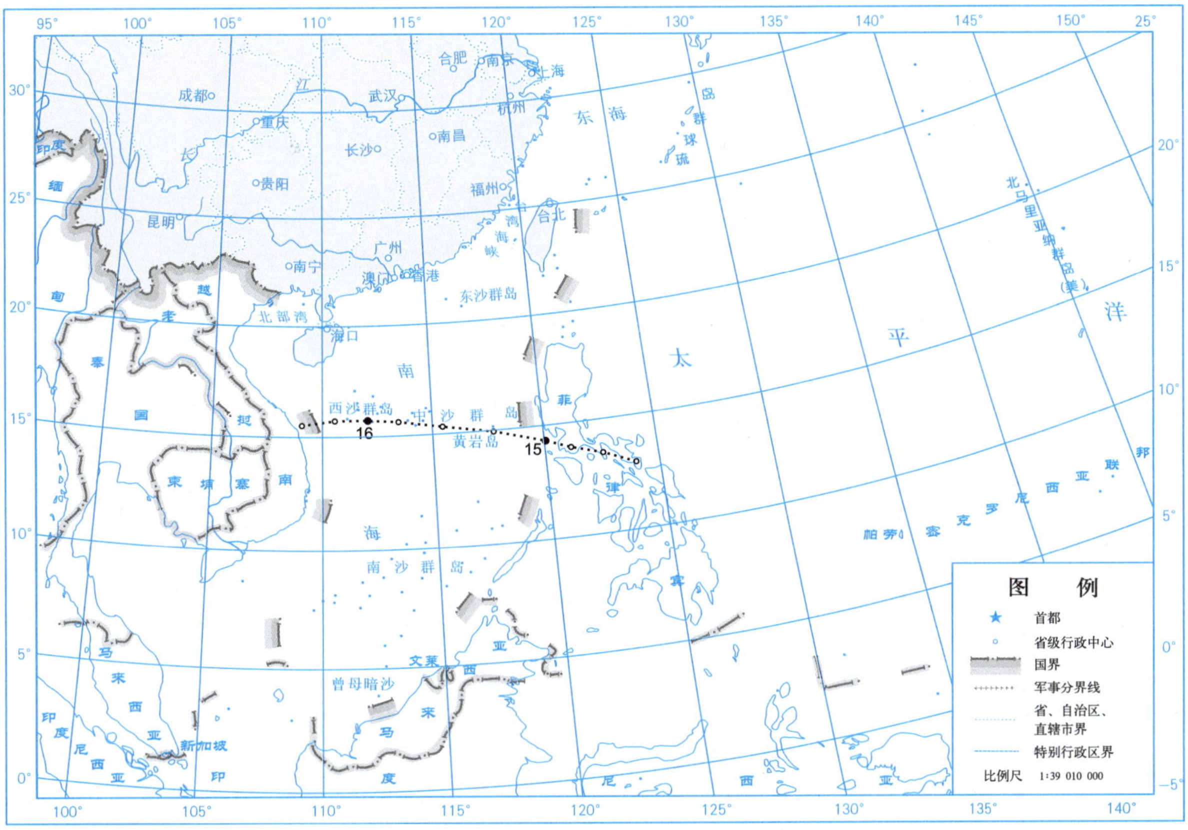

图 2.18.1　热带低压（TD2002）路径图

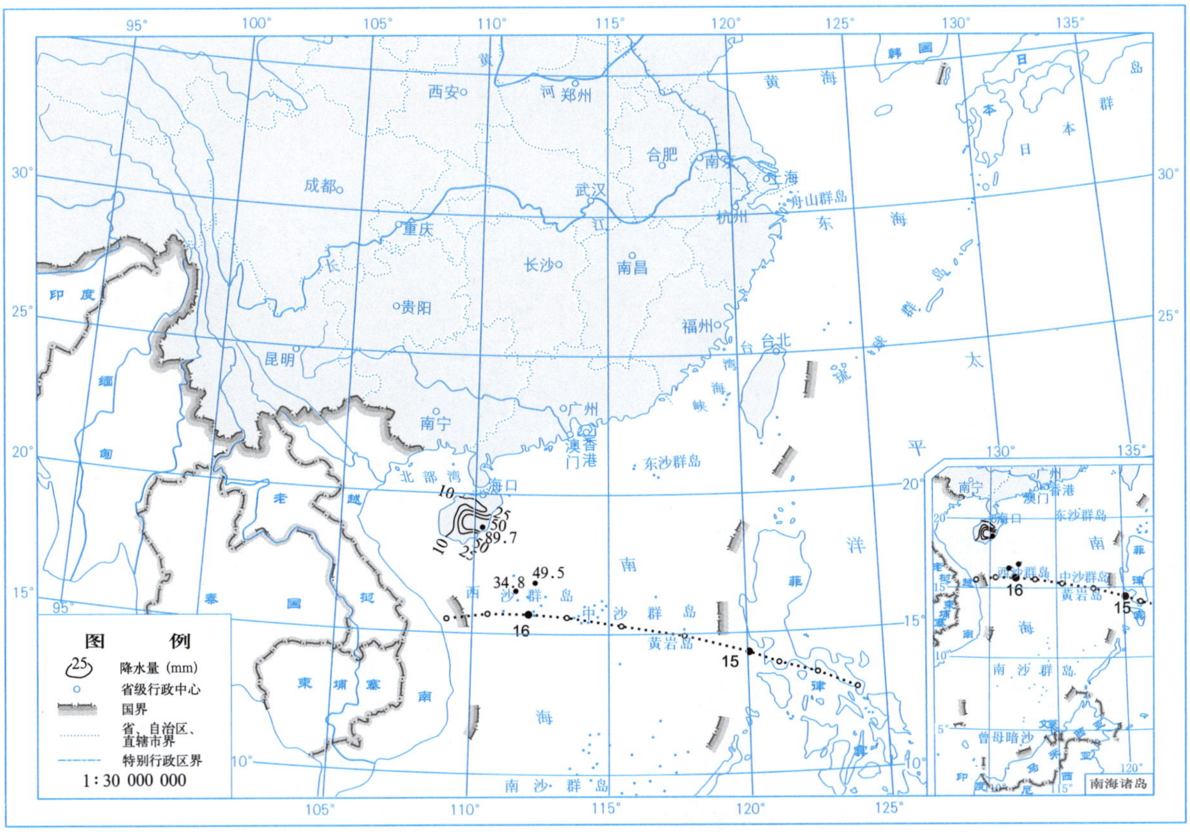

图 2.18.2　热带低压（TD2002）总降水量图（10 月 15—16 日）（mm）

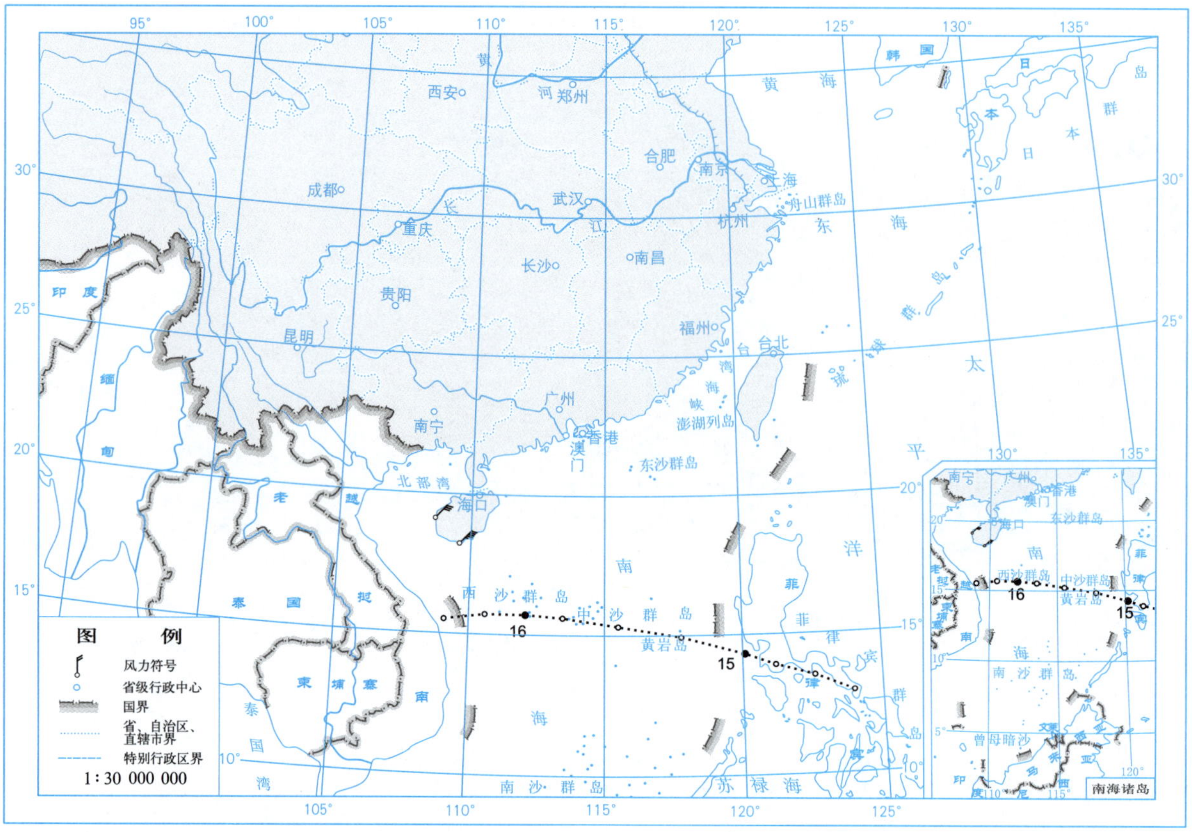

图 2.18.3　热带低压（TD2002）大风分布图（10 月 15—16 日）

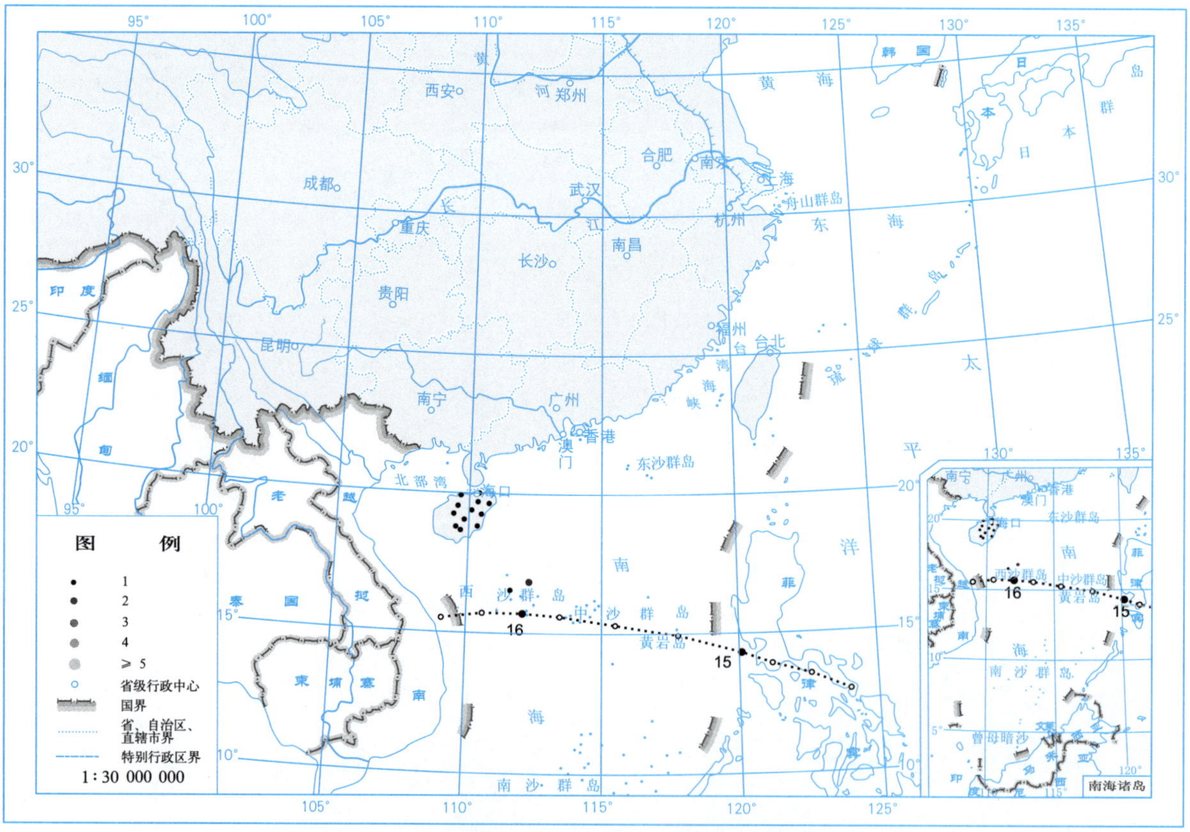

图 2.18.4　热带低压（TD2002）总降水日数图（d）

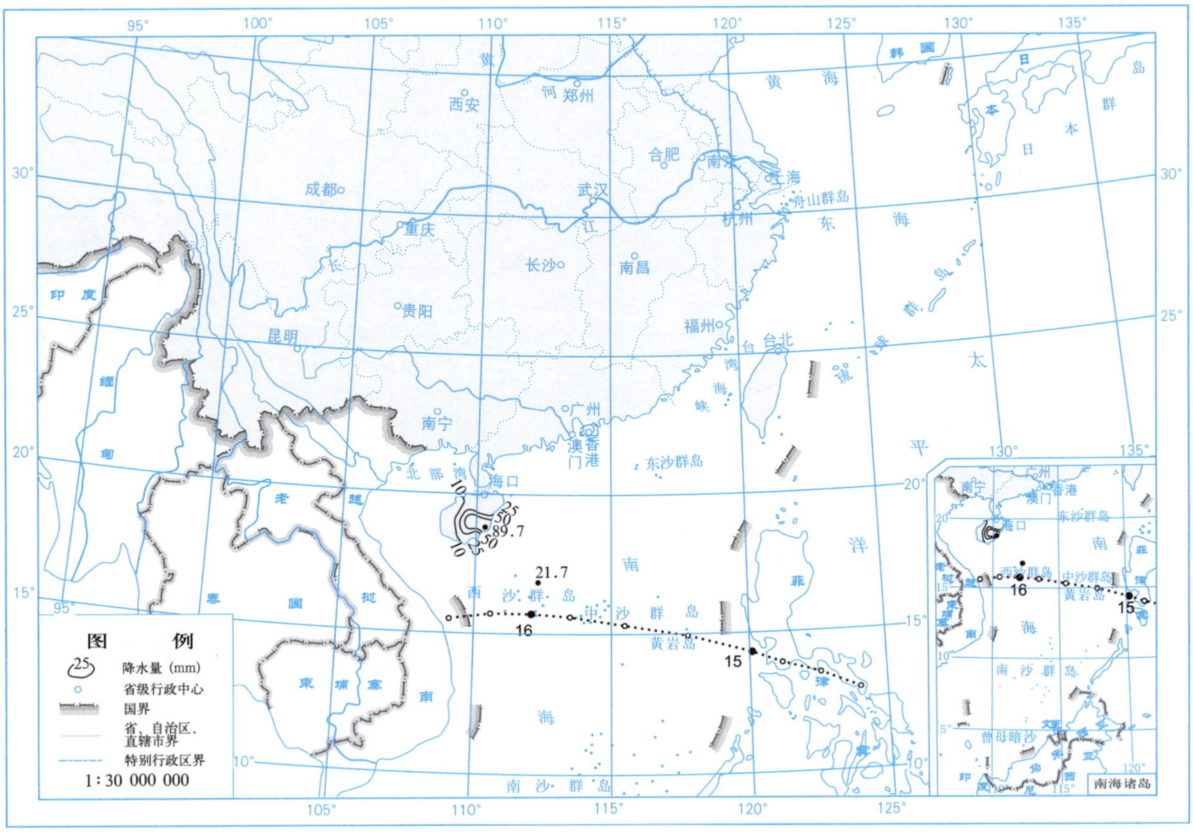

图 2.18.5 2020年10月16日降水量图（mm）

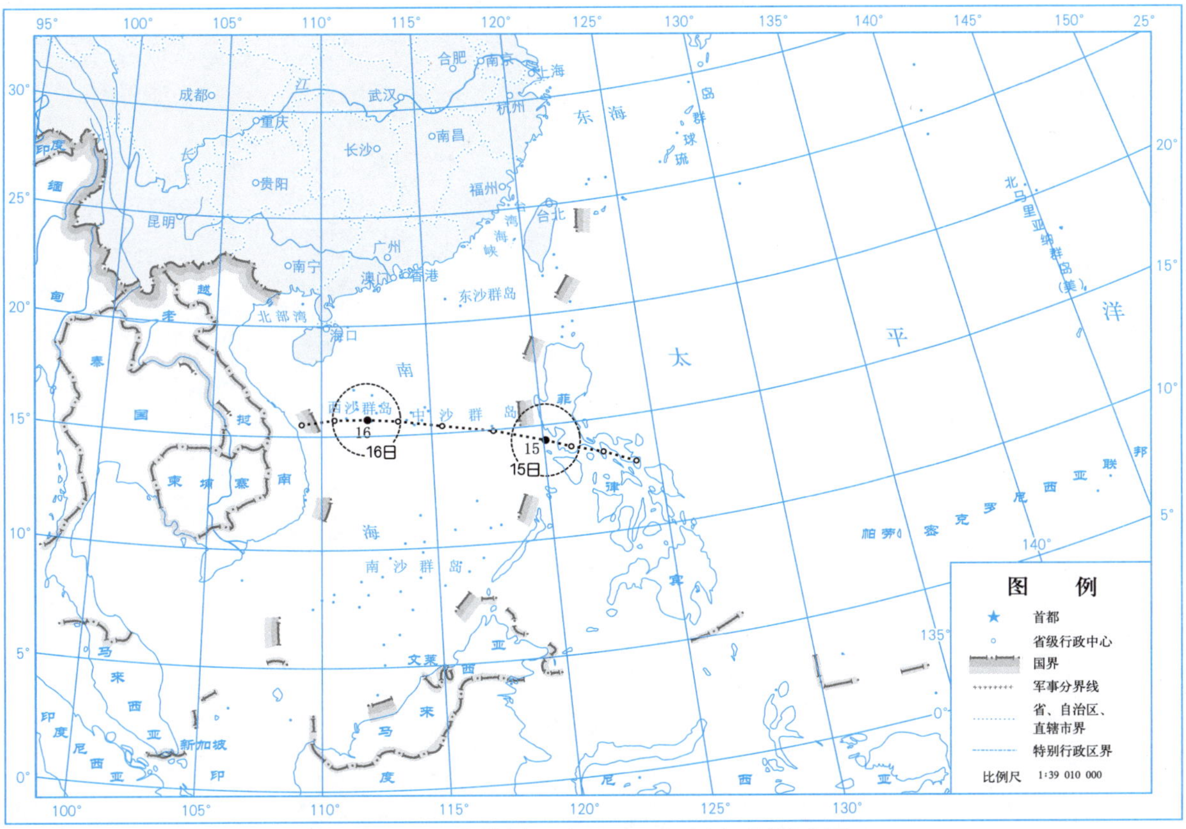

图 2.18.6 热带低压（TD2002）大风区域演变图

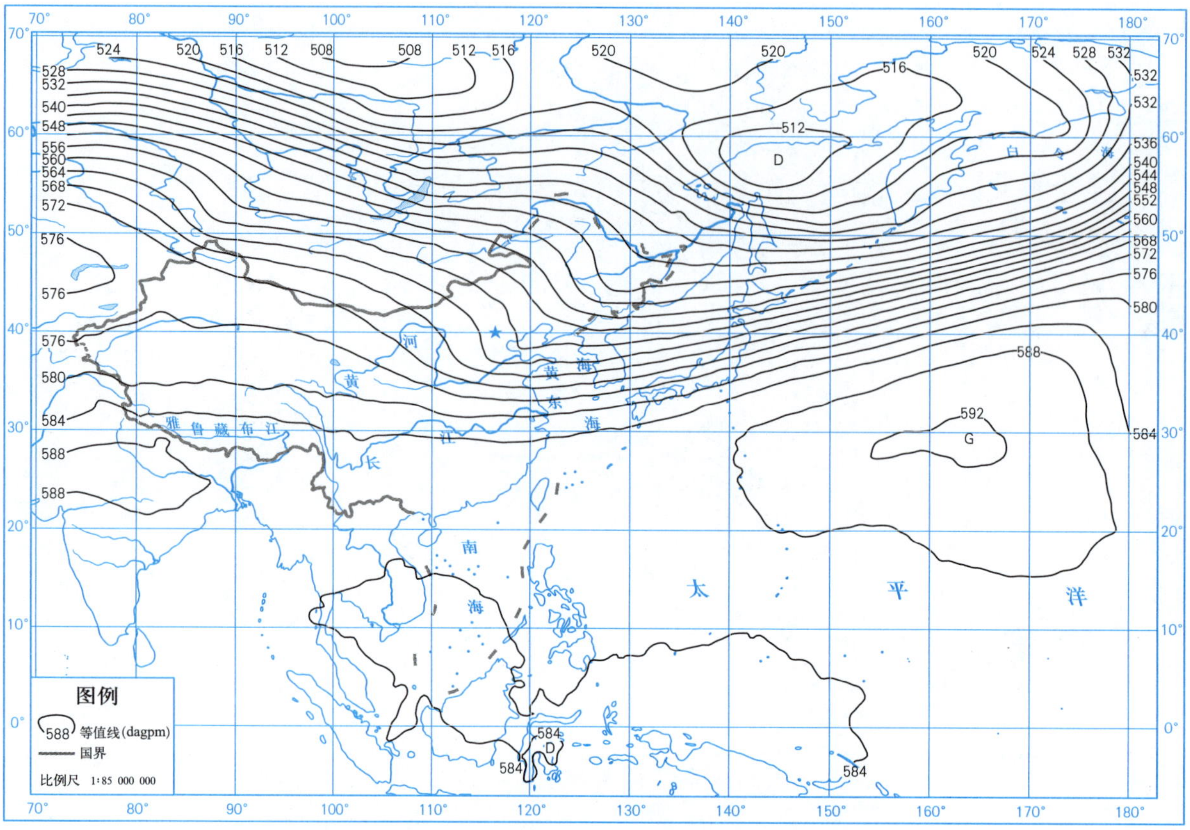

图 2.18.7　2020 年 10 月 16 日 14 时 500 hPa 高度场图

2.19　台风“沙德尔”（Saudel）

第 2017 号台风“沙德尔”是由 10 月 19 日早晨位于菲律宾萨马岛以东 440 km 的西北太平洋洋面上一个热带低压发展形成。形成后低压中心向西偏北方向移动，次日增强为热带风暴，20 日夜间穿过菲律宾吕宋岛后，进入南海海域。21 日夜间“沙德尔”继续增强为强热带风暴，次日早晨进一步增强至台风，并转向西北缓慢移动。23 日，台风“沙德尔”逐渐加大西行的分量，次日早晨减弱为强热带风暴，移速加快，25 日继续减弱为热带低压，并逐渐靠近越南中部沿海，26 日凌晨登陆越南洞海沿海，下午于老挝和泰国交界处减弱消散。

受台风“沙德尔”影响，10 月 21—25 日，福建局部、广东部分、广西南部局部、海南海口和西沙出现最大风力 6 ~ 7 级、阵风 7 ~ 9 级；海南三亚出现最大风力 9 级（21.6 m/s）、阵风 12 级（34.5 m/s），为本次台风影响过程风极值。

受其与强台风“莫拉菲”共同影响，10 月 21—26 日，海南局部总雨量为 10 ~ 50 mm；海南中东部部分总雨量为 50 ~ 126 mm；其中，海南万宁总雨量 126.0 mm，26 日雨量 90.4 mm，分别为本次台风影响过程总雨量和日雨量极值；海南珊瑚 26 日 09 时雨量 30.5 mm，为本次台风影响过程时雨量极值。其中，21—23 日，受台风“沙德尔”外围云系影响，海南局部地区有零星降水，24—25 日，随着“沙德尔”移近海南岛，降水自海南岛东部向西部蔓延，26 日受其与强台风“莫拉菲”共同影响，雨势进一步增大。

受台风“沙德尔”的影响，造成海南省出现了一定程度的灾情。总计受灾人数 1 万人，紧急转移 0.6 万人，农作物受灾面积为 0.02 万公顷，直接经济损失达到 0.03 亿元（表 2.19.2）。

表 2.19.1 是台风“沙德尔”的中心位置和强度。图 2.19.1 ~ 图 2.19.8 分别是台风“沙德尔”的路径图、总降水量图、大风分布图、总降水日数图、2020 年 10 月 24—26 日各日的日降水量图、大风区域演变图和 2020 年 10 月 25 日 02 时 500 hPa 高度场图。

表 2.19.1　2017 号台风“沙德尔”（Saudel）中心位置和强度

10 月 19 —26 日

年	月	日	时	中心位置		中心气压（hPa）	中心风速（m/s）
				北纬（°N）	东经（°E）		
2020	10	19	08	13.2	129.4	1004	13
	10	19	14	13.9	128.1	1002	15
	10	19	20	14.4	127.1	1002	15
	10	20	02	15.0	125.9	1002	15
	10	20	08	15.5	124.6	998	18
	10	20	14	15.9	123.3	998	18
	10	20	20	16.0	122.1	995	20
	10	21	02	16.0	120.1	995	20

（续表）

年	月	日	时	中心位置		中心气压（hPa）	中心风速（m/s）
				北纬（°N）	东经（°E）		
2020	10	21	08	16.1	118.9	990	23
	10	21	14	16.1	118.0	990	23
	10	21	20	16.2	117.4	985	25
	10	22	02	16.5	116.9	982	28
	10	22	08	16.8	116.5	975	33
	10	22	14	17.1	116.2	975	33
	10	22	20	17.4	115.9	970	35
	10	23	02	17.7	115.5	965	38
	10	23	08	17.8	115.1	965	38
	10	23	14	17.9	114.7	965	38
	10	23	20	17.9	114.2	965	38
	10	24	02	17.9	113.8	975	33
	10	24	08	17.9	113.3	980	30
	10	24	14	17.7	112.6	985	28
	10	24	20	17.5	111.6	990	25
	10	25	02	17.5	110.5	990	25
	10	25	08	17.5	109.3	992	23
	10	25	14	17.5	108.3	998	20
	10	25	20	17.6	107.5	1004	15
	10	26	02	17.7	106.7	1006	15
	10	26	08	17.7	105.7	1008	13
	10	26	14	17.5	104.6	1008	13
消散							

表 2.19.2　2017 号台风“沙德尔”（Saudel）在海南省引发的灾情

受灾省	受灾人口（万人）	死亡人口（人）	失踪人口（人）	紧急转移人口（万人）	农作物		倒塌房屋（万间）	直接经济损失（亿元）
					受灾面积（万公顷）	绝收面积（万公顷）		
海南省	1	0	0	0.6	0.02	0	0	0.03
合计	1	0	0	0.6	0.02	0	0	0.03

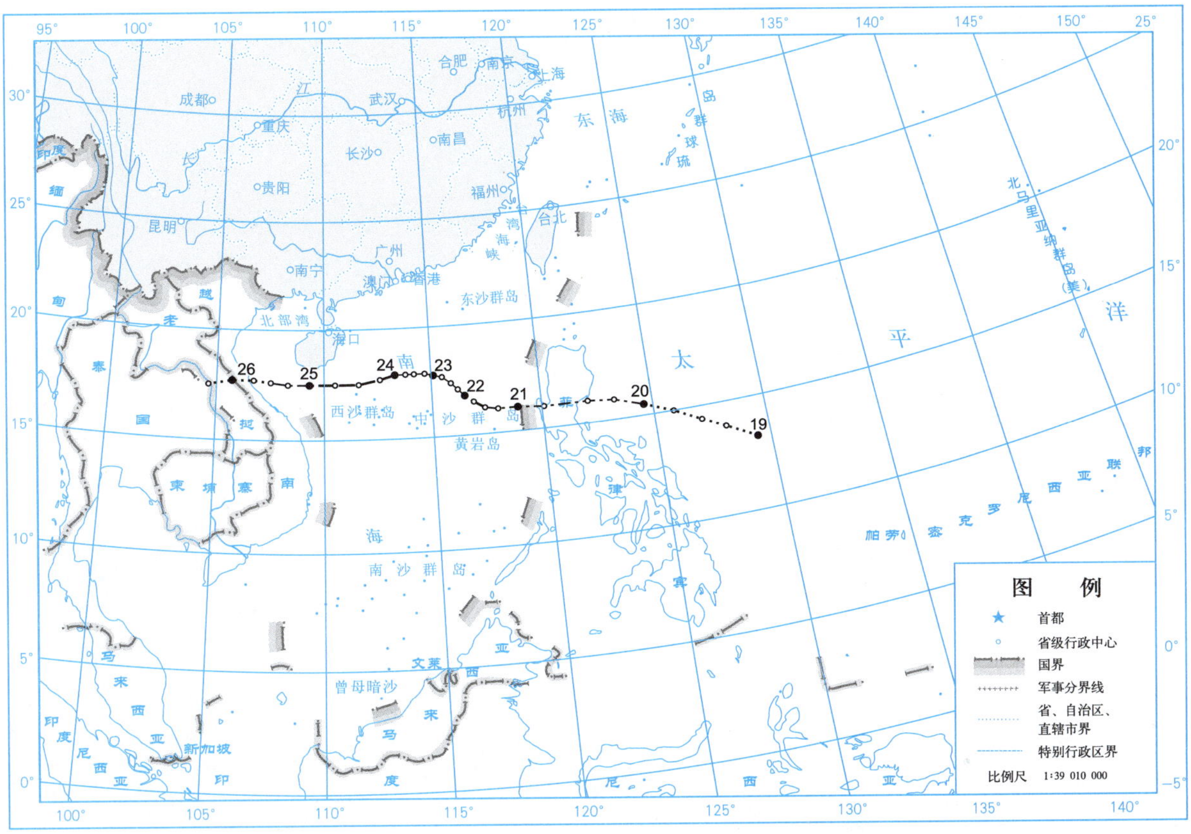

图 2.19.1　2017 号台风“沙德尔”（Saudel）路径图

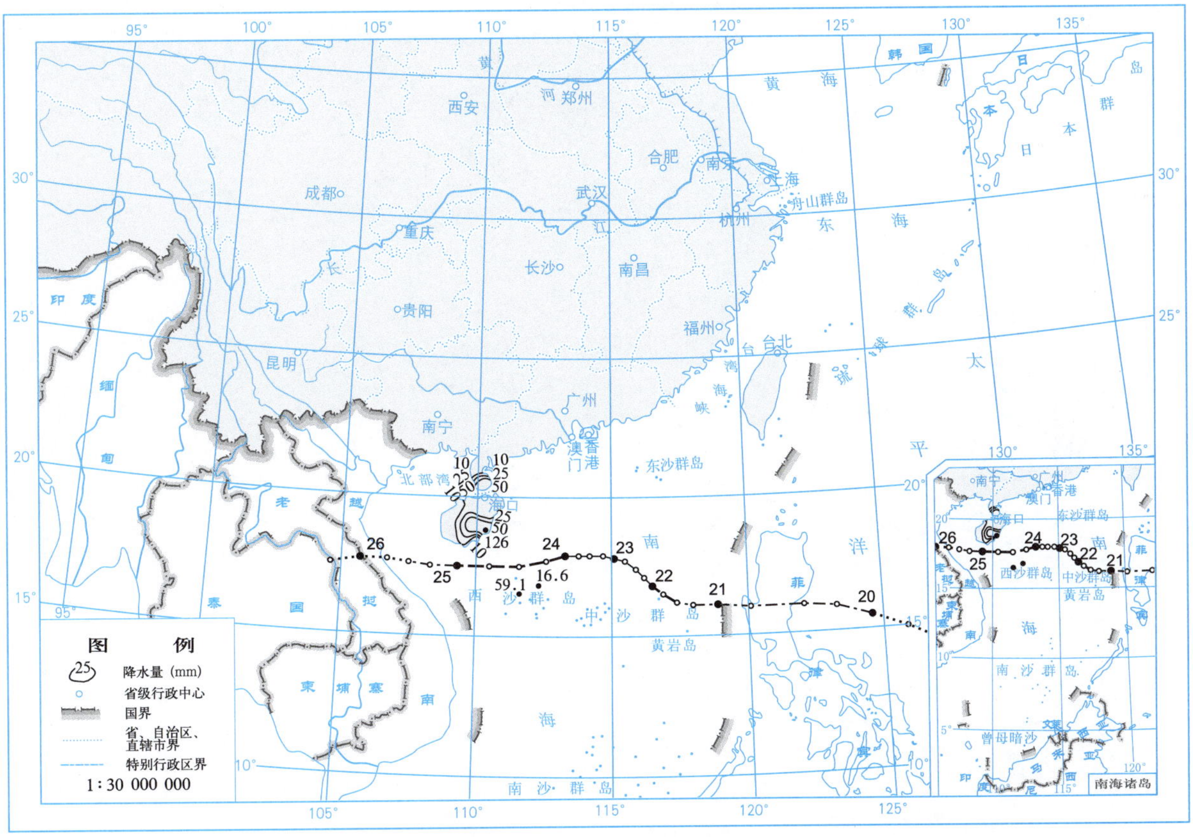

图 2.19.2　2017 号台风“沙德尔”（Saudel）总降水量图（10 月 21—26 日）（mm）

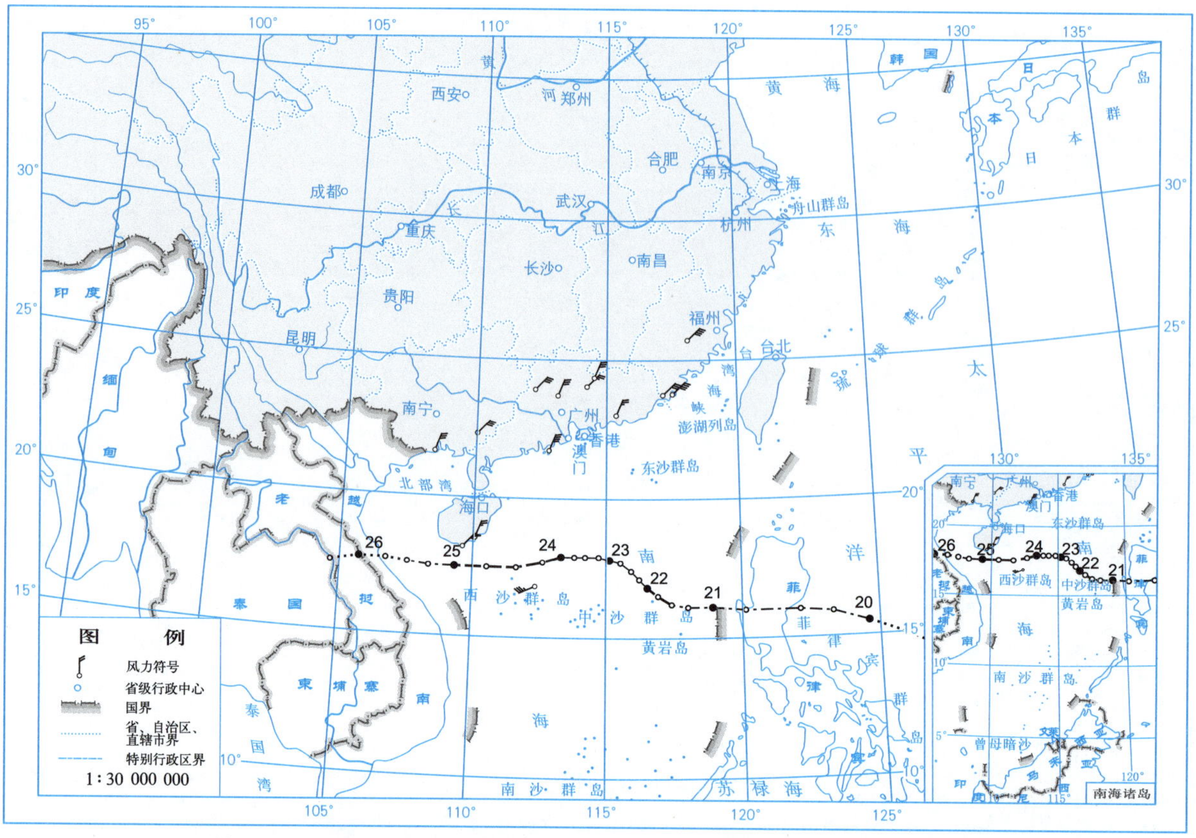

图 2.19.3　2017 号台风“沙德尔”（Saudel）大风分布图（10 月 21—25 日）

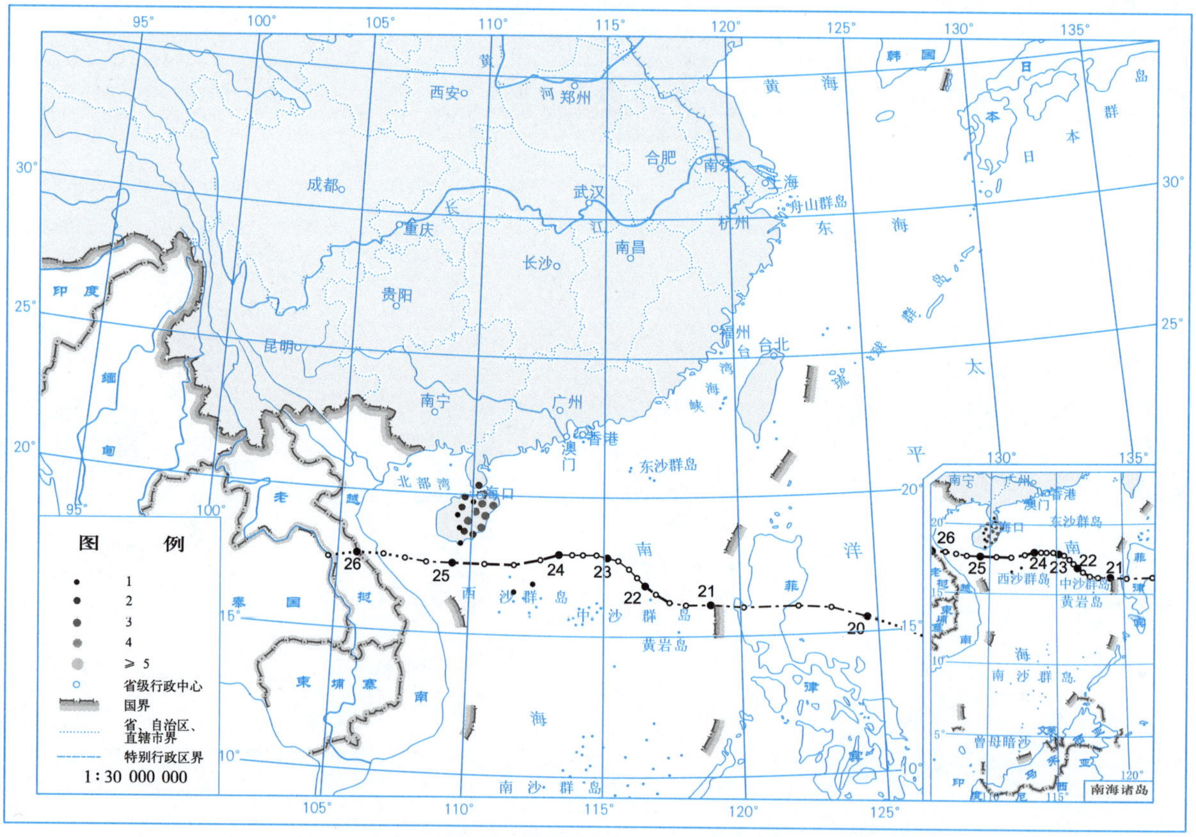

图 2.19.4　2017 号台风“沙德尔”（Saudel）总降水日数图（d）

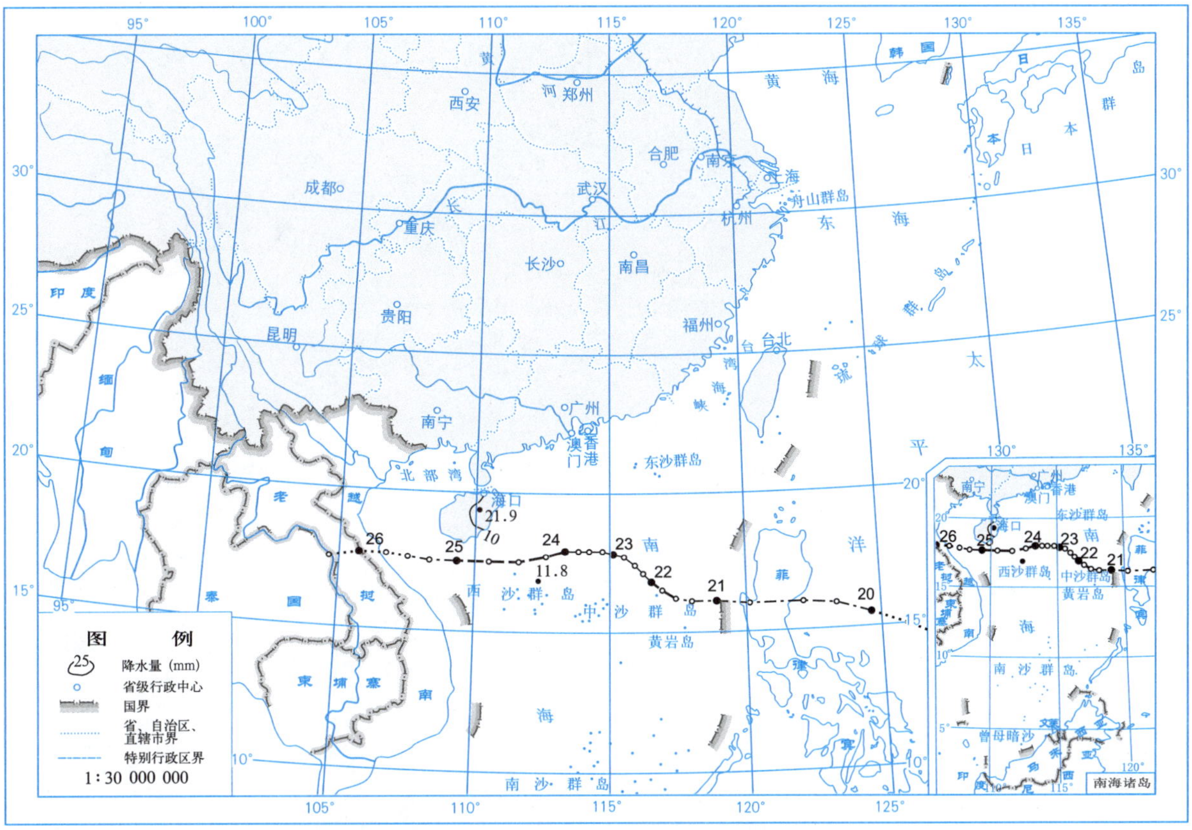

图 2.19.5 2020 年 10 月 24 日降水量图（mm）

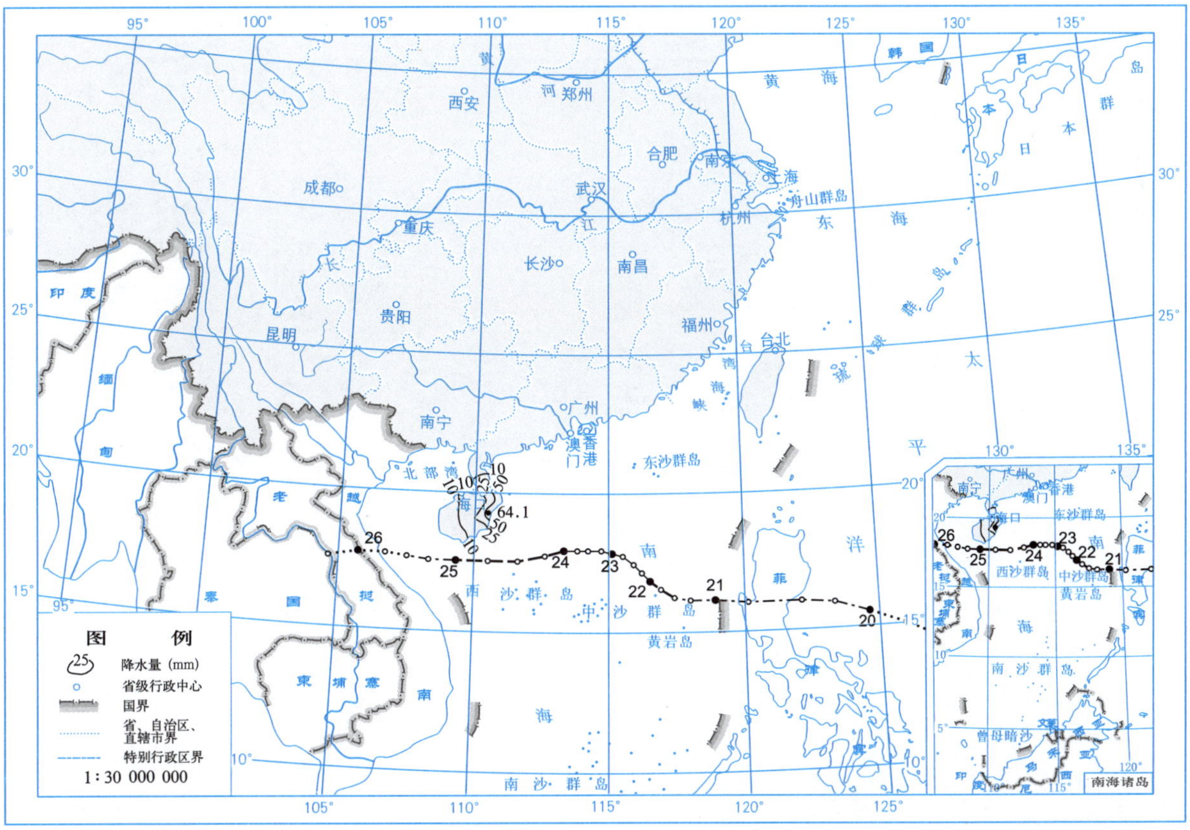

图 2.19.6 2020 年 10 月 25 日降水量图（mm）

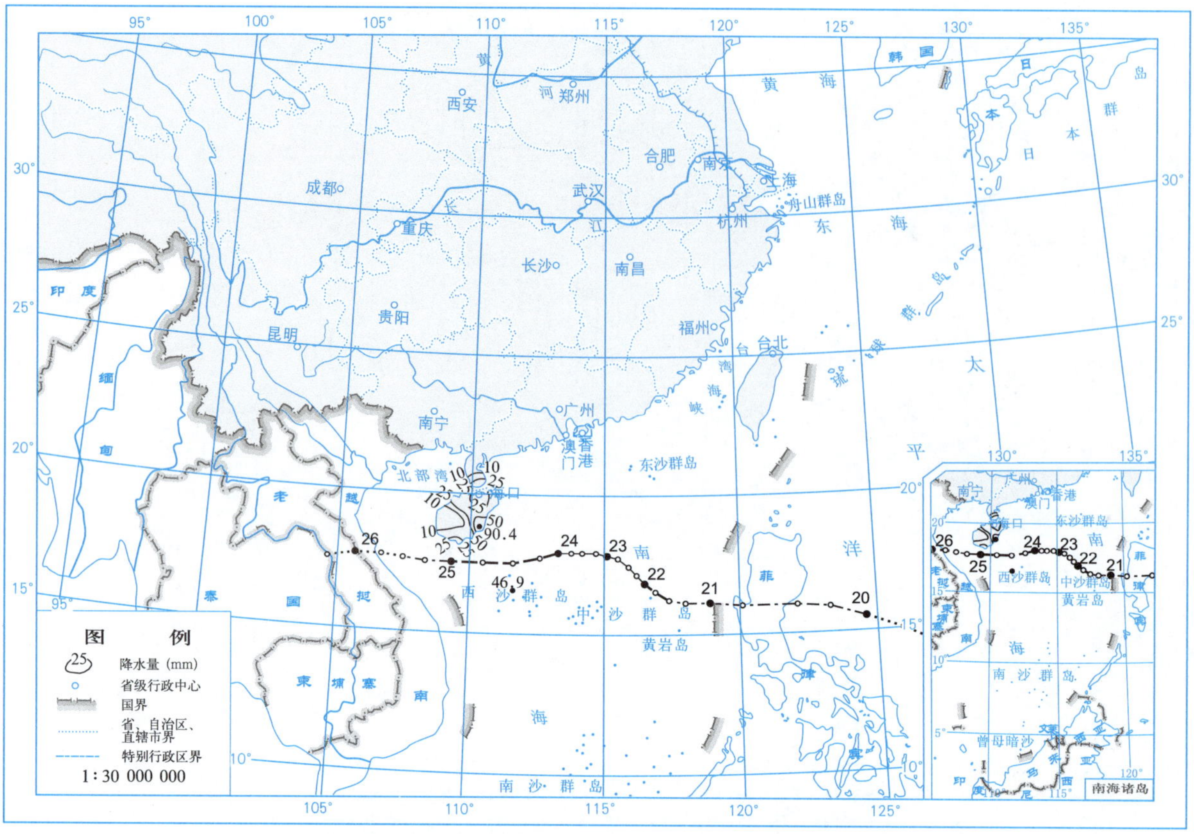

图 2.19.7　2020 年 10 月 26 日降水量图（mm）

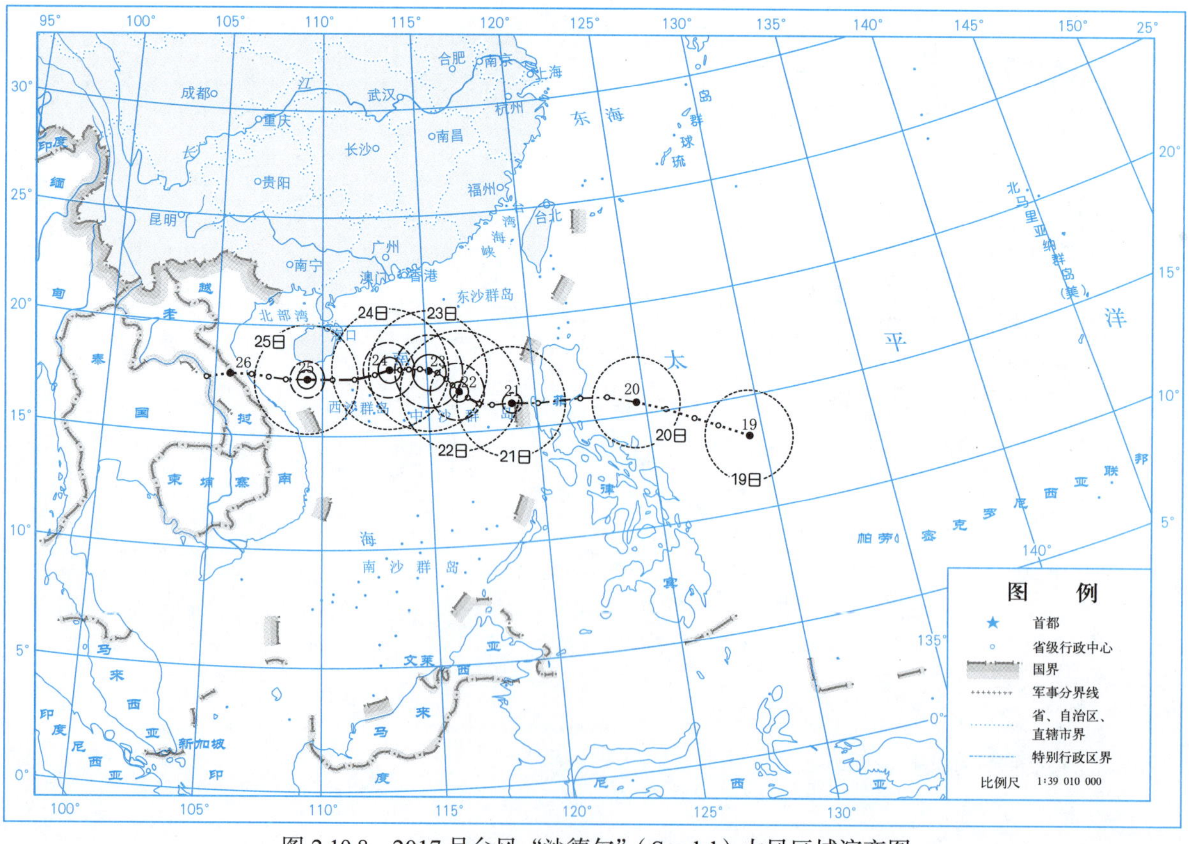

图 2.19.8　2017 号台风“沙德尔”（Saudel）大风区域演变图

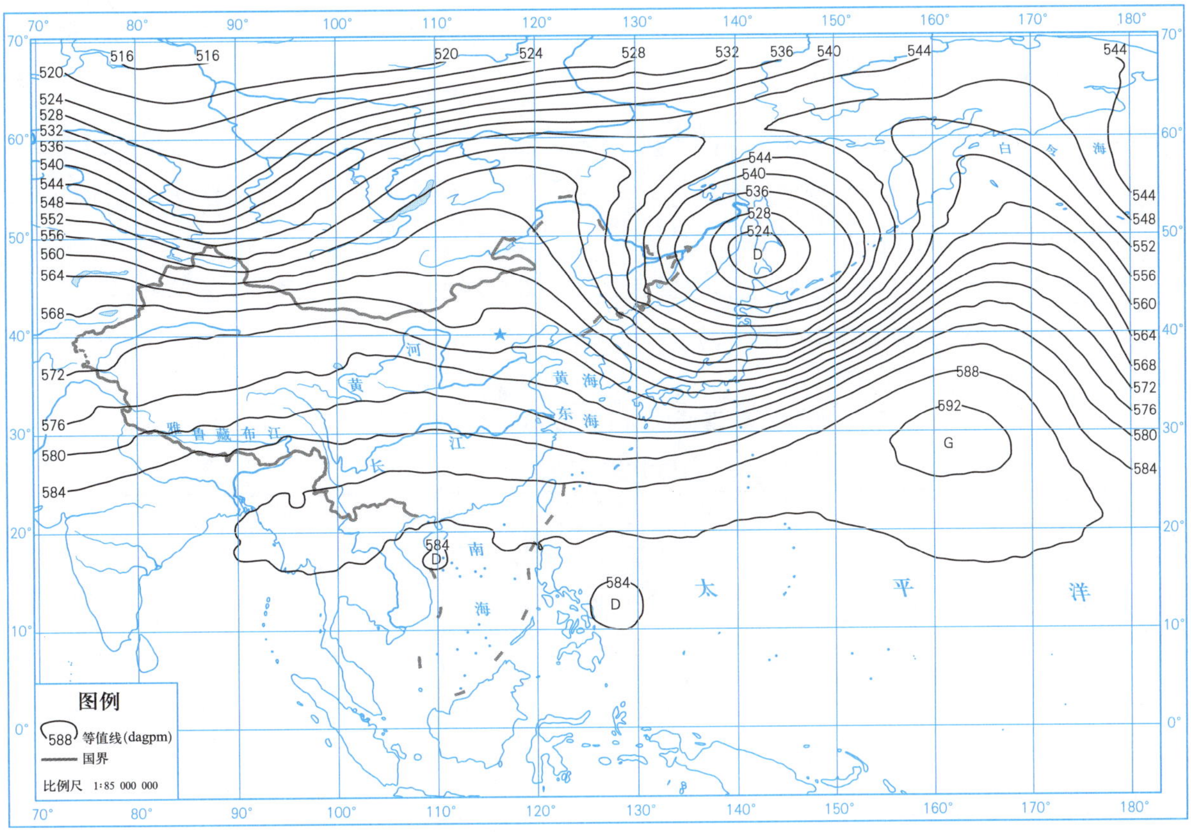

图 2.19.9 2020 年 10 月 25 日 02 时 500 hPa 高度场图

2.20 热带低压（TD2003）

热带低压（TD2003）是由 10 月 20 日上午在日本冲绳岛以东约 1120 km 的西北太平洋洋面上一个热带低压形成。形成后低压中心顺时针缓慢移动一周后，22 日早晨转向偏北方向移动，移速加快，次日于日本以东的西北太平洋洋面减弱消散。

表 2.20.1 是热带低压（TD2003）的中心位置和强度。图 2.20.1 ～图 2.20.3 分别是热带低压（TD2003）的路径图、大风区域演变图和 2020 年 10 月 22 日 14 时 500 hPa 高度场图。

表 2.20.1　热带低压（TD2003）中心位置和强度

10 月 20 —23 日

年	月	日	时	中心位置		中心气压（hPa）	中心风速（m/s）
				北纬（°N）	东经（°E）		
2020	10	20	08	25.0	139.1	1010	13
	10	20	14	25.0	139.3	1010	13
	10	20	20	25.0	139.5	1008	15
	10	21	02	25.0	139.7	1008	15
	10	21	08	24.9	139.9	1008	15
	10	21	14	24.5	139.6	1008	15
	10	21	20	24.3	139.3	1008	13
	10	22	02	24.6	139.2	1008	13
	10	22	08	25.1	139.5	1008	13
	10	22	14	26.0	139.0	1008	13
	10	22	20	27.3	139.4	1008	13
	10	23	02	28.6	140.0	1008	13
	10	23	08	31.0	140.8	1008	13
消散							

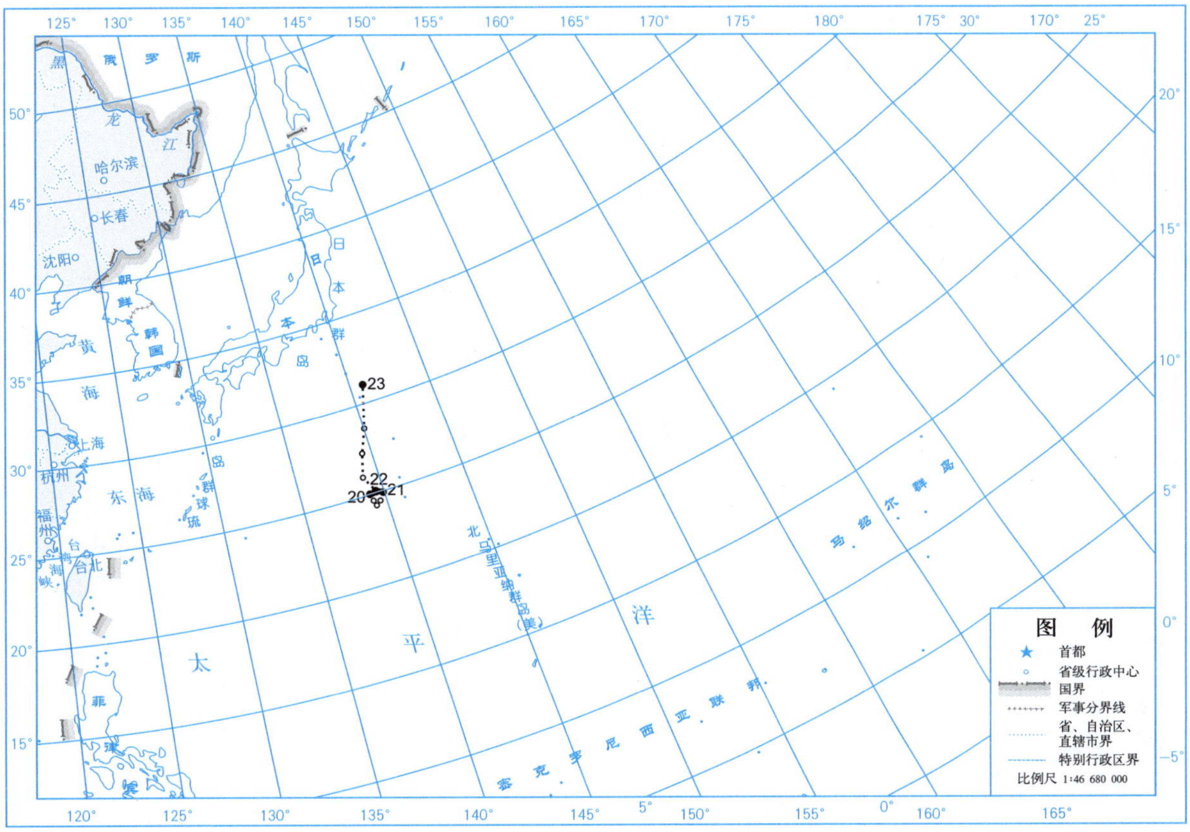

图 2.20.1 热带低压（TD2003）路径图

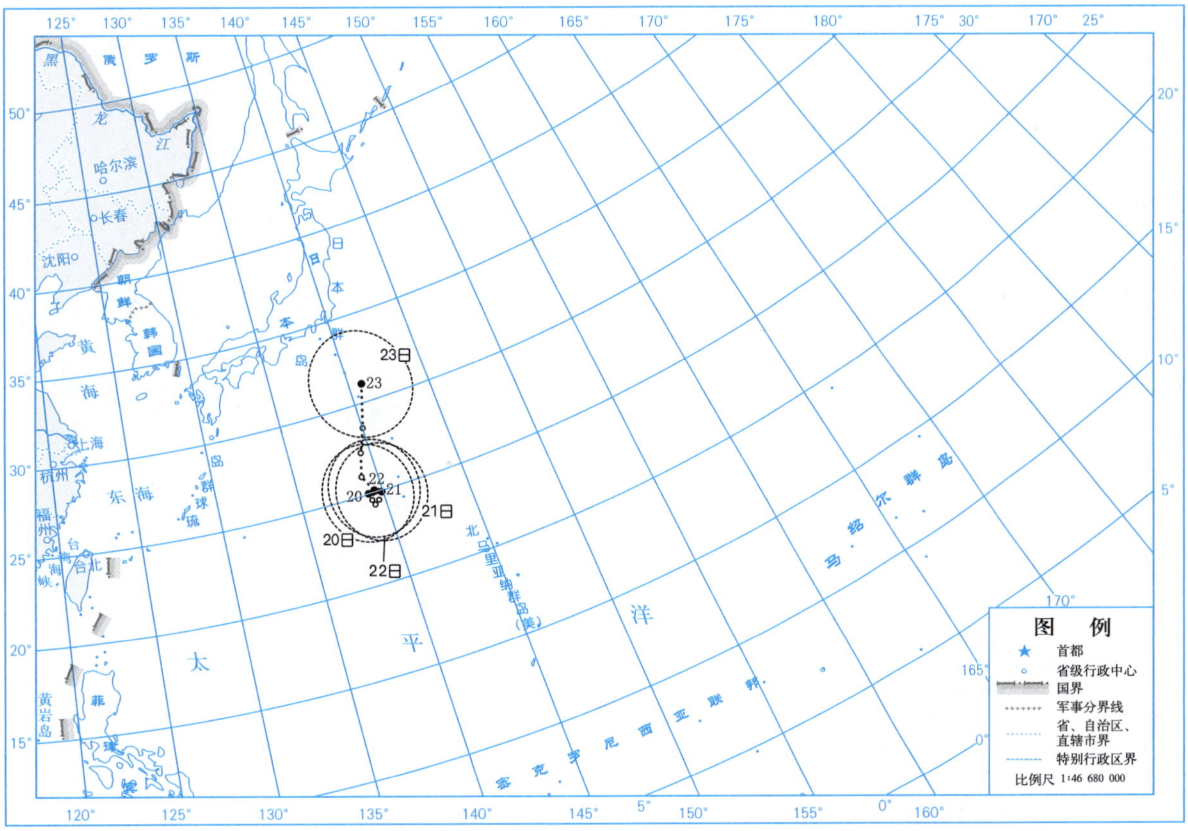

图 2.20.2 热带低压（TD2003）大风区域演变图

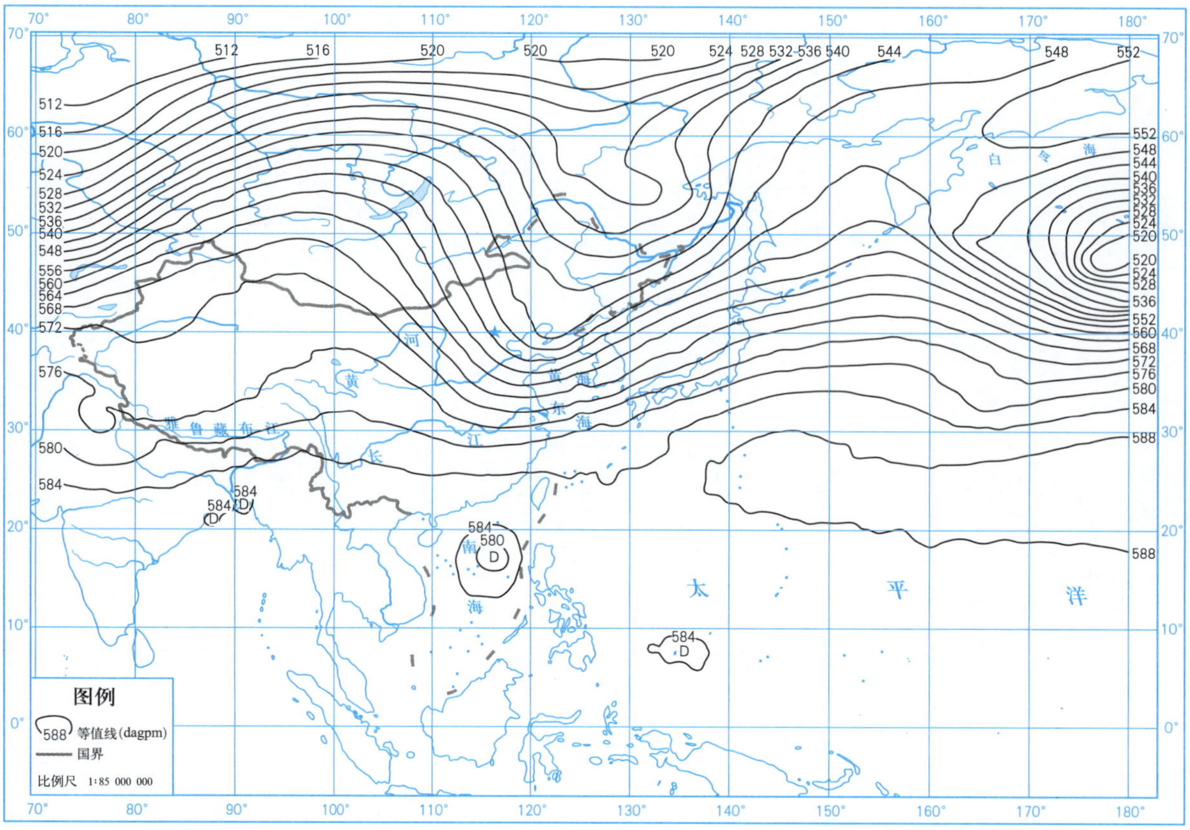

图 2.20.3　2020 年 10 月 22 日 14 时 500 hPa 高度场图

2.21　强台风“莫拉菲”（Molave）

第 2018 号强台风“莫拉菲”是由 10 月 23 日早晨位于菲律宾棉兰老岛以东约 910 km 的西北太平洋洋面上一个热带低压发展形成。形成后低压中心向西北方向移动，次日夜间增强为热带风暴，并转向偏西方向移动，之后强度迅速增强，25 日增强至台风，并横穿菲律宾群岛，于 26 日进入南海海域。“莫拉菲”继续西行，强度缓慢增强，27 日凌晨增强至强台风，并向越南沿海靠近，次日早晨减弱为台风，随即下午登陆越南广义沿海。登陆后，“莫拉菲”迅速减弱，于 29 日下午在泰国境内减弱消散。

受强台风“莫拉菲”和冷空气共同影响，10 月 27—29 日，海南局部、广西南部沿海局部、广东上川岛出现最大风力 6 ~ 7 级、阵风 7 ~ 9 级；海南三亚出现最大风力 8 级（19.7 m/s）、阵风 12 级（32.9 m/s）为本次强台风影响过程风极值。

受其与台风“沙德尔”共同影响，10 月 26—29 日，海南局部、广东局部、广西局部总雨量为 10 ~ 50 mm；海南部分、广东吴川和徐闻总雨量为 50 ~ 211 mm；其中，海南万宁总雨量 210.7 mm，海南屯昌 28 日雨量 120.2 mm，海南西沙 28 日 01 时雨量 50.6 mm，分别为本次强台风影响过程总雨量、日雨量及时雨量极值。26 日，受“莫拉菲”与“沙德尔”共同影响，海南普降中到大雨，海口暴雨；27 日雨势减弱；28 日受“莫拉菲”外围云系影响，雨势再次增强，海南中东部暴雨，局部大暴雨。

受强台风“莫拉菲”的影响，造成海南省出现了一定程度的灾情。总计受灾人数为 0.002 万人，直接经济损失达到 0.01 亿元（表 2.21.2）。

表 2.21.1 是强台风“莫拉菲”的中心位置和强度。图 2.21.1 ~ 图 2.21.8 分别是强台风“莫拉菲”的路径图、总降水量图、大风分布图、总降水日数图、2020 年 10 月 28 日和 29 日的日降水量图、大风区域演变图和 2020 年 10 月 27 日 20 时 500 hPa 高度场图。

表 2.21.1　2018 号强台风“莫拉菲”（Molave）中心位置和强度

10 月 23—29 日

年	月	日	时	中心位置		中心气压（hPa）	中心风速（m/s）
				北纬（°N）	东经（°E）		
2020	10	23	08	9.2	134.4	1002	13
	10	23	14	9.8	133.8	1002	13
	10	23	20	10.6	133.3	1002	13
	10	24	02	11.6	132.4	1000	15
	10	24	08	12.5	131.2	1000	15
	10	24	14	13.1	130.1	1000	15
	10	24	20	13.4	129.0	998	18
	10	25	02	13.5	127.7	998	18
	10	25	08	13.5	126.3	990	23

（续表）

年	月	日	时	中心位置		中心气压（hPa）	中心风速（m/s）
				北纬（°N）	东经（°E）		
	10	25	14	13.4	124.8	985	28
	10	25	20	13.3	123.2	975	33
	10	26	02	13.2	121.8	970	38
	10	26	08	13.2	120.5	970	38
	10	26	14	13.3	119.0	970	38
	10	26	20	13.4	117.5	965	40
	10	27	02	13.4	116.0	960	42
	10	27	08	13.3	114.7	955	45
	10	27	14	13.5	113.3	950	48
	10	27	20	13.9	112.0	950	48
	10	28	02	14.2	110.8	955	45
	10	28	08	14.6	109.7	965	40
	10	28	14	15.3	108.5	974	33
	10	28	20	15.7	106.2	990	23
	10	29	02	15.7	105.5	998	18
	10	29	08	15.6	104.8	1000	15
	10	29	14	15.4	104.1	1002	13
消散							

表 2.21.2　2018 号强台风“莫拉菲”（Molave）在海南省引发的灾情

受灾省	受灾人口（万人）	死亡人口（人）	失踪人口（人）	紧急转移人口（万人）	农作物		倒塌房屋（万间）	直接经济损失（亿元）
					受灾面积（万公顷）	绝收面积（万公顷）		
海南省	0.002	0	0	0	0	0	0	0.01
合计	0.002	0	0	0	0	0	0	0.01

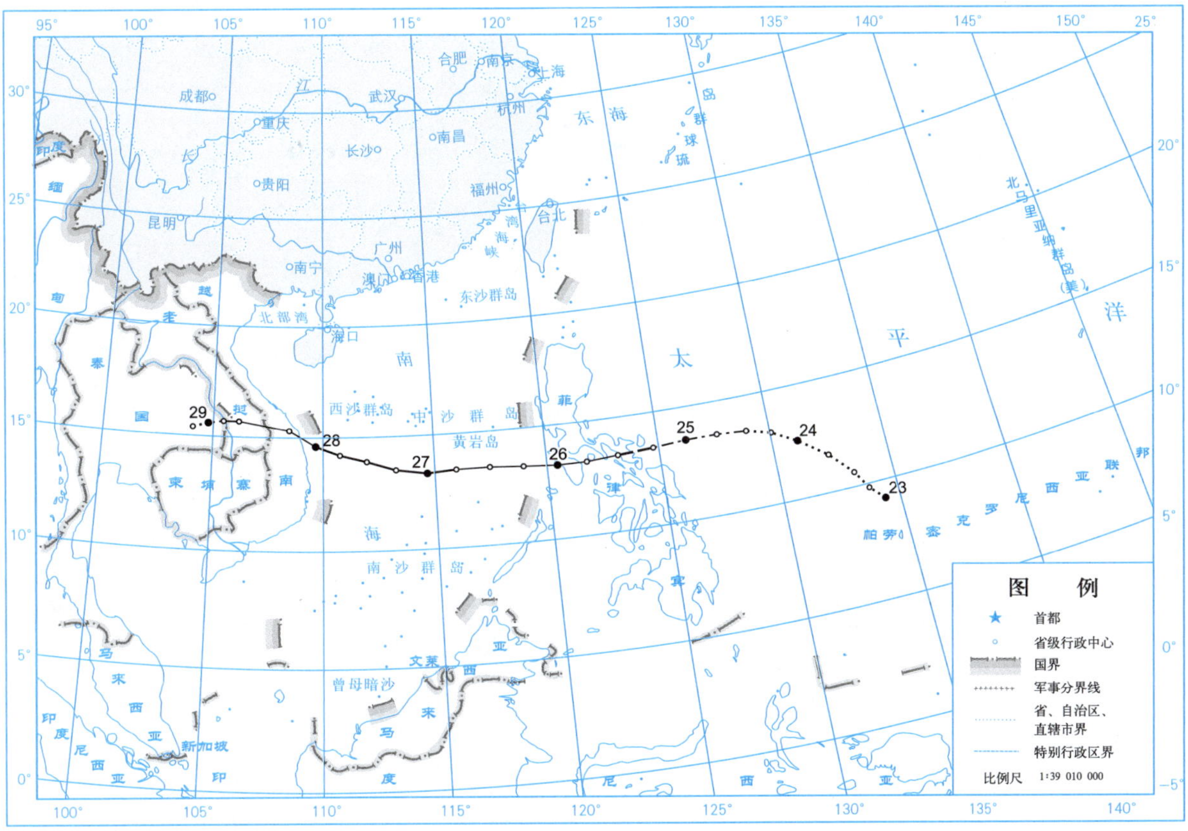

图 2.21.1　2018 号强台风“莫拉菲”（Molave）路径图

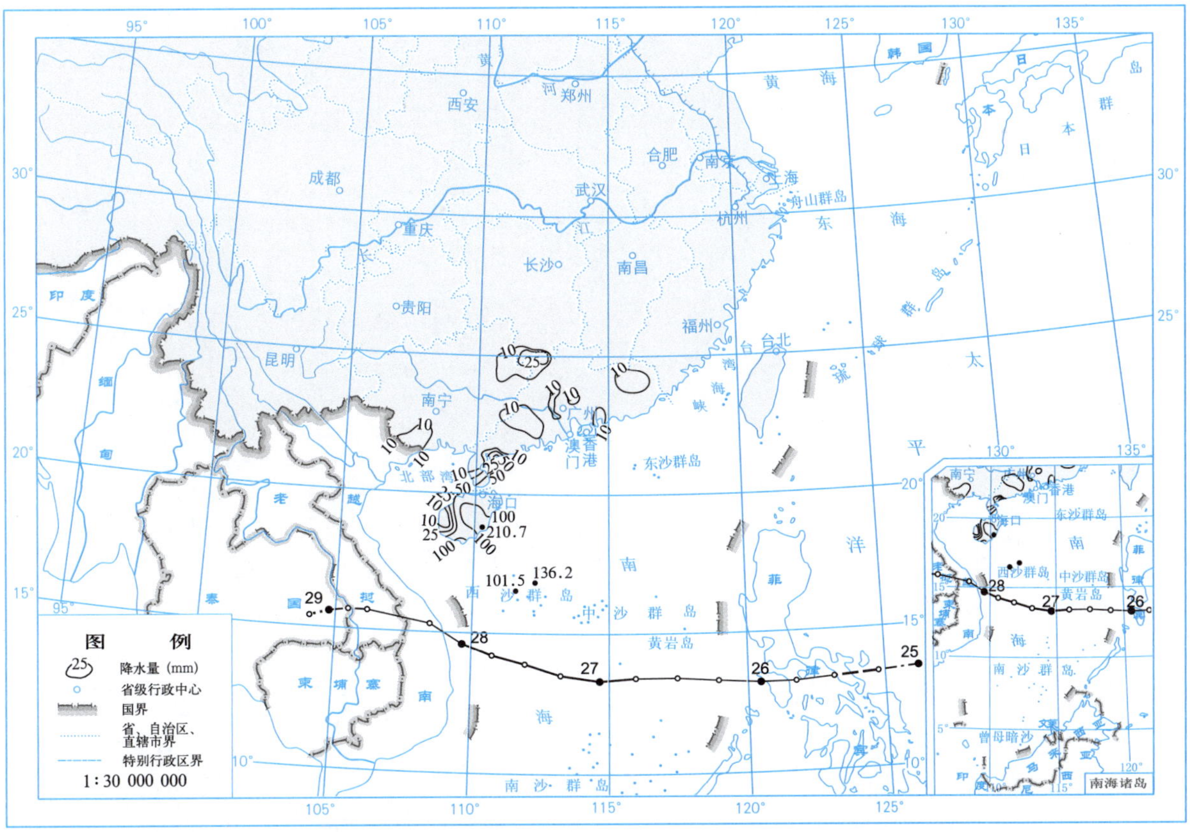

图 2.21.2　2018 号强台风“莫拉菲”（Molave）总降水量图（10 月 26—29 日）（mm）

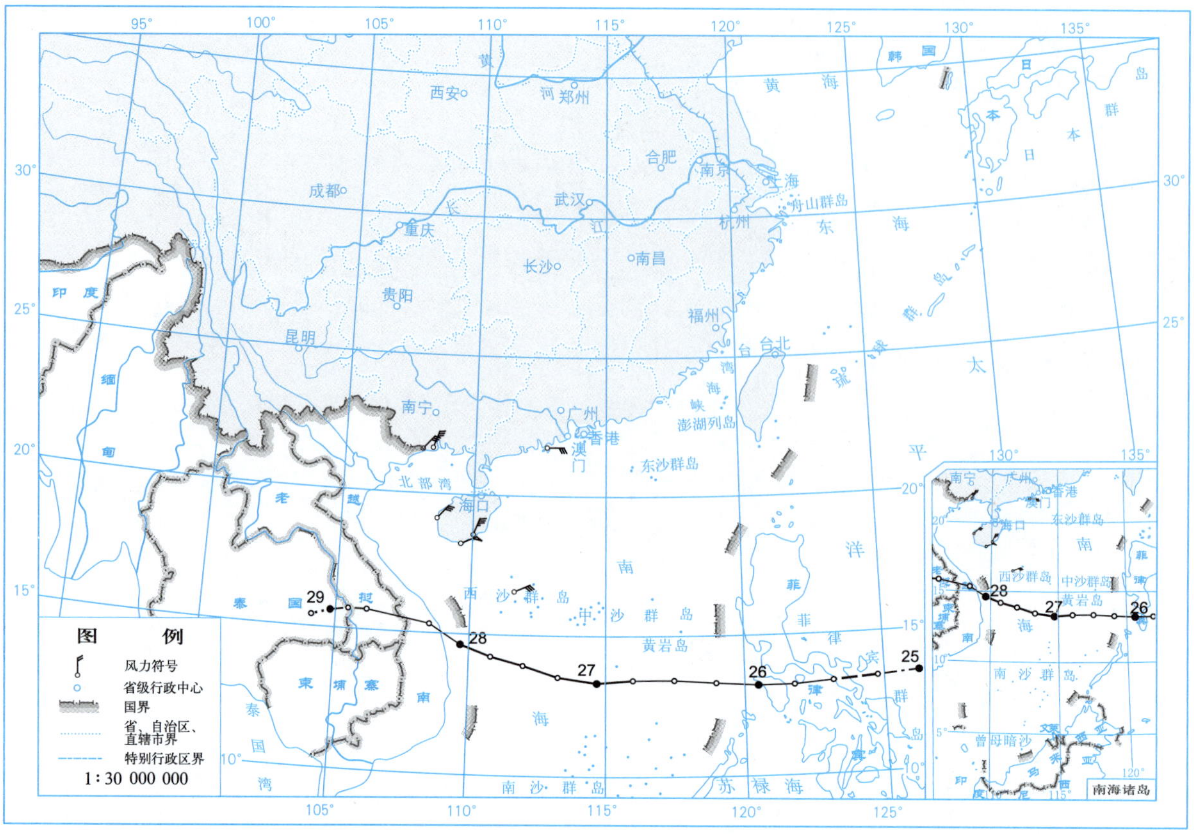

图 2.21.3　2018 号强台风“莫拉菲”（Molave）大风分布图（10 月 27—29 日）

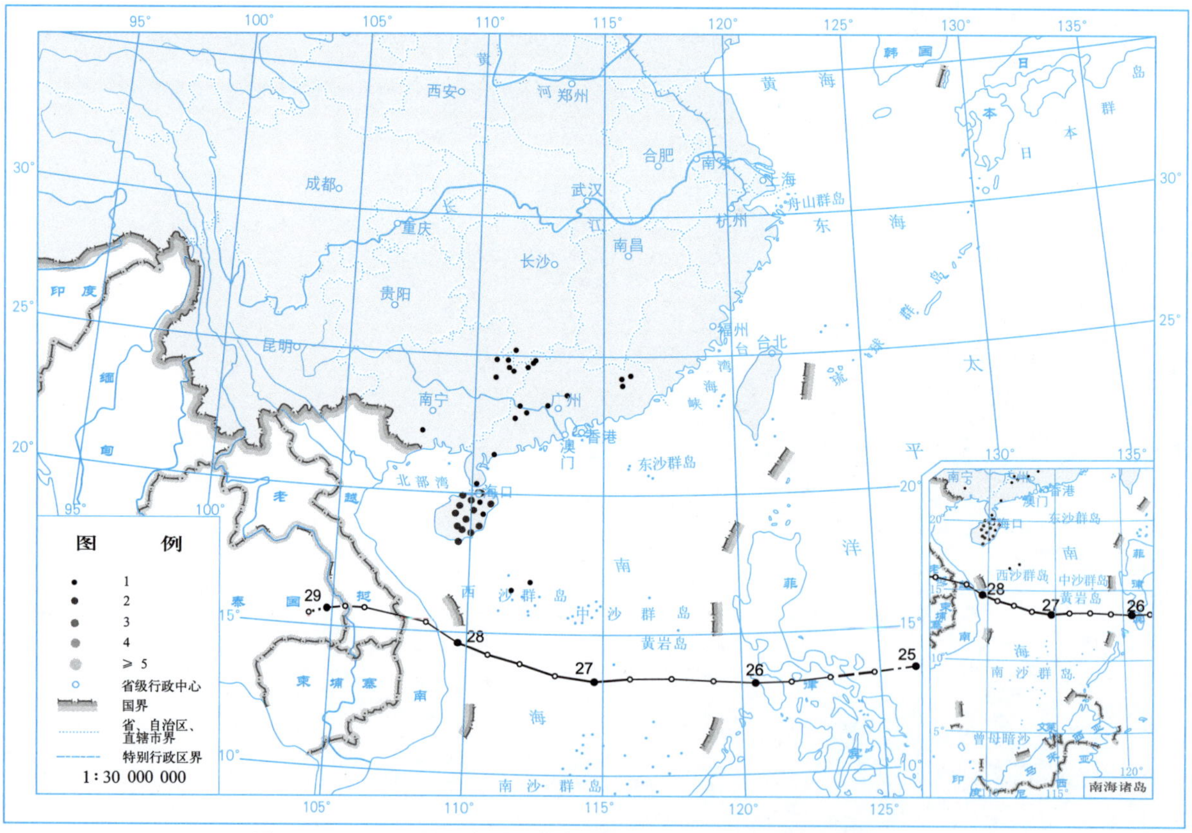

图 2.21.4　2018 号强台风“莫拉菲”（Molave）总降水日数图（d）

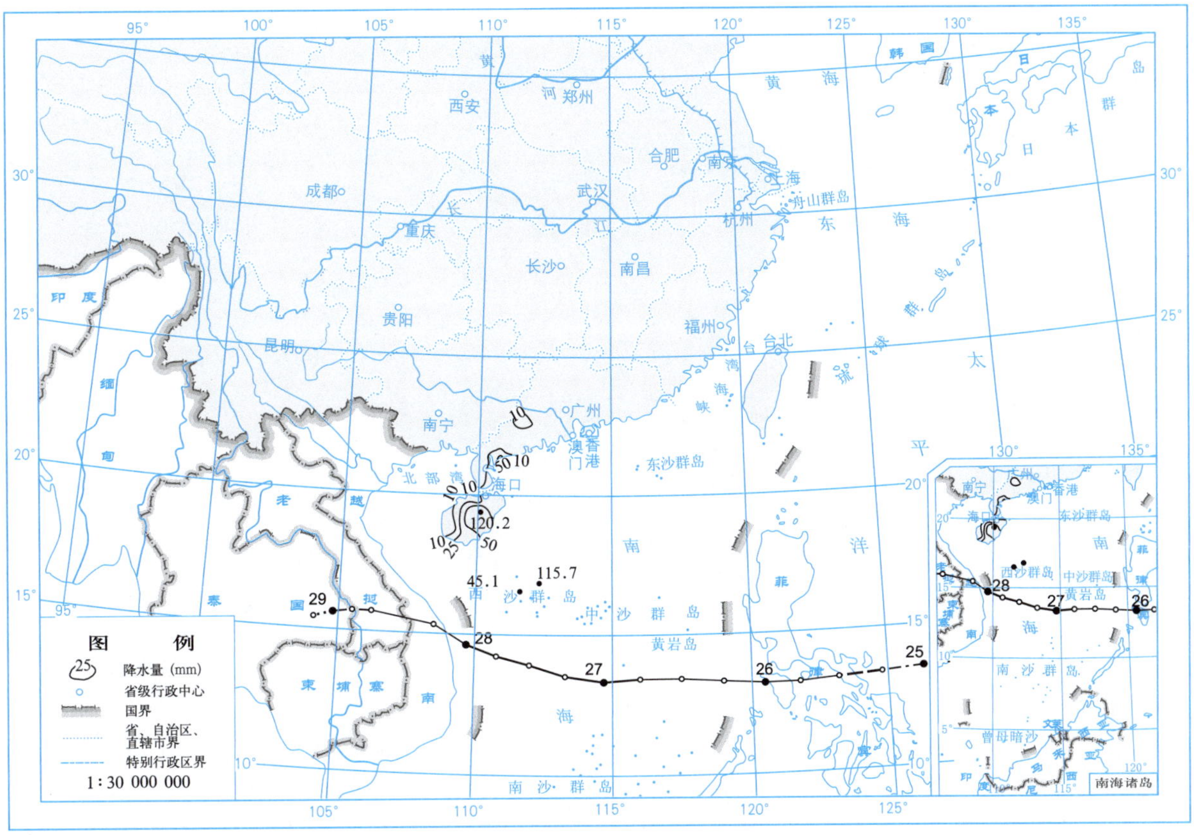

图 2.21.5　2020 年 10 月 28 日降水量图（mm）

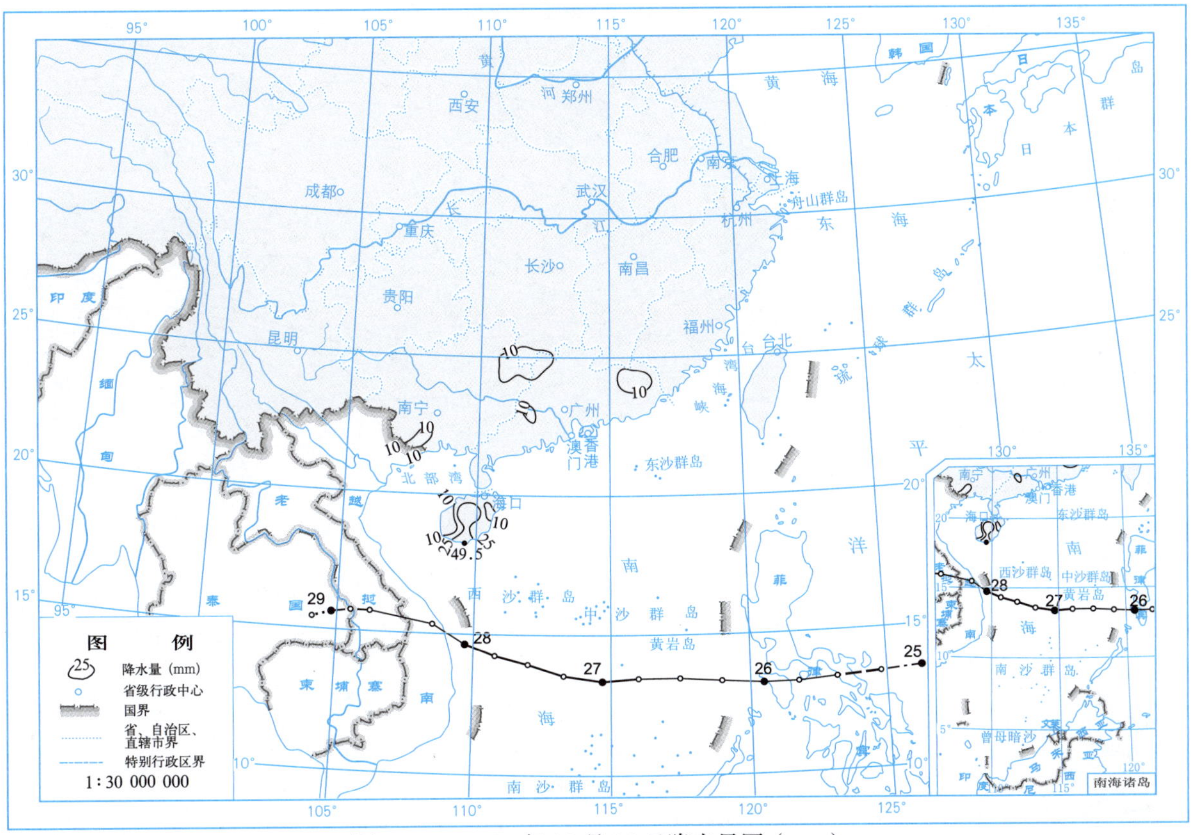

图 2.21.6　2020 年 10 月 29 日降水量图（mm）

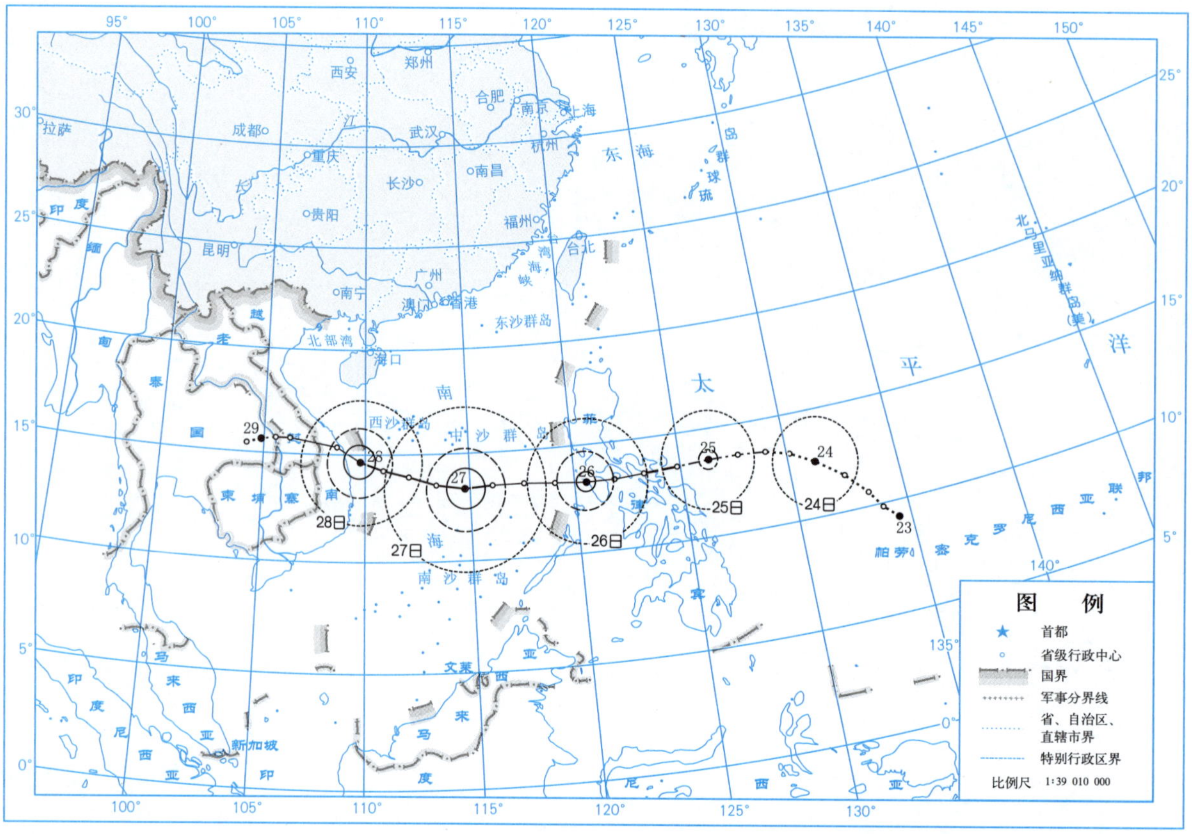

图 2.21.7 2018 号强台风“莫拉菲”（Molave）大风区域演变图

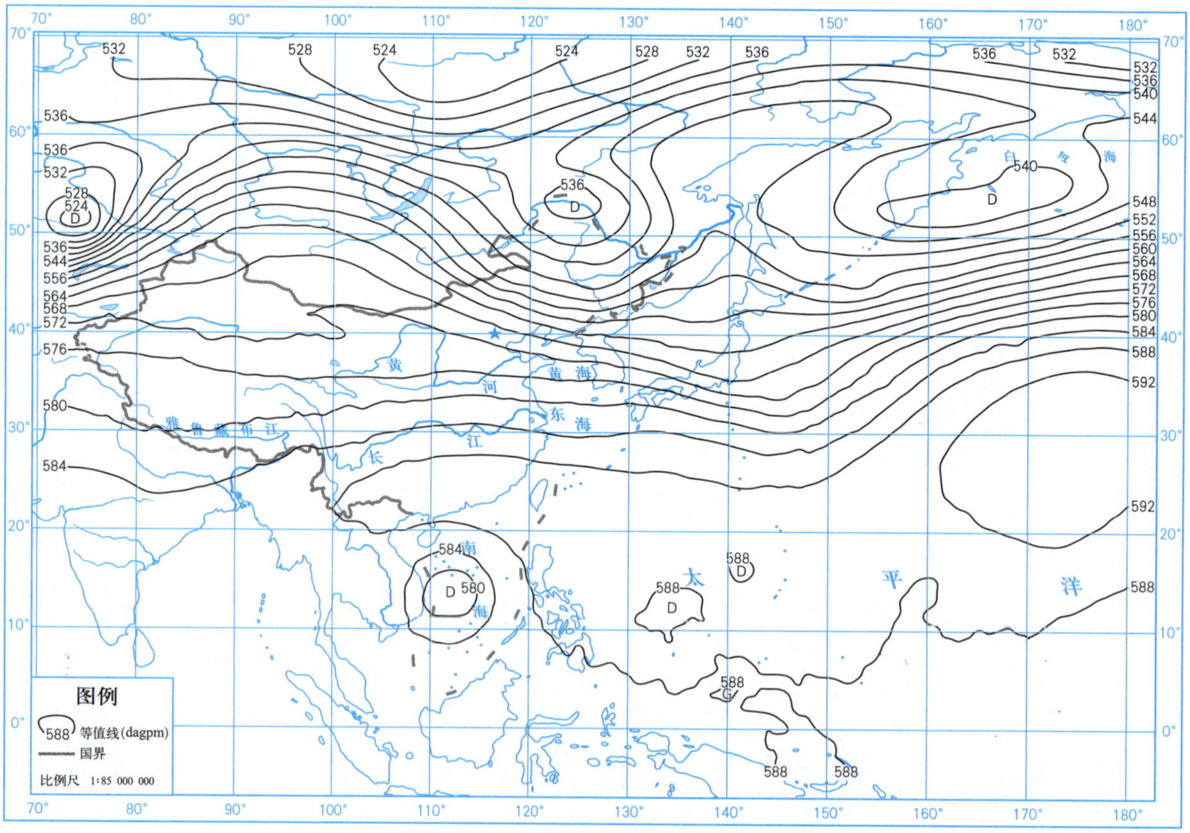

图 2.21.8 2020 年 10 月 27 日 20 时 500 hPa 高度场图

2.22　超强台风“天鹅”（Goni）

第 2019 号超强台风“天鹅”是由 10 月 26 日夜间位于美国关岛以西约 290 km 的西北太平洋洋面上一个热带低压发展形成。形成后低压中心向偏北方向移动，次日夜间折向偏西，28 日夜间增强为热带风暴，之后快速增强，29 日持续增强为台风，次日凌晨继续增强为强台风，早晨进一步增强至超强台风。尔后，超强台风“天鹅”转向西南方向移动，移速加快，于 11 月 1 日凌晨达到其生命史最大强度，近中心最大风速为 70 m/s，中心最低气压为 900 hPa。随后，“天鹅”以超强台风级别在菲律宾卡坦瑞内斯岛沿海登陆，尔后快速穿过菲律宾群岛，强度快速减弱，2 日凌晨减弱为强热带风暴，并进入南海海域，之后强度继续减弱为热带风暴，并一路西行，移速减慢。5 日夜间“天鹅”减弱为热带低压，并靠近越南沿海，于次日上午登陆越南平定省沿海，下午快速在越南境内减弱消散。

受超强台风“天鹅”影响，11 月 5—6 日，海南三亚出现最大风力 6 级（12.7 m/s）、阵风 8 级（18.6 m/s），为本次超强台风影响过程风极值。

超强台风“天鹅”带来的降雨主要集中在海南珊瑚和西沙，11 月 2—6 日，海南局部总雨量为 10 ~ 44 mm；其中，海南珊瑚总雨量 43.8 mm，为本次超强台风影响过程总雨量极值；海南西沙 4 日雨量 33.3 mm，为本次超强台风影响过程日雨量极值。

超强台风“天鹅”是 2020 年强度最强的热带气旋，但与海南岛有一定的距离，风雨影响主要集中在海南珊瑚和西沙，没有造成灾情。

表 2.22.1 是超强台风“天鹅”的中心位置和强度。图 2.22.1 ~ 图 2.22.7 分别是超强台风“天鹅”的路径图、总降水量图、大风分布图、总降水日数图、2020 年 11 月 4 日的日降水量图、大风区域演变图和 2020 年 11 月 1 日 02 时 500 hPa 高度场图。

表 2.22.1　2019 号超强台风“天鹅”（Goni）中心位置和强度

10 月 26 日—11 月 6 日

年	月	日	时	中心位置		中心气压（hPa）	中心风速（m/s）
				北纬（°N）	东经（°E）		
2020	10	26	20	13.4	141.9	1002	13
	10	27	02	14.4	141.8	1002	13
	10	27	08	15.4	141.7	1002	13
	10	27	14	15.9	141.6	1000	15
	10	27	20	16.3	141.2	1000	15
	10	28	02	16.6	140.7	1000	15
	10	28	08	16.6	140.1	1000	15
	10	28	14	16.6	139.4	1000	15

（续表）

年	月	日	时	中心位置		中心气压（hPa）	中心风速（m/s）
				北纬（°N）	东经（°E）		
2020	10	28	20	16.6	138.6	1000	18
	10	29	02	16.7	137.8	990	23
	10	29	08	16.7	136.9	985	25
	10	29	14	16.7	135.9	982	28
	10	29	20	16.6	134.6	965	38
	10	30	02	16.4	133.5	945	48
	10	30	08	16.3	132.7	935	52
	10	30	14	16.3	131.7	915	62
	10	30	20	16.1	130.9	905	68
	10	31	02	15.8	129.9	905	68
	10	31	08	15.3	128.9	905	68
	10	31	14	14.7	127.7	905	68
	10	31	20	14.2	126.5	905	68
	11	1	02	13.7	125.0	900	70
	11	1	08	13.6	123.6	915	58
	11	1	14	13.7	122.4	955	42
	11	1	20	14.3	121.4	975	33
	11	2	02	14.5	120.4	985	28
	11	2	08	14.6	119.1	995	20
	11	2	14	15.0	117.9	998	18
	11	2	20	15.2	116.8	998	18
	11	3	02	15.1	116.0	998	18
	11	3	08	14.9	115.5	998	18
	11	3	14	14.7	115.1	998	18
	11	3	20	14.7	114.6	998	18
	11	4	02	14.5	114.0	998	18
	11	4	08	14.4	113.4	998	18
	11	4	14	14.3	113.1	995	20
	11	4	20	14.3	112.7	995	20

（续表）

年	月	日	时	中心位置		中心气压（hPa）	中心风速（m/s）
				北纬（°N）	东经（°E）		
2020	11	5	02	14.2	112.3	995	20
	11	5	08	14.1	111.8	995	20
	11	5	14	13.9	111.3	998	18
	11	5	20	13.8	110.9	1000	15
	11	6	02	13.9	110.2	1000	15
	11	6	08	14.2	109.2	1002	15
	11	6	14	14.6	107.8	1008	13
消散							

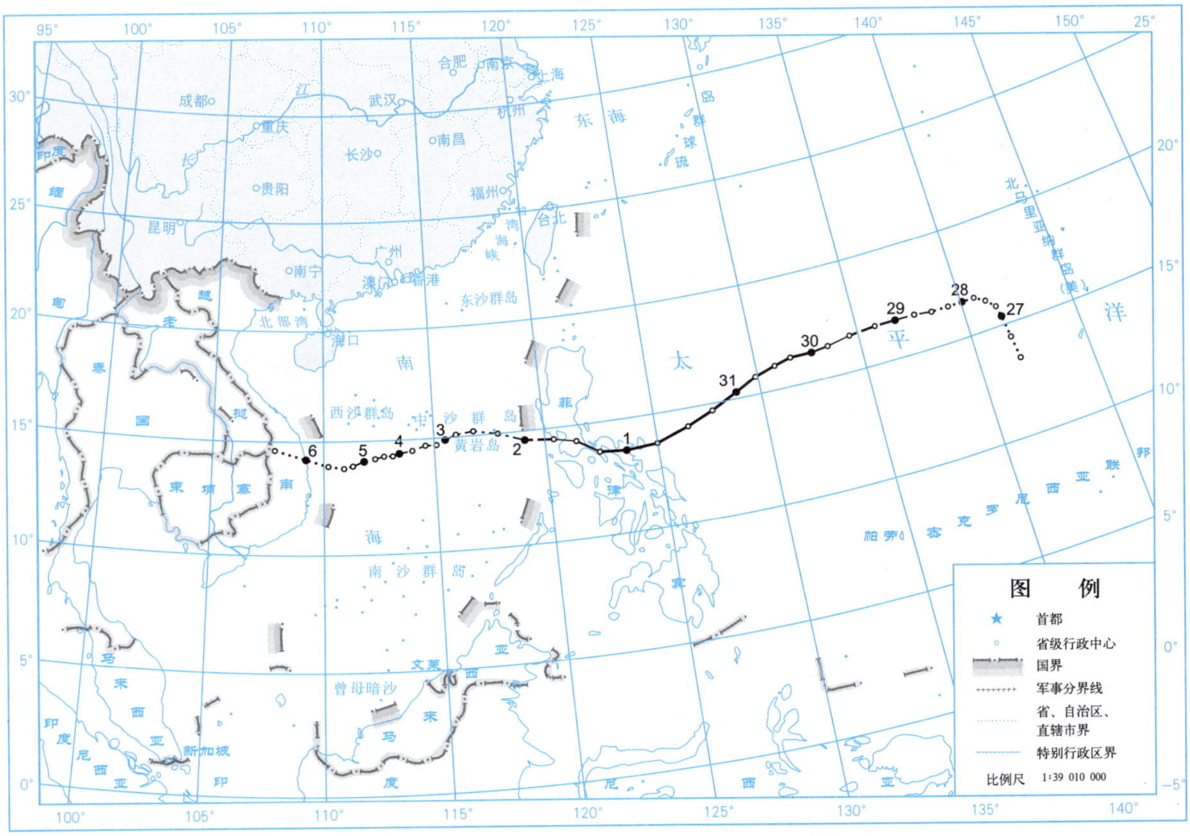

图 2.22.1　2019 号超强台风“天鹅”（Goni）路径图

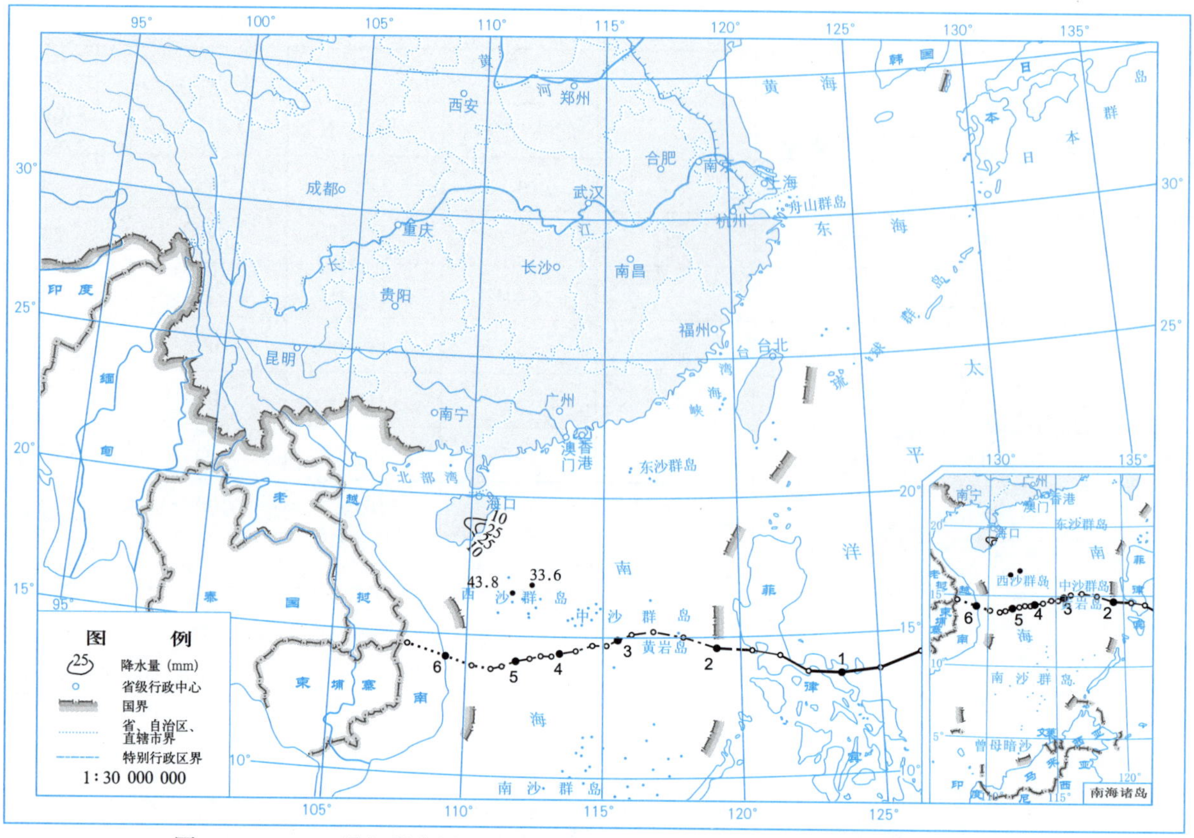

图 2.22.2　2019 号超强台风“天鹅”（Goni）总降水量图（11 月 2—6 日）（mm）

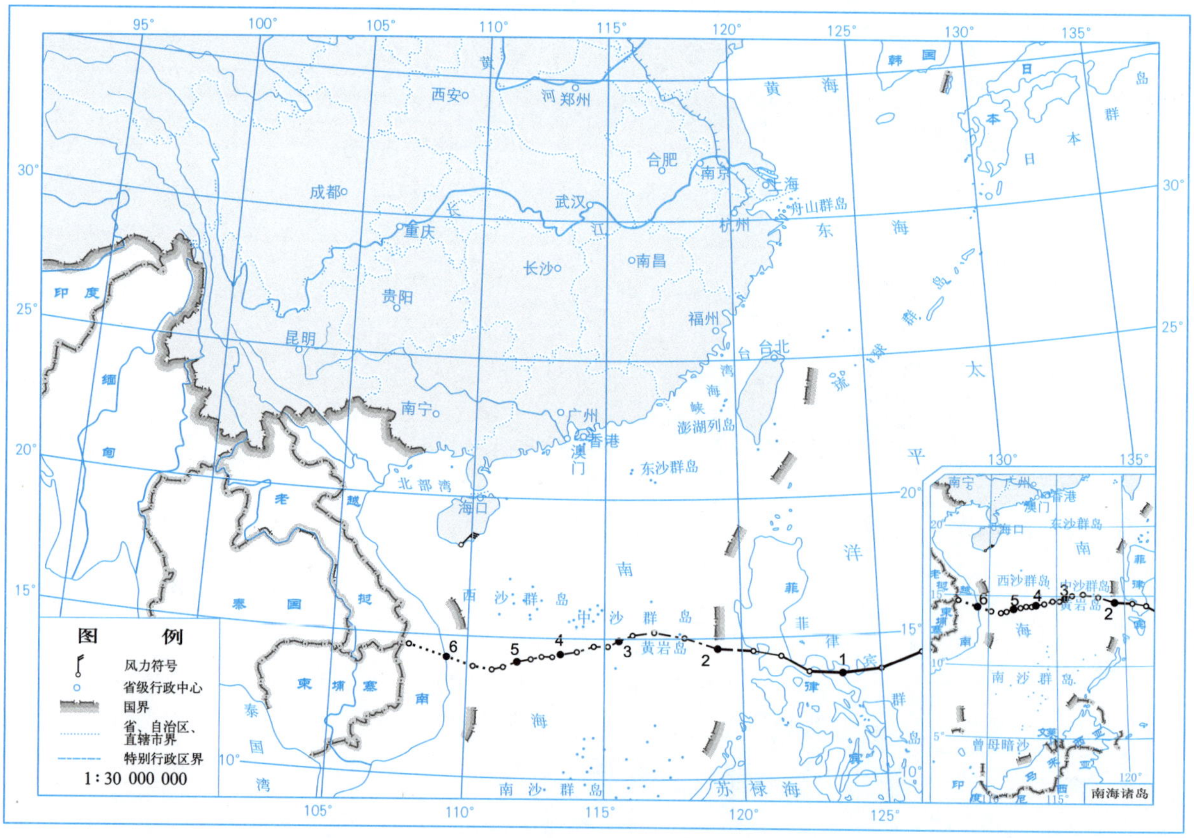

图 2.22.3　2019 号超强台风“天鹅”（Goni）大风分布图（11 月 5—6 日）

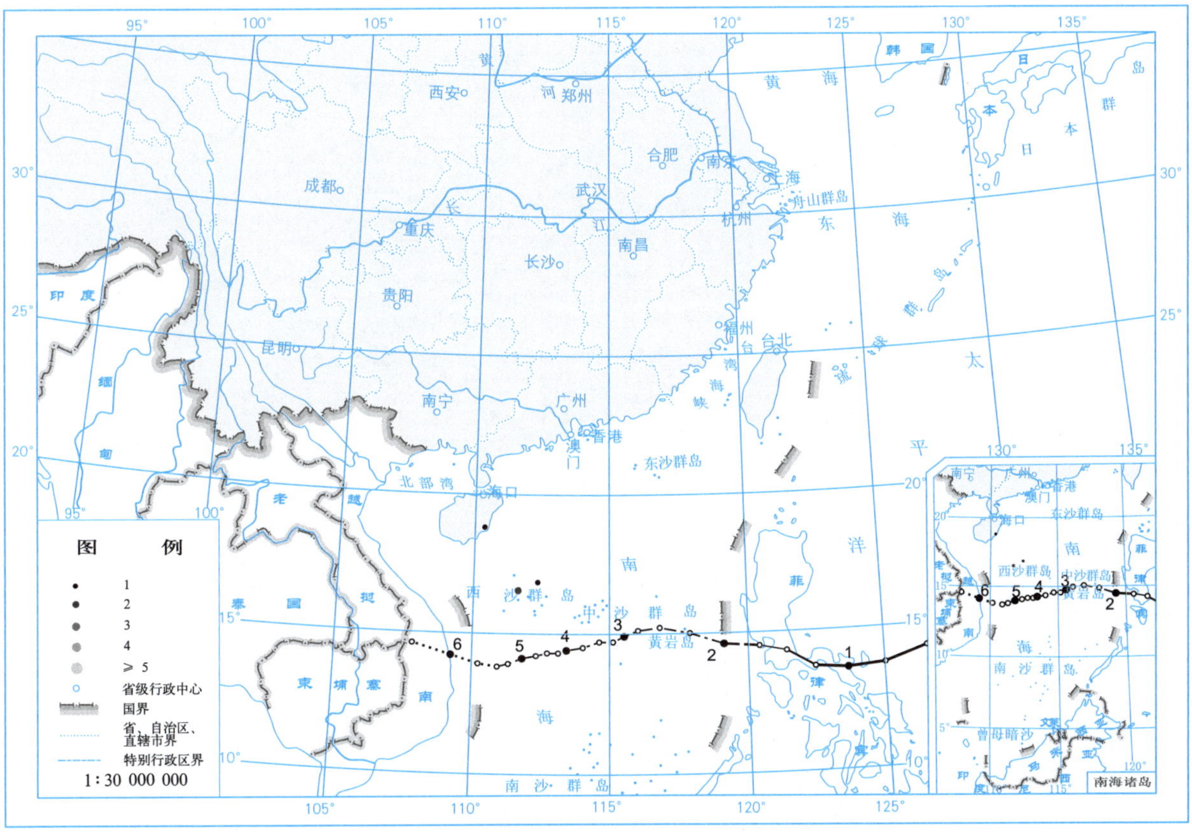

图 2.22.4　2019 号超强台风“天鹅”（Goni）总降水日数图（d）

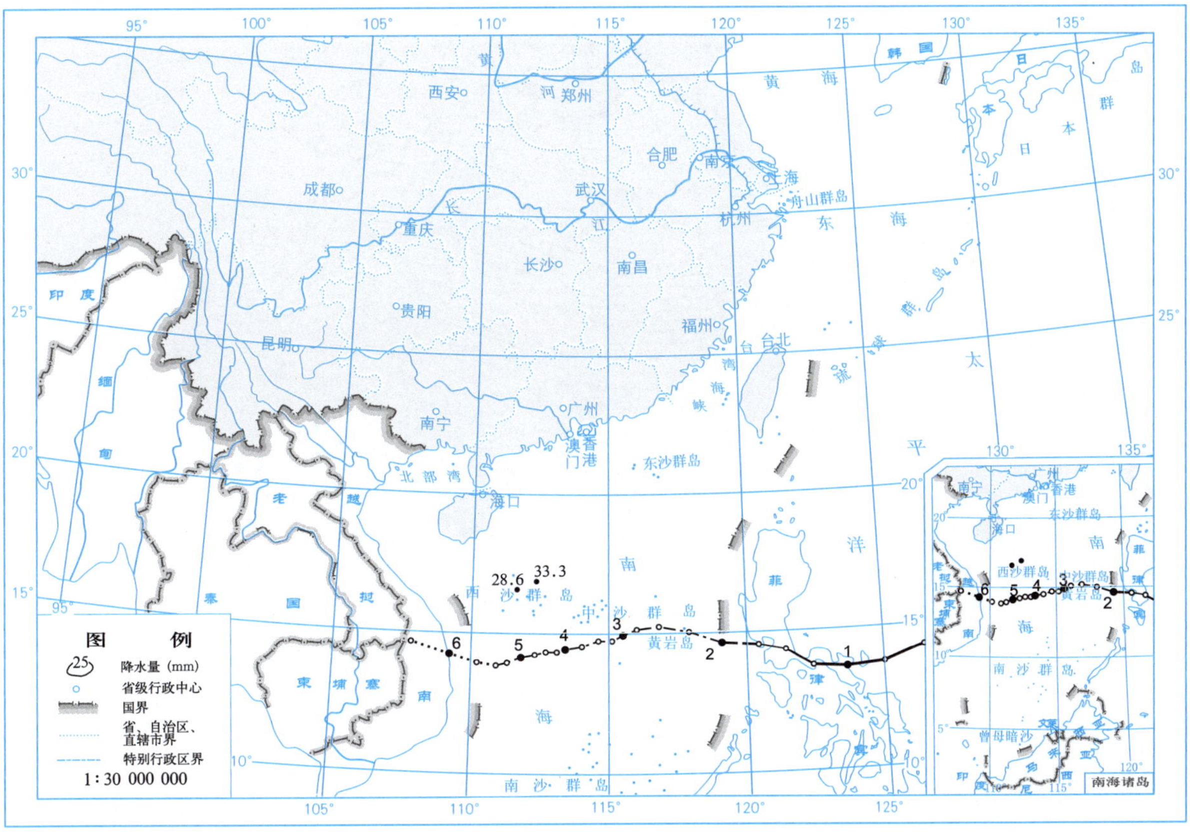

图 2.22.5　2020 年 11 月 4 日降水量图（mm）

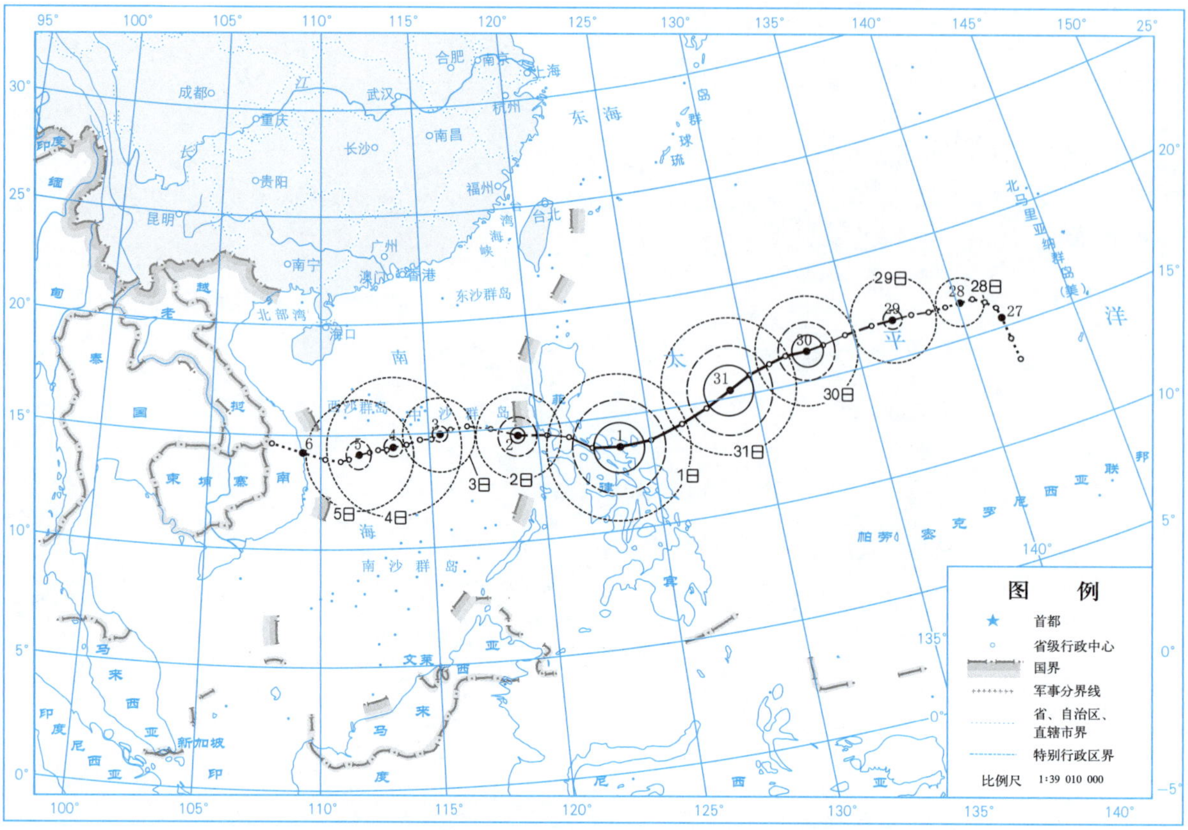

图 2.22.6　2019 号超强台风“天鹅”（Goni）大风区域演变图

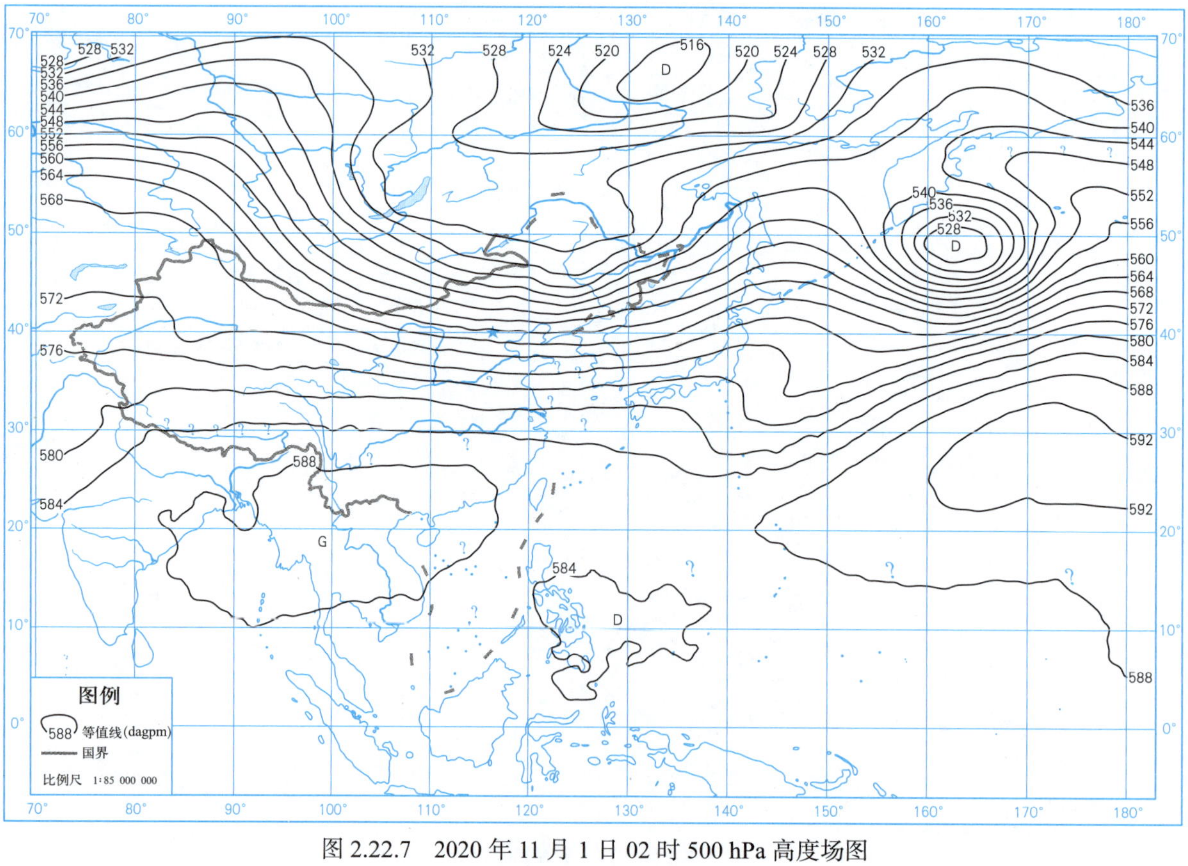

图 2.22.7　2020 年 11 月 1 日 02 时 500 hPa 高度场图

2.23 强热带风暴“艾莎尼”（Atsani）

第 2020 号强热带风暴“艾莎尼”是由 10 月 29 日上午位于霍尔群岛西南约 470 km 的西北太平洋洋面上一个热带低压发展形成。形成后低压中心向北偏西方向移动，次日加大向西移动的分量，11 月 1 日凌晨增强为热带风暴，随后在菲律宾吕宋岛东北约 600 km 的西北太平洋洋面上顺时针缓慢回旋一周后，继续西行，增强为强热带风暴。之后，强热带风暴“艾莎尼”逐渐靠近我国台湾岛，6 日下午擦过台湾岛鹅銮鼻，强度快速减弱，于 7 日夜间在台湾海峡减弱消散。

受强热带风暴“艾莎尼”和冷空气共同影响，11 月 6—7 日，广东上川岛、福建沿海局部及九仙山出现最大风力 6 ~ 7 级、阵风 7 ~ 8 级；其中，福建九仙山出现最大风力 7 级（14.8 m/s）、阵风 8 级（18.8 m/s），福建平潭出现最大风力 5 级（10.5 m/s）、阵风 8 级（20.7 m/s），为本次强热带风暴影响过程风极值。

受其和冷空气共同影响，11 月 6—7 日，福建东部和浙江南部沿海出现小雨。

表 2.23.1 是强热带风暴“艾莎尼”的中心位置和强度。图 2.23.1 ~ 图 2.23.4 分别是强热带风暴“艾莎尼”的路径图、大风分布图、大风区域演变图和 2020 年 11 月 6 日 20 时 500 hPa 高度场图。

表 2.23.1 2020 号强热带风暴“艾莎尼”（Atsani）中心位置和强度

10 月 29 日—11 月 7 日

年	月	日	时	中心位置		中心气压（hPa）	中心风速（m/s）
				北纬（°N）	东经（°E）		
2020	10	29	08	5.3	149.3	1004	13
	10	29	14	6.5	148.8	1004	13
	10	29	20	8.0	148.5	1002	13
	10	30	02	9.3	147.5	1002	15
	10	30	08	10.3	145.6	1002	15
	10	30	14	11.1	143.4	1002	15
	10	30	20	11.6	141.7	1002	15
	10	31	02	12.2	140.5	1002	15
	10	31	08	13.1	139.5	1002	18
	10	31	14	13.9	138.5	1002	23
	10	31	20	14.5	137.5	1002	25
	11	1	02	15.0	136.1	1000	28
	11	1	08	15.6	134.5	1000	38
	11	1	14	16.2	133.0	1000	48

（续表）

年	月	日	时	中心位置		中心气压（hPa）	中心风速（m/s）
				北纬（°N）	东经（°E）		
	11	1	20	16.8	131.7	1000	52
2020	11	2	02	17.5	129.9	1000	62
	11	2	08	18.3	129.0	1000	68
	11	2	14	19.1	128.1	1000	68
	11	2	20	19.5	127.6	1000	68
	11	3	02	19.9	127.1	998	68
	11	3	08	19.9	127.6	998	68
	11	3	14	19.8	128.1	998	70
	11	3	20	19.7	128.5	998	58
	11	4	02	19.7	128.9	998	42
	11	4	08	19.9	129.2	995	33
	11	4	14	20.3	129.1	995	28
	11	4	20	20.3	128.7	988	20
	11	5	02	20.0	128	990	18
	11	5	08	20.1	126.7	990	18
	11	5	14	20.4	125.4	990	18
	11	5	20	20.7	124.2	990	18
	11	6	02	20.7	122.9	990	18
	11	6	08	21.0	121.9	990	18
	11	6	14	21.4	121.0	990	18
	11	6	20	21.8	120.3	990	18
	11	7	02	22.2	119.8	990	20
	11	7	08	22.6	119.4	988	20
	11	7	14	22.7	119.1	998	20
	11	7	20	22.6	118.8	1002	20
消散							

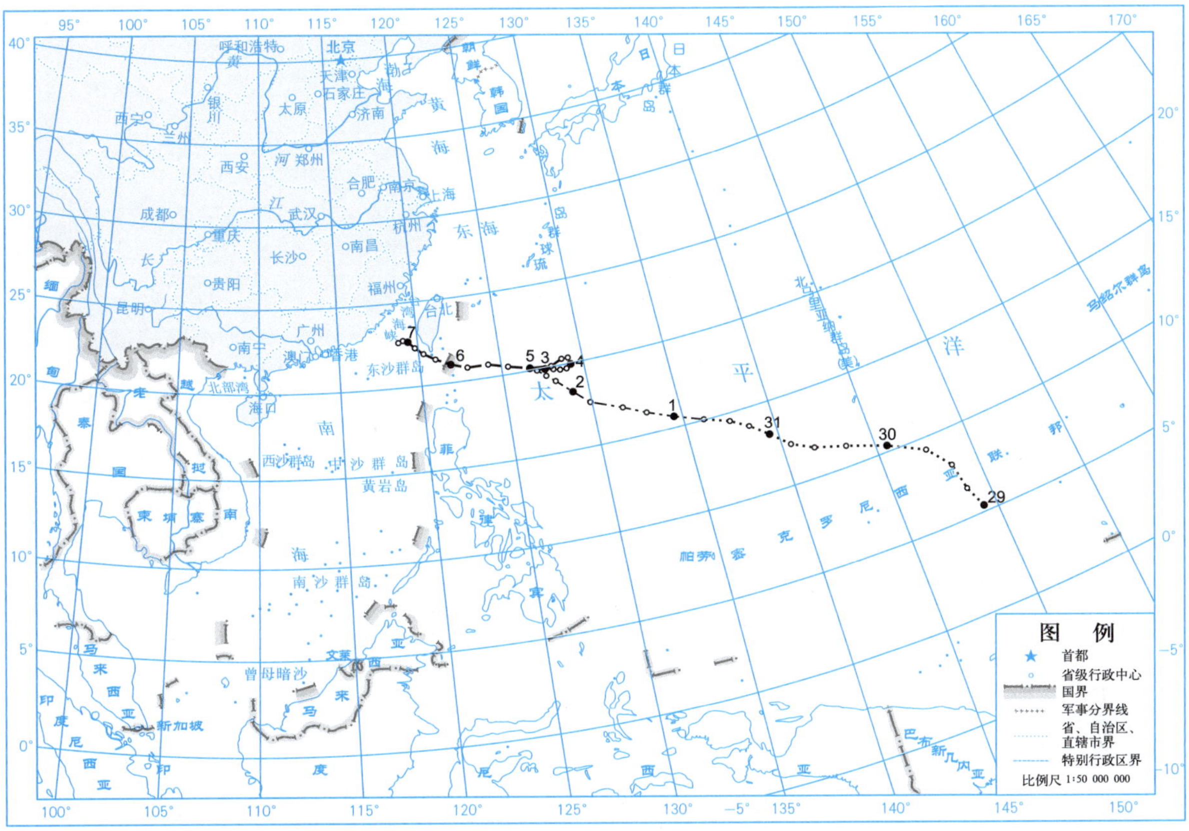

图 2.23.1 2020号强热带风暴“艾莎尼”（Atsani）路径图

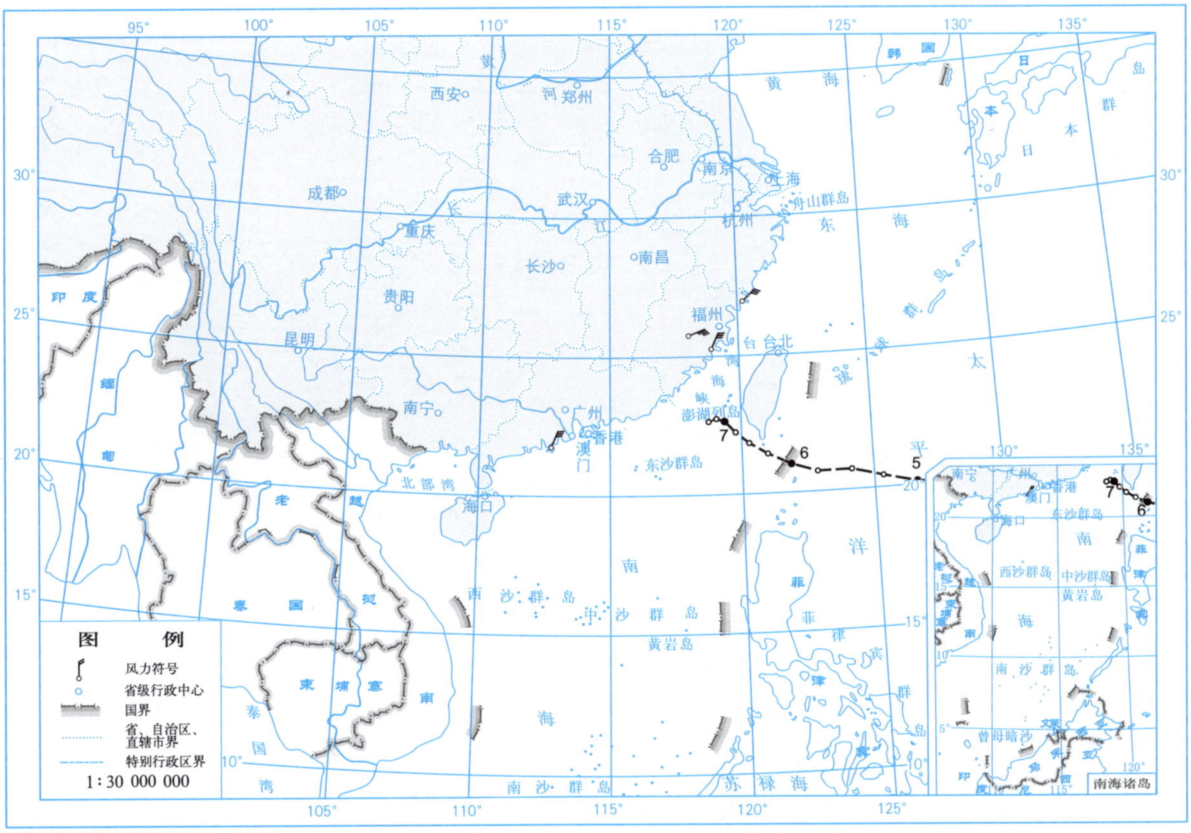

图 2.23.2 2020号强热带风暴“艾莎尼”（Atsani）大风分布图（11月6—7日）

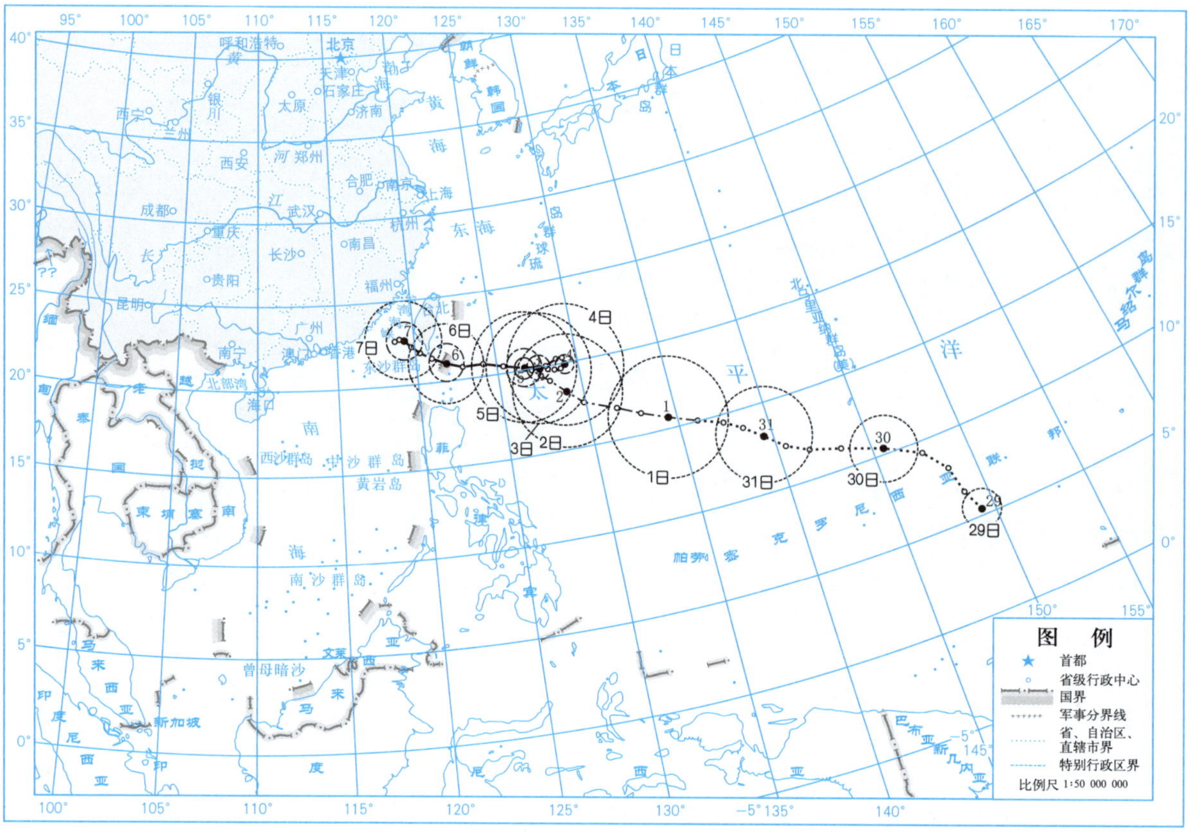

图 2.23.3　2020 号强热带风暴“艾莎尼”（Atsani）大风区域演变图

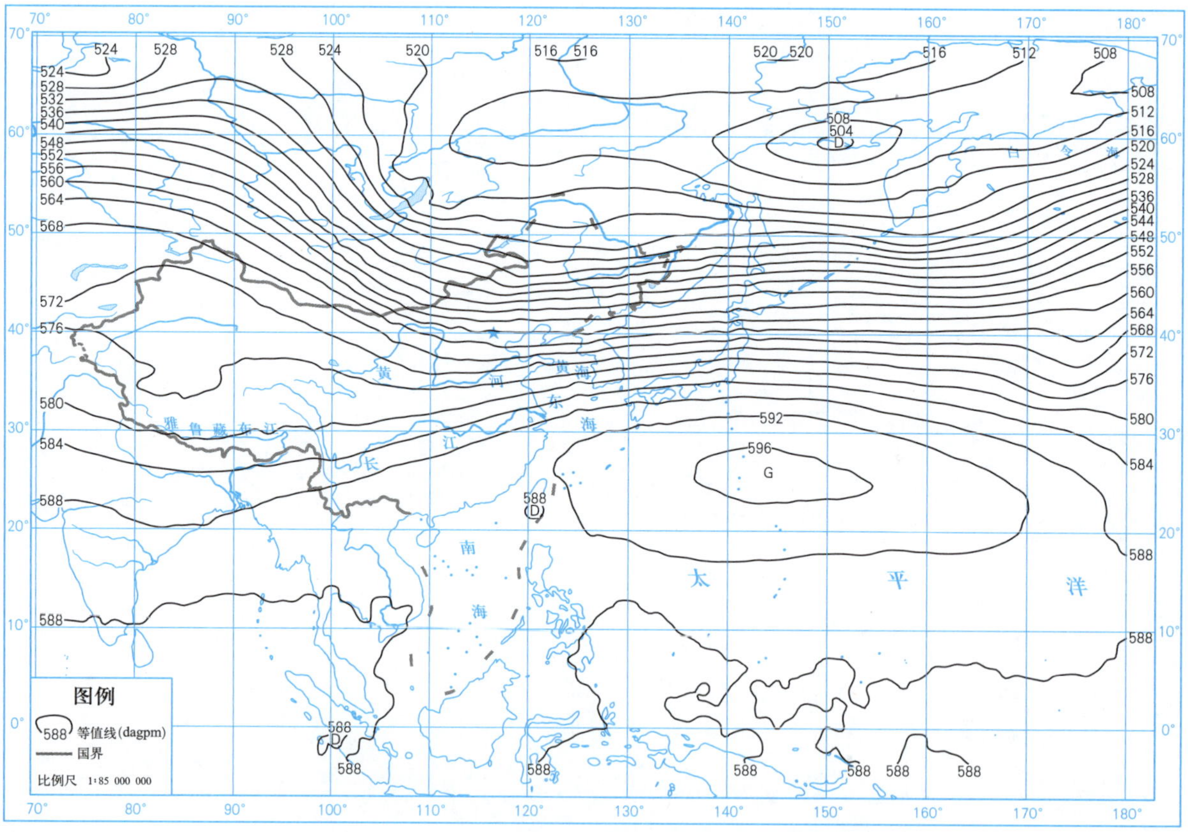

图 2.23.4　2020 年 11 月 6 日 20 时 500 hPa 高度场图

2.24 强热带风暴“艾涛”(Etau)

第 2021 号强热带风暴“艾涛”是由 11 月 7 日上午位于菲律宾棉兰老岛东北约 390 km 的西北太平洋洋面上一个热带低压发展形成。形成后低压中心快速向西偏北方向移动，随后穿过菲律宾群岛，8 日凌晨转向西偏南，下午进入南海海域，并加大向西移动的分量。9 日凌晨“艾涛”加强为热带风暴，次日凌晨短暂加强为强热带风暴后，强度开始减弱，移速减慢，逐渐接近越南沿海，于 10 日下午登陆越南庆和省沿海。登陆后，“艾涛”减弱为低压，缓慢西行，于 11 日在柬埔寨境内减弱消散。

受强热带风暴“艾涛”影响，11 月 10 日，海南三亚出现最大风力 7 级（15.9 m/s）、阵风 10 级（25.7 m/s），为本次强热带风暴影响过程风极值。

受其影响，11 月 8—10 日，海南西沙和珊瑚总雨量为 30 ~ 42 mm。海南珊瑚总雨量 41.5 mm，9 日雨量 33.5 mm，9 日 19 时雨量 11.8 mm，分别为本次强热带风暴影响过程总雨量、日雨量和时雨量极值。

表 2.24.1 是强热带风暴“艾涛”的中心位置和强度。图 2.24.1 ~ 图 2.24.6 分别是强热带风暴“艾涛”的路径图、总降水量图、大风分布图、总降水日数图、大风区域演变图和 2020 年 11 月 10 日 02 时 500 hPa 高度场图。

表 2.24.1 2021 号强热带风暴“艾涛”(Etau) 中心位置和强度

11 月 7—11 日

年	月	日	时	中心位置		中心气压（hPa）	中心风速（m/s）
				北纬（°N）	东经（°E）		
2020	11	7	08	10.8	129.1	1006	13
	11	7	14	11.8	127.0	1006	13
	11	7	20	12.6	124.4	1004	13
	11	8	02	12.8	122.9	1004	13
	11	8	08	12.2	121.5	1004	13
	11	8	14	11.8	120.1	1004	13
	11	8	20	12.5	117.8	1000	15
	11	9	02	12.9	115.4	998	18
	11	9	08	12.9	113.4	995	20
	11	9	14	12.8	111.9	990	23
	11	9	20	12.5	111.1	990	23
	11	10	02	12.3	110.5	985	25

（续表）

年	月	日	时	中心位置		中心气压（hPa）	中心风速（m/s）
				北纬（°N）	东经（°E）		
2020	11	10	08	12.3	109.9	990	23
	11	10	14	12.6	109.2	998	18
	11	10	20	12.6	107.4	1000	15
	11	11	02	12.6	106.5	1002	13
	11	11	08	12.8	105.6	1005	10
	11	11	14	12.9	104.5	1005	10

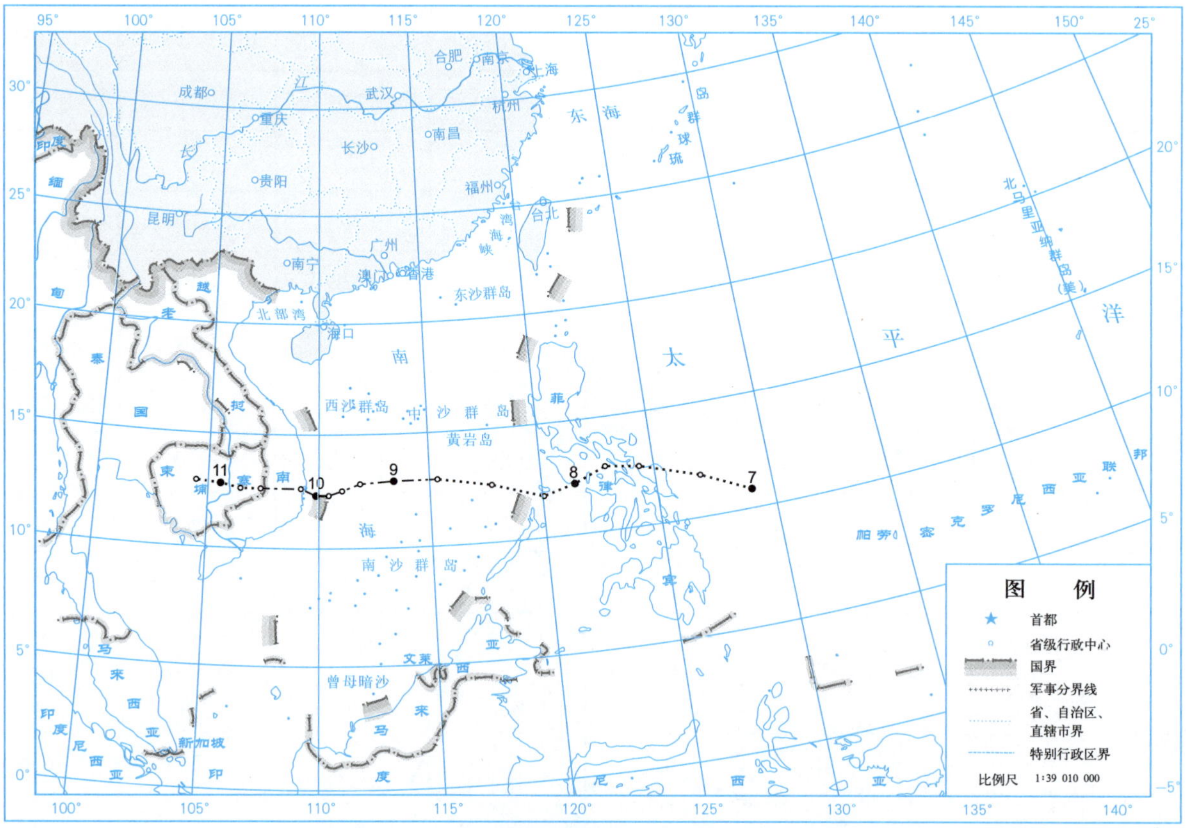

图 2.24.1　2021 号强热带风暴“艾涛”（Etau）路径图

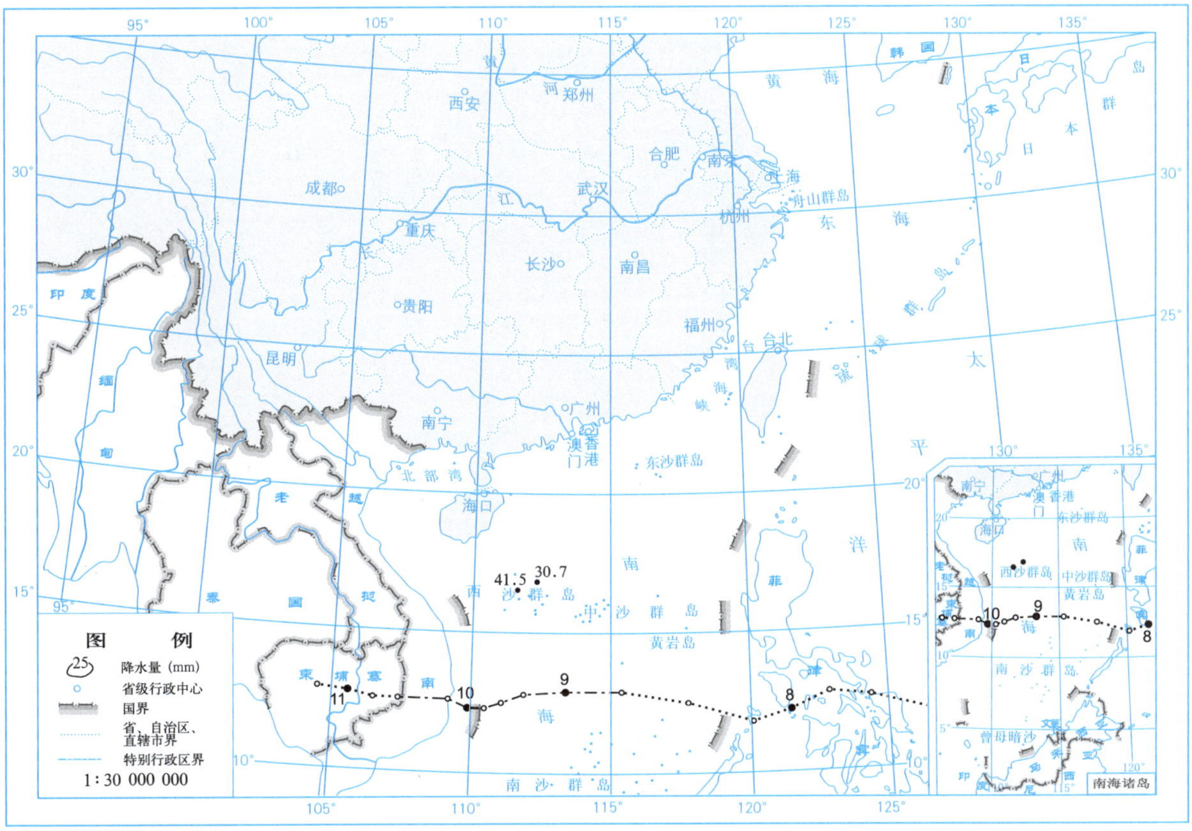

图 2.24.2 2021 号强热带风暴“艾涛”（Etau）总降水量图（11 月 8—10 日）（mm）

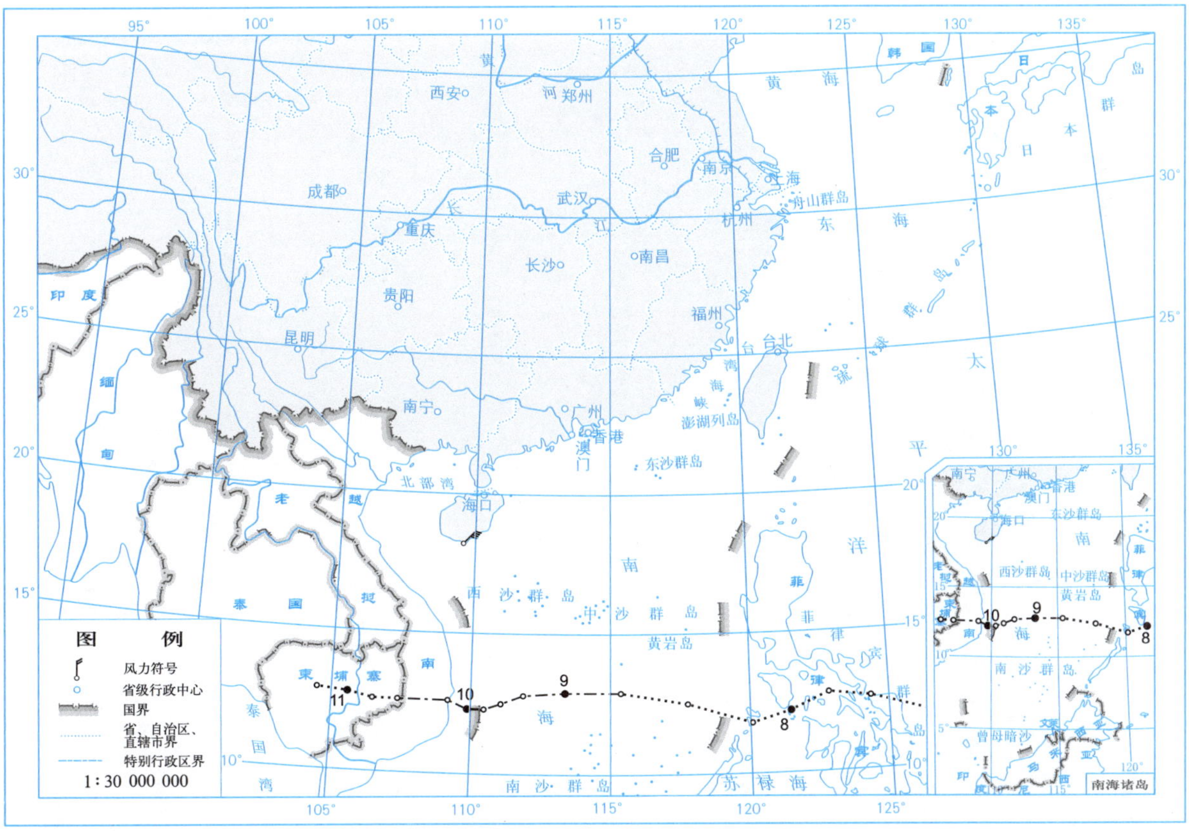

图 2.24.3 2021 号强热带风暴“艾涛”（Etau）大风分布图（11 月 10 日）

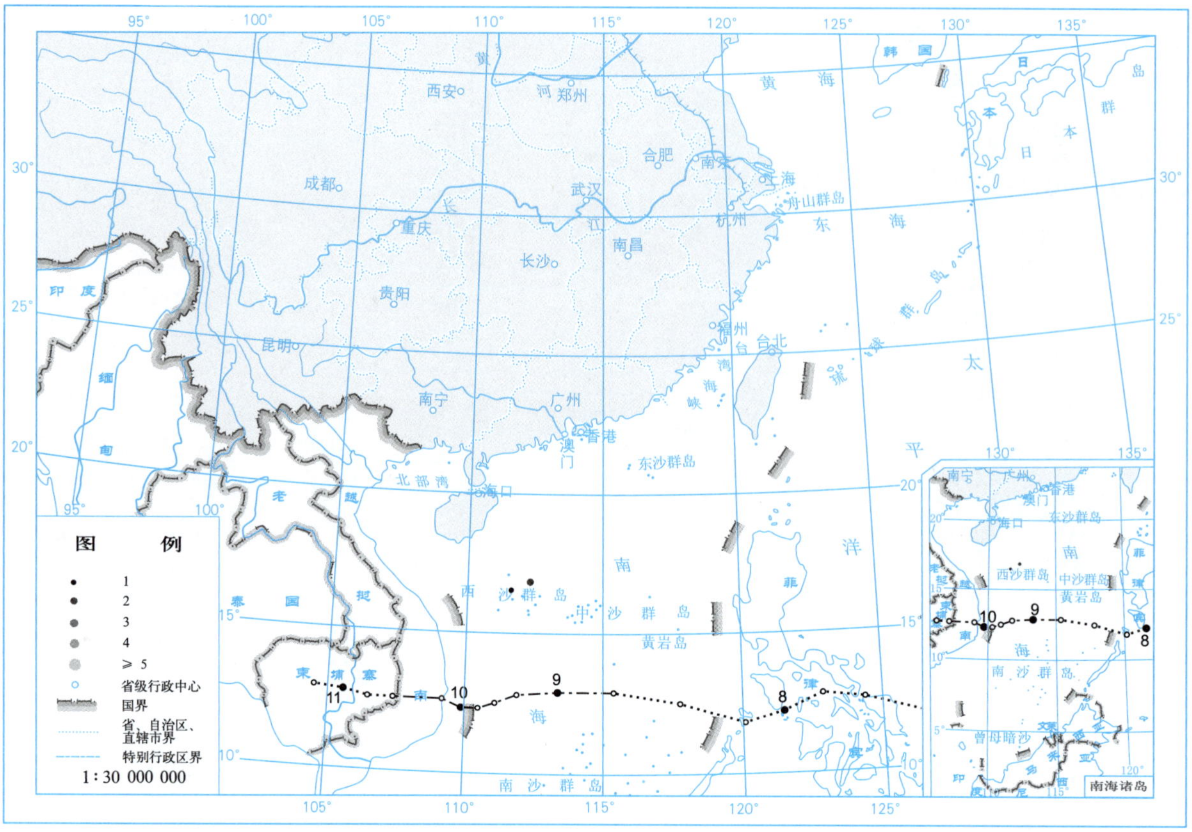

图 2.24.4　22021 号强热带风暴“艾涛”（Etau）总降水日数图（d）

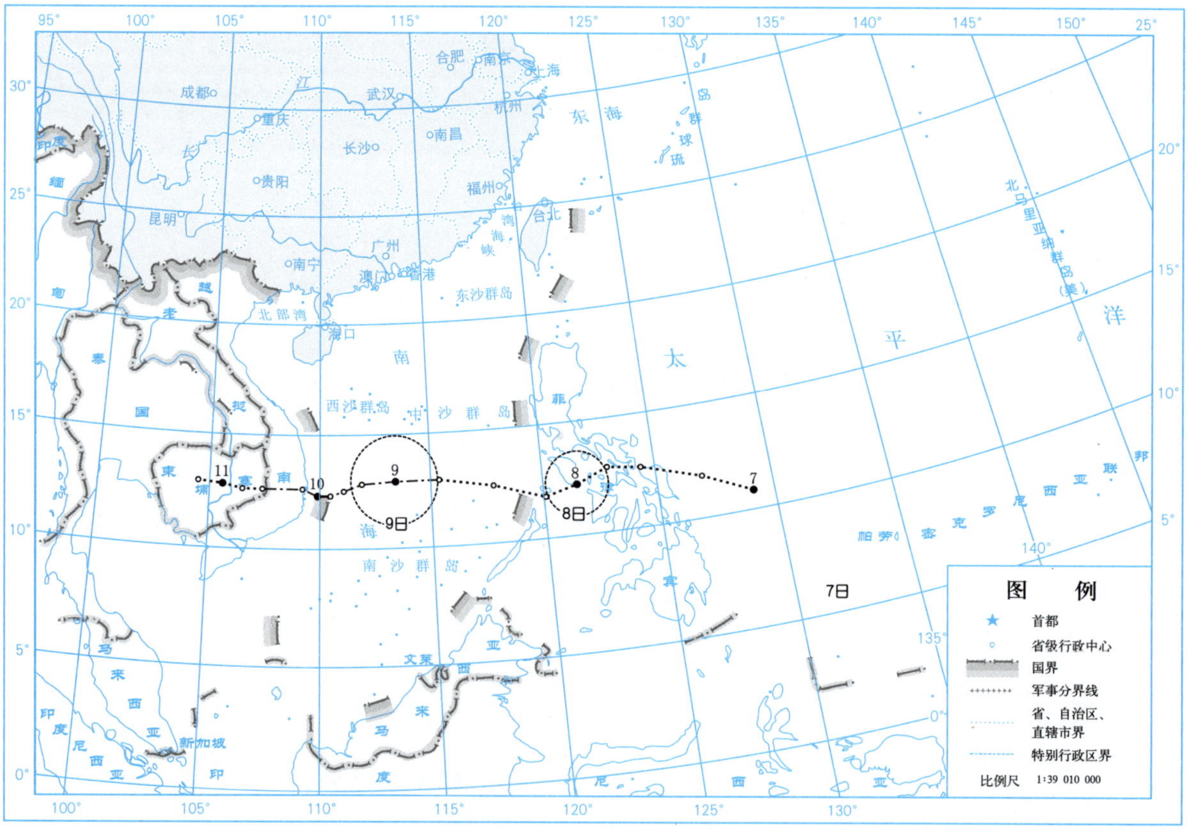

图 2.24.5　2021 号强热带风暴“艾涛”（Etau）大风区域演变图

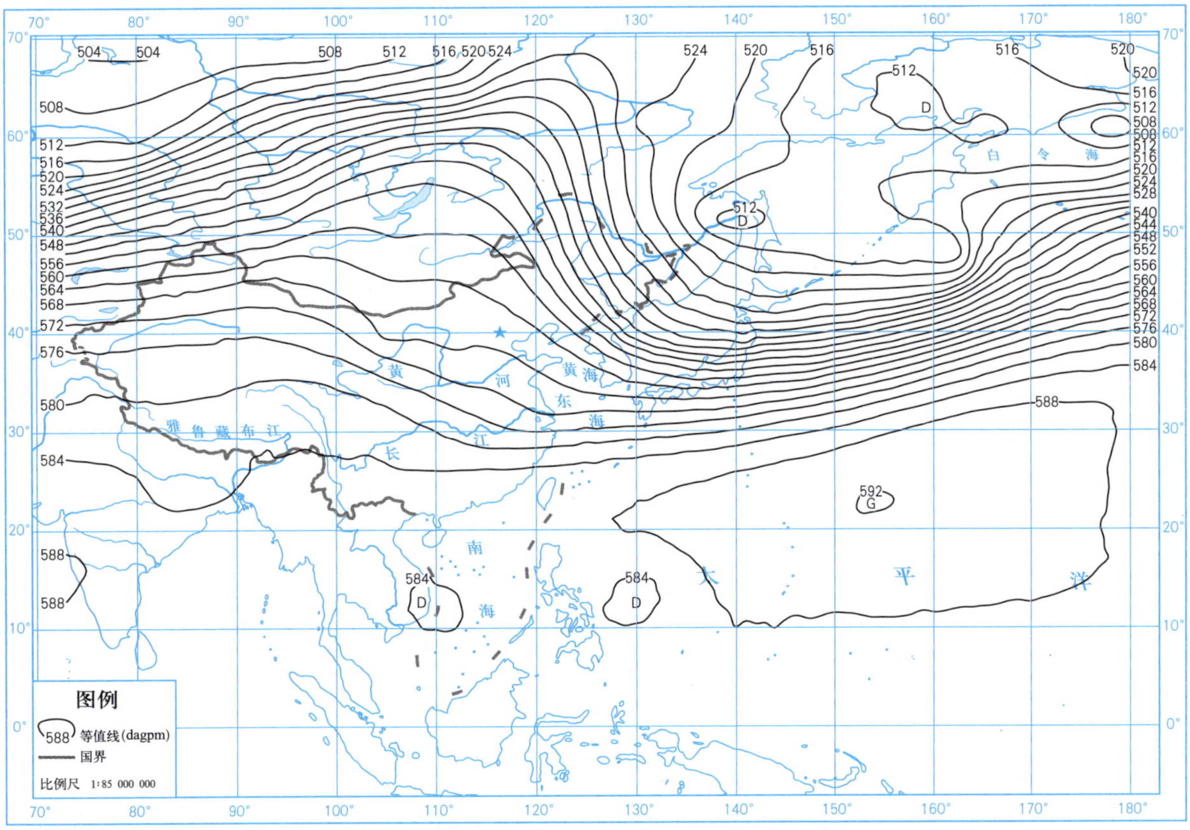

图 2.24.6　2020 年 11 月 10 日 02 时 500 hPa 高度场图

2.25 强台风“环高”（Vamco）

第 2022 号强台风“环高”是由 11 月 8 日早晨位于美国关岛西南约 1270 km 的西北太平洋洋面上一个热带低压发展形成。形成后低压中心向西北方向移动，次日下午增强为热带风暴，10 日夜间继续增强为强热带风暴，并逐渐转向偏西。随后，11 日早晨“环高”进一步增强为台风，夜间增强至强台风，次日凌晨登陆吕宋岛。登陆后，“环高”强度减弱为台风，并快速穿过吕宋岛，进入南海海域，之后继续西行，在中沙群岛附近二次增强为强台风，逐渐转为西北方向移动，靠近越南沿海。15 日起，“环高”持续减弱，至当日下午减弱为强热带风暴，随即在越南广平省沿海登陆，强度继续减弱为热带风暴，16 日凌晨进一步减弱为热带低压，随后快速移至老挝境内减弱消散。

受强台风“环高”影响，11 月 12—15 日，海南西沙和陵水出现最大风力 6 级、阵风 8 ~ 9 级；海南珊瑚出现最大风力 8 级、阵风 11 级，海南三亚出现最大风力 8 级（20.8 m/s）、阵风 12 级（33.0 m/s），为本次强台风影响过程风极值。

受其影响，11 月 12—16 日，海南局部、广西南部局部总雨量为 10 ~ 50 mm；海南大部总雨量为 50 ~ 172 mm；其中，海南乐东总雨量 171.1 mm，15 日雨量 171.1 mm，15 日 06 时雨量 33.0 mm，分别为本次强台风影响过程总雨量、日雨量及时雨量极值。强台风“环高”带来的降水主要集中在 14—15 日，14 日海南海口出现暴雨，西沙和珊瑚大暴雨；15 日海南普降大到暴雨，局部大暴雨。

受强台风“环高”的影响，造成海南省出现了一定程度的灾情。总计受灾人数 0.01 万人，直接经济损失为 0.005 亿元（表 2.25.2）。

表 2.25.1 是强台风“环高”的中心位置和强度。图 2.25.1 ~ 图 2.25.8 分别是强台风“环高”的路径图、总降水量图、大风分布图、总降水日数图、2020 年 11 月 14—15 日各日的日降水量图、大风区域演变图和 2020 年 11 月 14 日 14 时 500 hPa 高度场图。

表 2.25.1 2022 号强台风“环高”（Vamco）中心位置和强度

11 月 8—16 日

年	月	日	时	中心位置		中心气压（hPa）	中心风速（m/s）
				北纬（°N）	东经（°E）		
2020	11	8	08	7.8	134.6	1002	13
	11	8	14	8.8	134.0	1002	13
	11	8	20	9.8	133.4	1000	15
	11	9	02	10.9	132.5	1000	15
	11	9	08	11.5	131.7	1000	15
	11	9	14	11.9	131.0	998	18
	11	9	20	12.3	130.2	998	18
	11	10	02	12.8	129.5	998	18

（续表）

年	月	日	时	中心位置		中心气压（hPa）	中心风速（m/s）
				北纬（°N）	东经（°E）		
2020	11	10	08	13.3	128.7	995	20
	11	10	14	13.8	128.0	990	23
	11	10	20	14.4	126.8	985	25
	11	11	02	14.7	125.8	982	28
	11	11	08	14.7	124.7	975	33
	11	11	14	14.5	123.5	960	40
	11	11	20	14.8	122.6	955	42
	11	12	02	15.2	121.4	955	42
	11	12	08	15.4	120.1	970	35
	11	12	14	15.4	118.5	975	33
	11	12	20	15.3	117.4	975	33
	11	13	02	15.2	116.3	975	33
	11	13	08	15.4	115.3	975	33
	11	13	14	15.5	114.3	970	35
	11	13	20	15.5	113.4	955	42
	11	14	02	15.6	112.4	945	48
	11	14	08	15.7	111.3	945	48
	11	14	14	16.0	110.3	945	48
	11	14	20	16.3	109.4	955	42
	11	15	02	16.7	108.5	970	35
	11	15	08	17.2	107.5	985	28
	11	15	14	17.8	106.5	990	23
	11	15	20	18.4	105.5	998	18
	11	16	02	18.7	104.7	1000	15
	11	16	08	19.7	103.6	1002	13
消散							

表 2.25.2　2022 号强台风“环高”（Vamco）在海南省引发的灾情

受灾省	受灾人口（万人）	死亡人口（人）	失踪人口（人）	紧急转移人口（万人）	农作物		倒塌房屋（万间）	直接经济损失（亿元）
					受灾面积（万公顷）	绝收面积（万公顷）		
海南省	0.01	0	0	0	0	0	0	0.005
合计	0.01	0	0	0	0	0	0	0.005

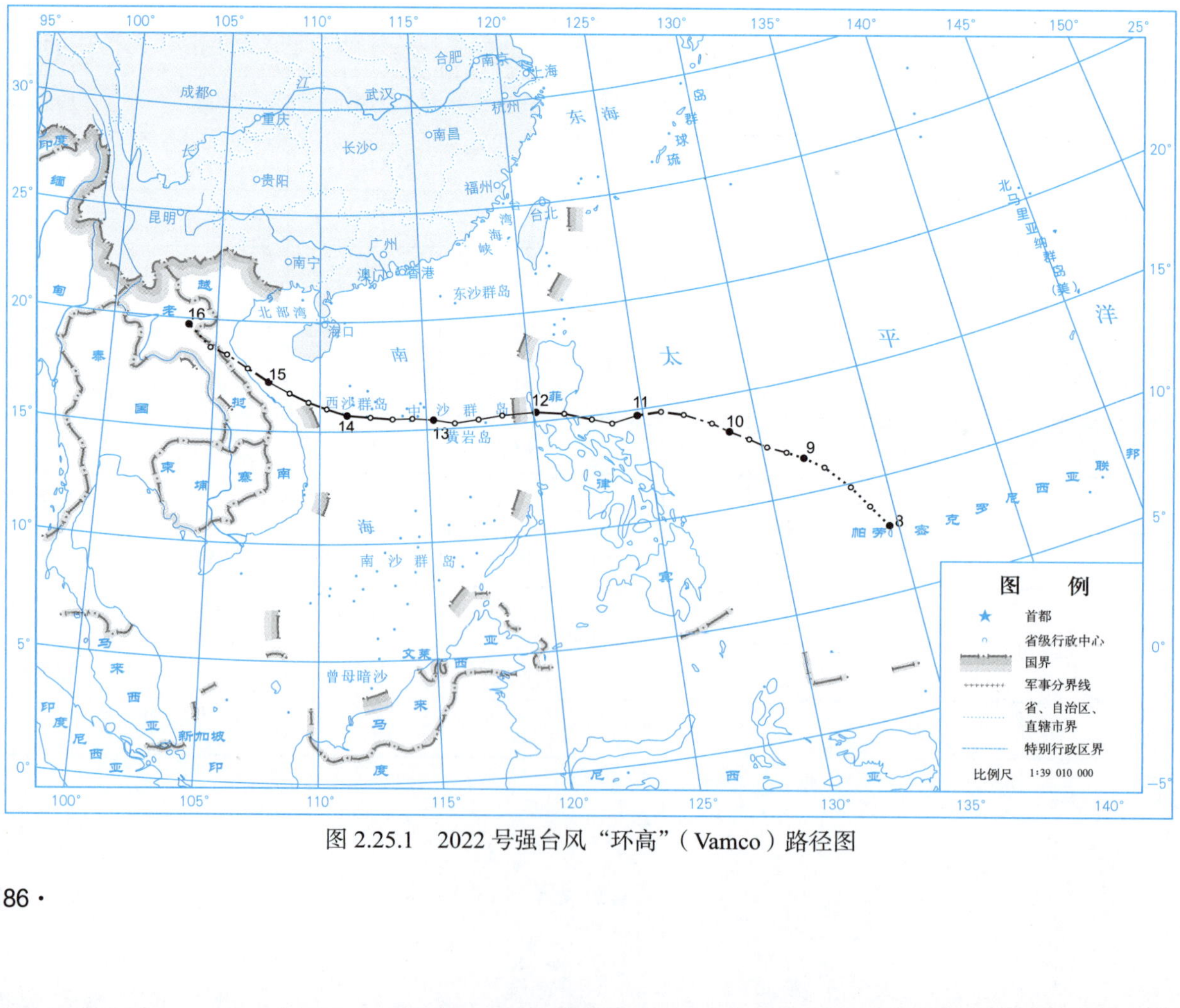

图 2.25.1　2022 号强台风“环高”（Vamco）路径图

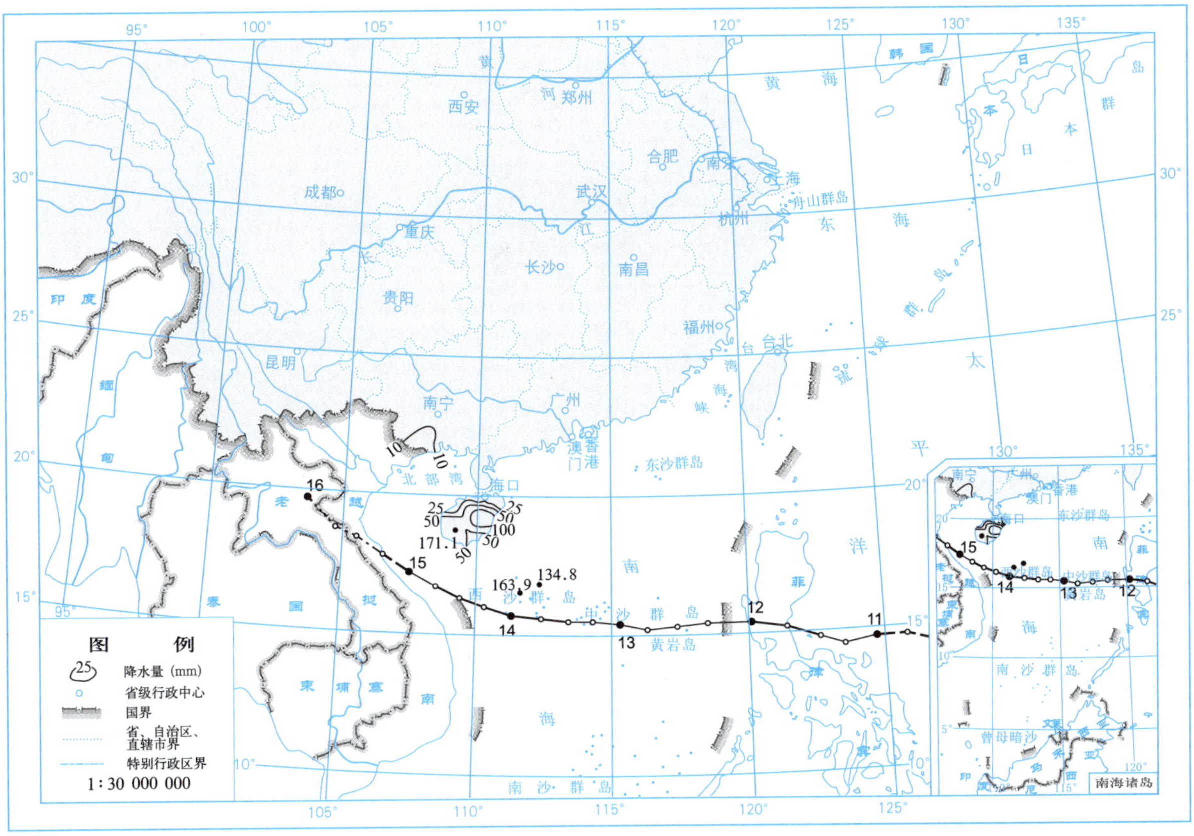

图 2.25.2　2022 号强台风“环高”（Vamco）总降水量图（11 月 12—16 日）（mm）

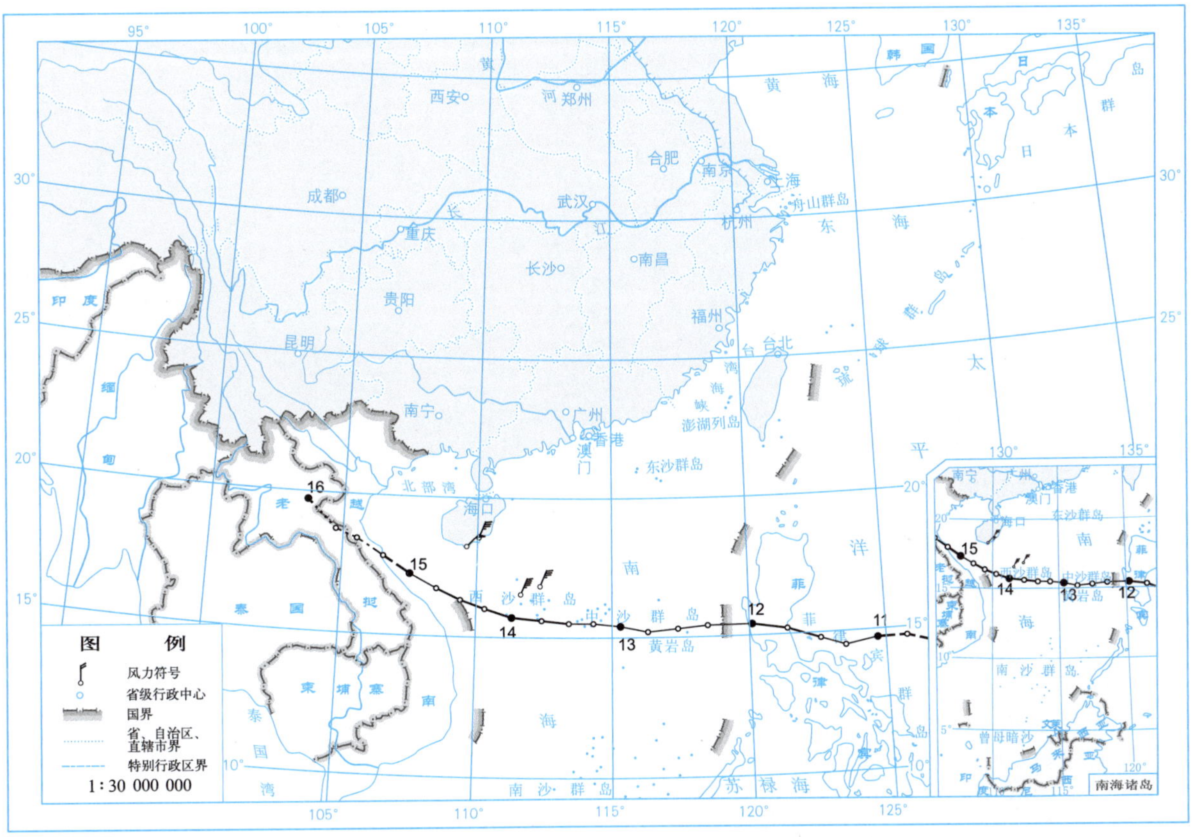

图 2.25.3　2022 号强台风“环高”（Vamco）大风分布图（11 月 12—15 日）

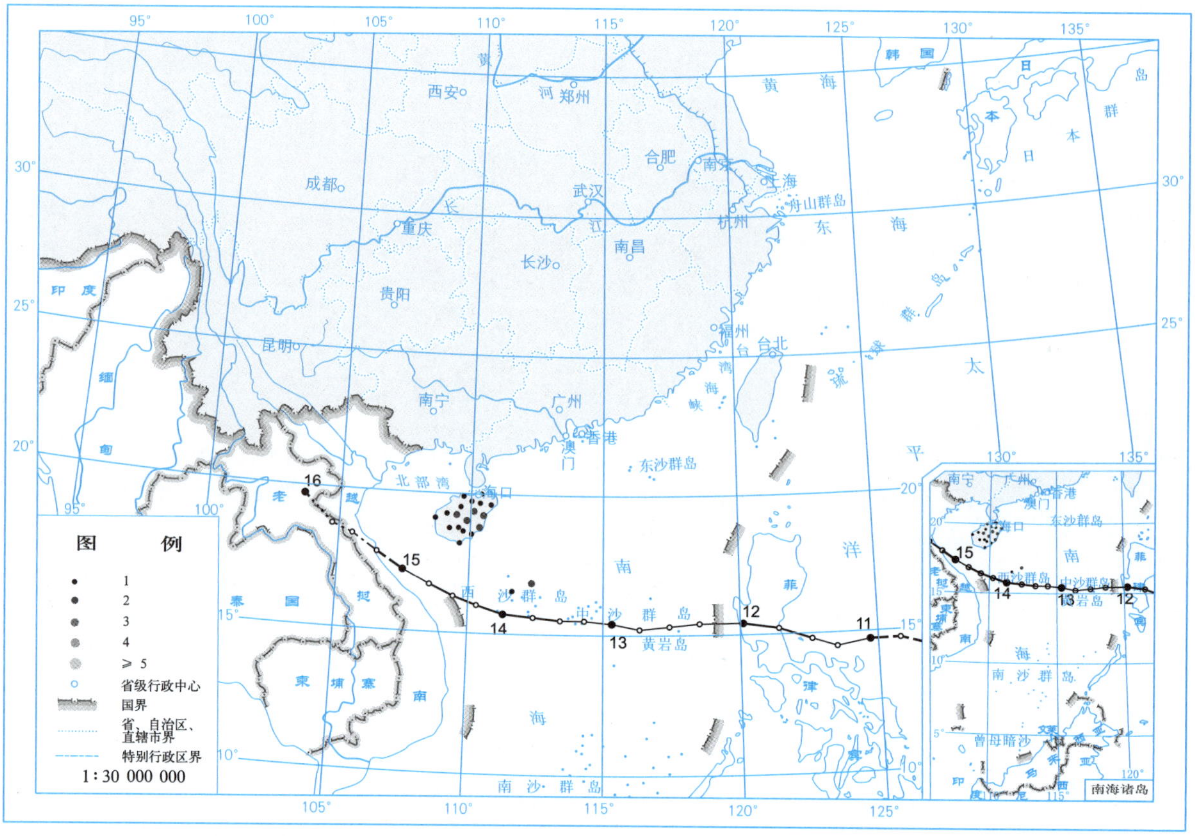

图 2.25.4 2022 号强台风“环高”（Vamco）总降水日数图（d）

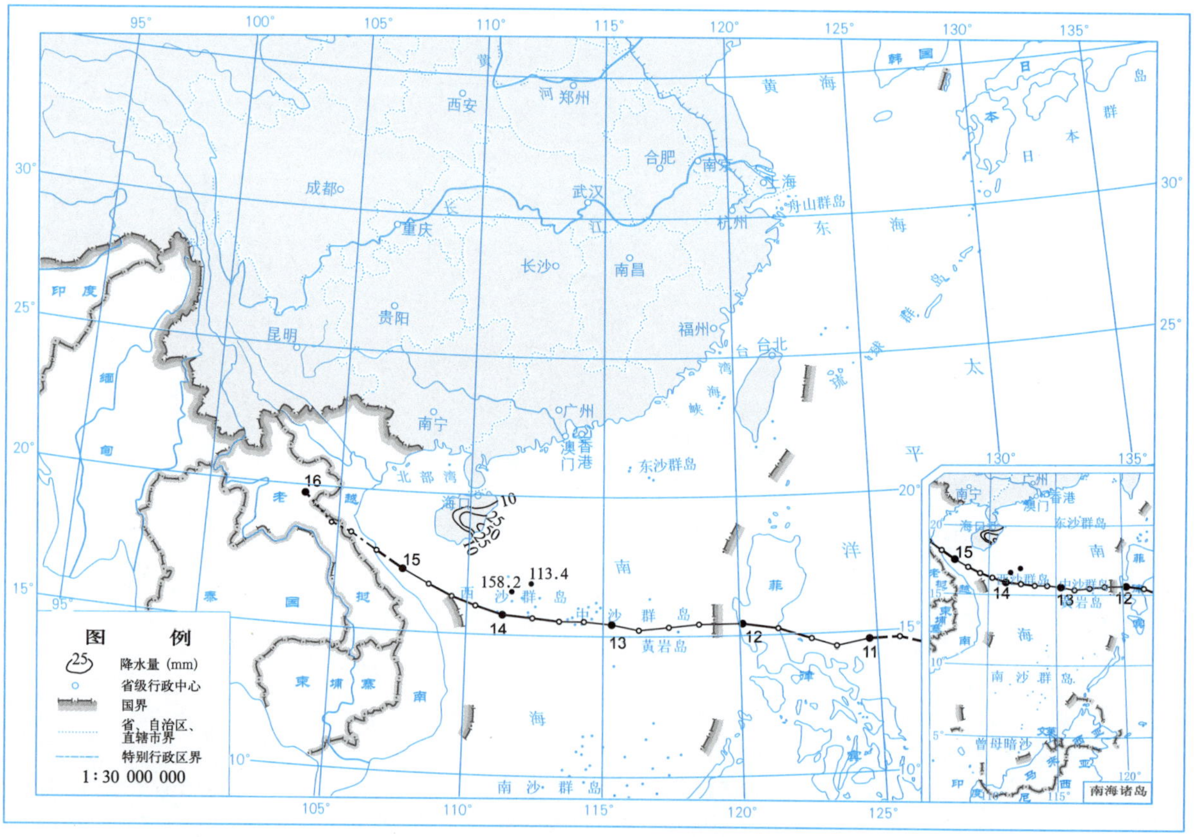

图 2.25.5 2020 年 11 月 14 日降水量图（mm）

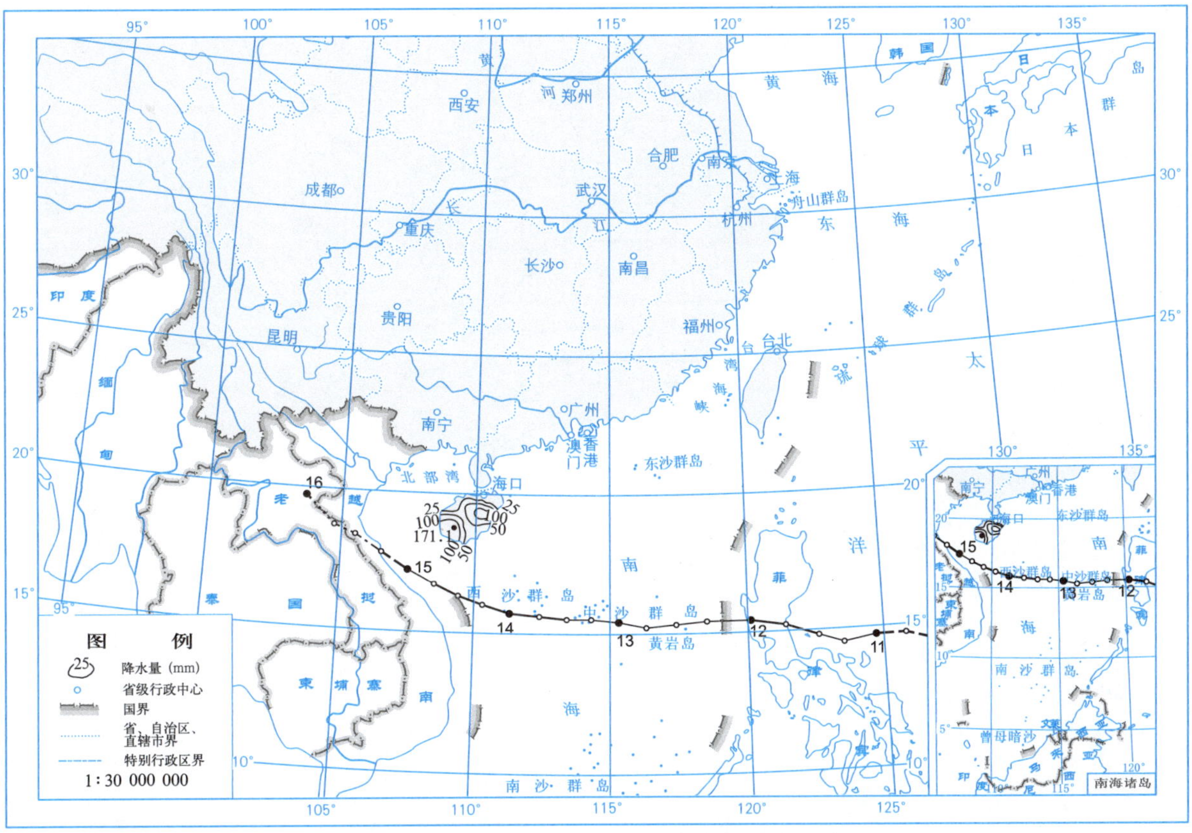

图 2.25.6 2020 年 11 月 15 日降水量图（mm）

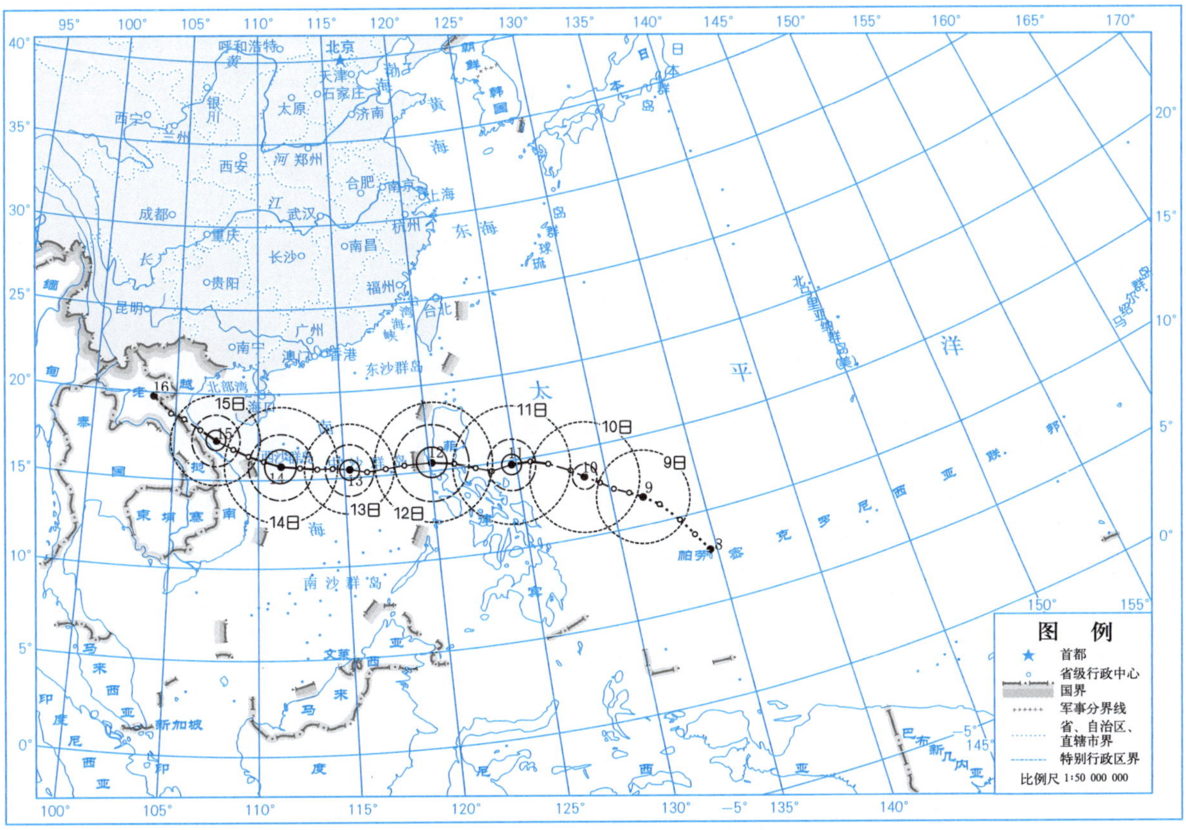

图 2.25.7 2022 号强台风“环高”（Vamco）大风区域演变图

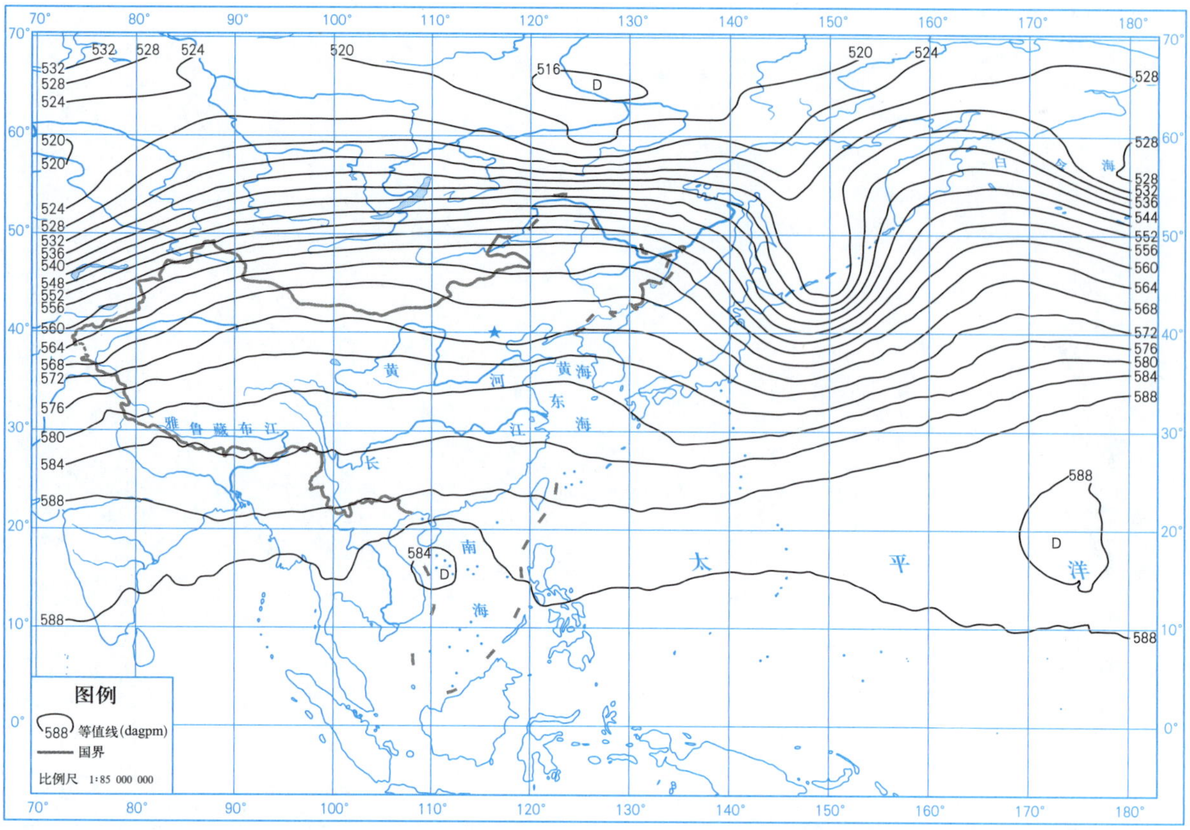

图 2.25.8　2020 年 11 月 14 日 14 时 500 hPa 高度场图

2.26　热带风暴“科罗旺”（Krovanh）

第 2023 号热带风暴“科罗旺”是由 12 月 18 日上午位于菲律宾棉兰老岛以东约 155 km 的西北太平洋洋面上一个热带低压发展形成。形成后低压中心向偏西方向移动，当日下午登陆棉兰老岛，随后穿过菲律宾群岛，途经保和海、苏禄海海域，于 19 日夜间穿过巴拉望岛后进入南海海域。之后，“科罗旺”逐渐转向西偏南，移速略有减慢，20 日夜间短暂增强为热带风暴后，次日下午又减弱为热带低压。22 日起“科罗旺”加速西行，从越南金瓯角南部海域穿过，24 日逐渐靠近马来半岛，于 25 日早晨登陆马来半岛东北部沿海，随即在泰国境内减弱消散。

受热带风暴“科罗旺（Krovanh）”影响，12 月 20—21 日，海南珊瑚出现最大风力 6 级（12.0 m/s）、阵风 8 级（20.1 m/s），为本次热带风暴影响过程风极值。受其影响，12 月 20—21 日，海南西沙总雨量为 12.2 mm。

表 2.26.1 是热带风暴“科罗旺”的中心位置和强度。图 2.26.1 ~ 图 2.26.5 分别是热带风暴“科罗旺”的路径图、总降水量图、大风分布图、大风区域演变图和 2020 年 12 月 21 日 08 时 500 hPa 高度场图。

表 2.26.1　2023 号热带风暴“科罗旺”（Krovanh）中心位置和强度

12 月 18—25 日

年	月	日	时	中心位置		中心气压（hPa）	中心风速（m/s）
				北纬（°N）	东经（°E）		
2020	12	18	08	7.6	127.8	1004	13
	12	18	14	8.3	126.1	1004	13
	12	18	20	9.0	124.6	1004	13
	12	19	02	9.1	122.7	1004	13
	12	19	08	9.3	121.3	1004	13
	12	19	14	9.5	120.0	1004	13
	12	19	20	10.0	118.6	1004	13
	12	20	02	10.1	117.0	1004	13
	12	20	08	10.0	115.4	1002	15
	12	20	14	9.8	114.9	1002	15
	12	20	20	9.6	114.5	1000	18
	12	21	02	9.4	114.0	1000	18
	12	21	08	9.2	113.4	1000	18
	12	21	14	9.0	112.9	1002	15

（续表）

年	月	日	时	中心位置		中心气压（hPa）	中心风速（m/s）
				北纬（°N）	东经（°E）		
2020	12	21	20	8.8	112.3	1002	15
	12	22	02	8.5	111.8	1002	15
	12	22	08	8.2	111.2	1002	15
	12	22	14	8.0	110.6	1004	13
	12	22	20	7.9	109.9	1004	13
	12	23	02	8.0	109.2	1004	13
	12	23	08	8.0	108.2	1004	13
	12	23	14	8.0	107.3	1004	13
	12	23	20	8.0	106.3	1004	13
	12	24	02	8.1	105.0	1006	13
	12	24	08	8.2	103.8	1006	13
	12	24	14	8.2	102.6	1006	13
	12	24	20	8.2	101.4	1006	13
	12	25	02	8.4	100.5	1006	13
	12	25	08	8.9	99.6	1006	13
	12	25	14	9.9	99.0	1008	13
消散							

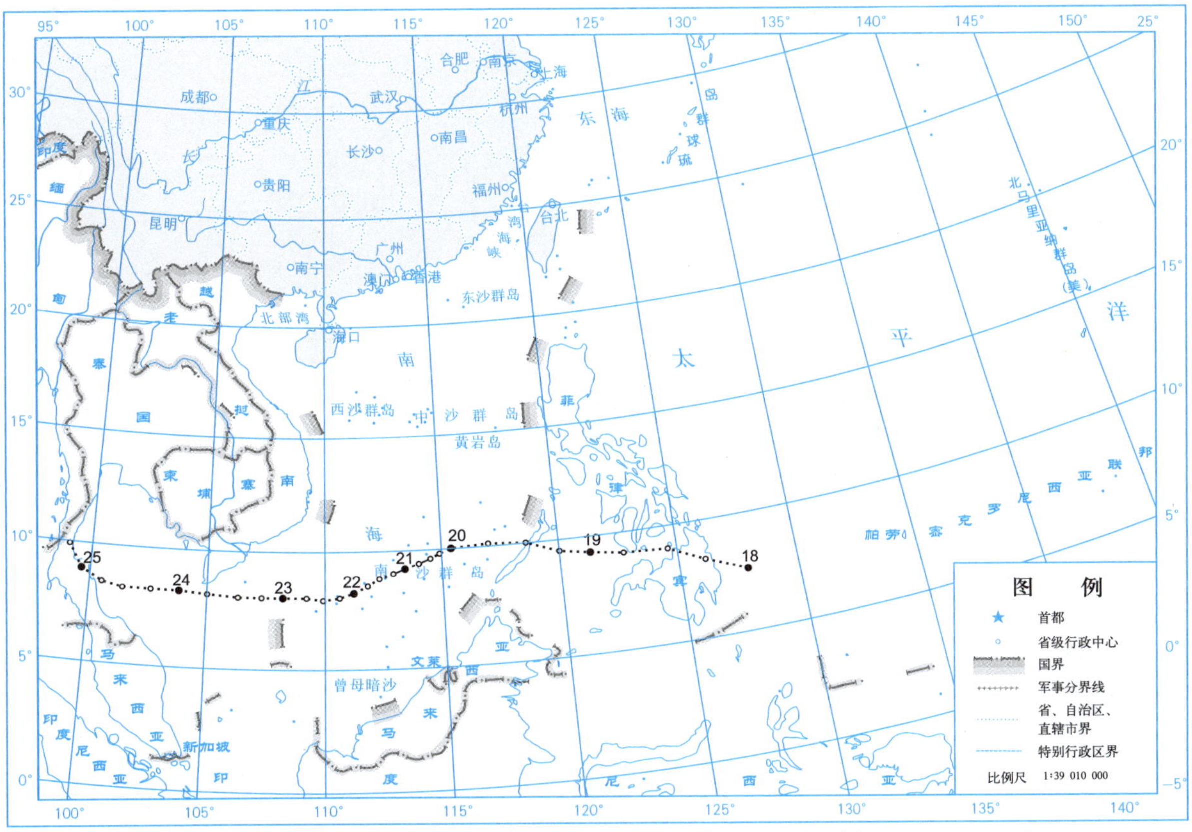

图 2.26.1　2023 号热带风暴“科罗旺”（Krovanh）路径图

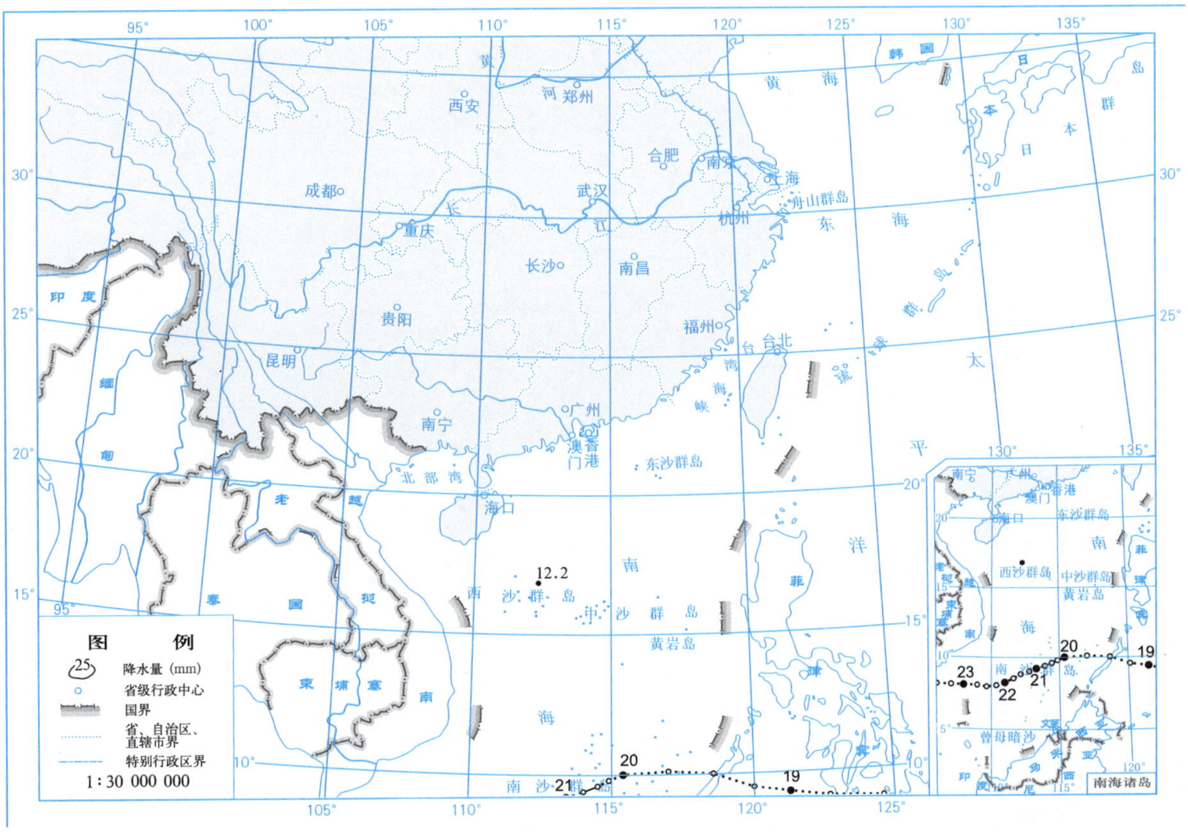

图 2.26.2　2023 号热带风暴“科罗旺”（Krovanh）总降水量图（12 月 20—21 日）（mm）

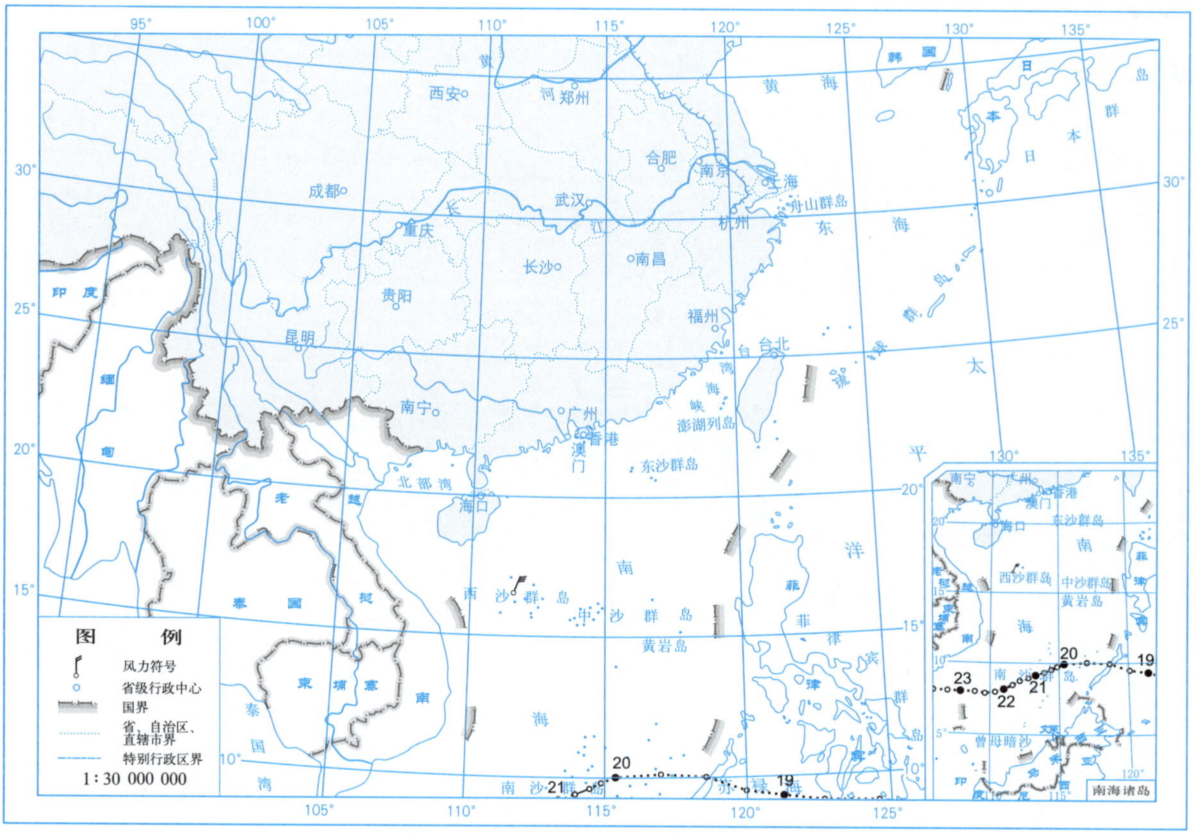

图 2.26.3　2023 号热带风暴“科罗旺”（Krovanh）大风分布图（12 月 20—21 日）

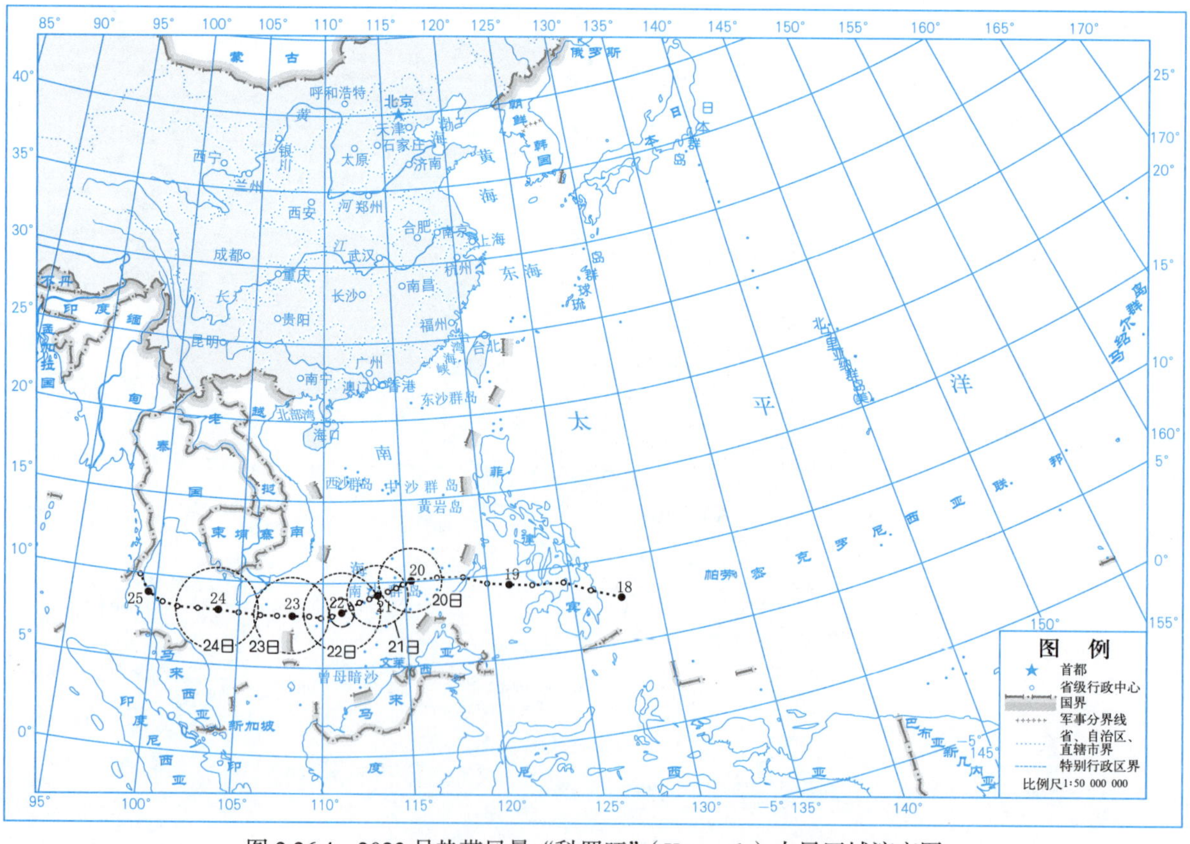

图 2.26.4　2023 号热带风暴“科罗旺”（Krovanh）大风区域演变图

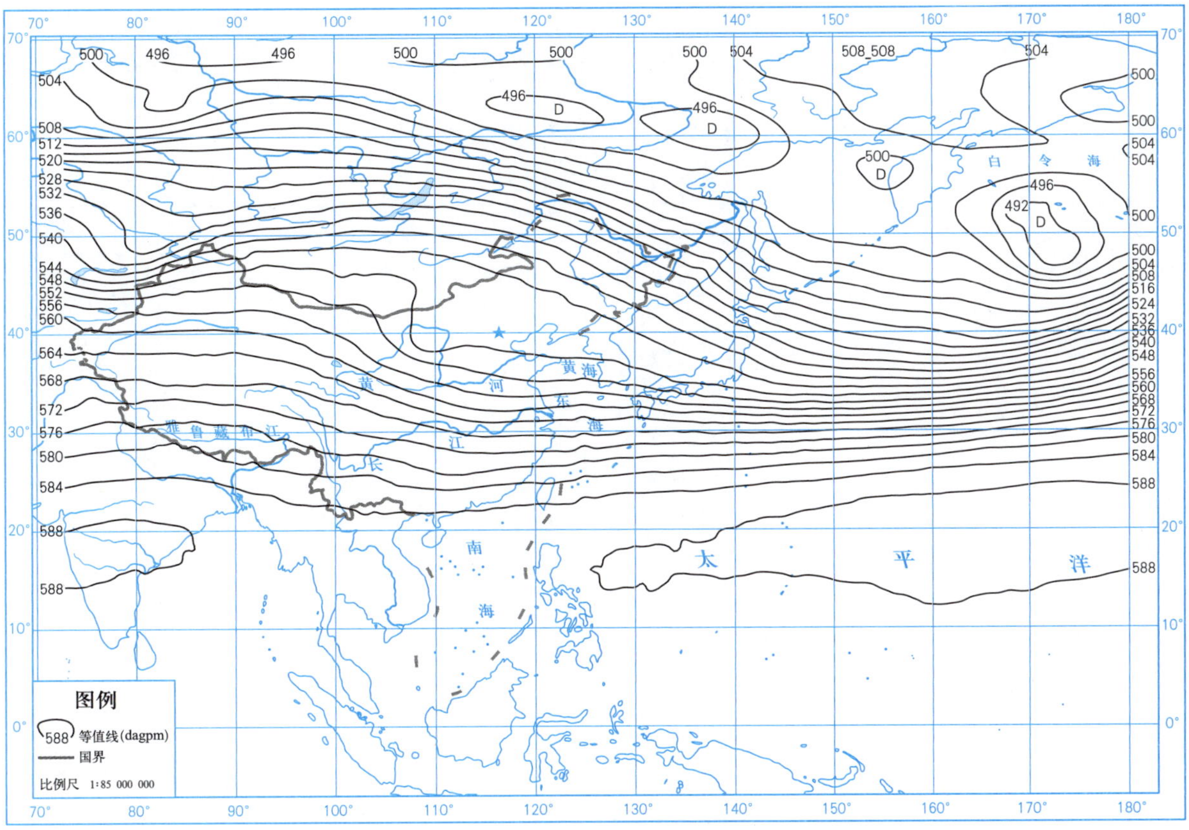

图 2.26.5　2020 年 12 月 21 日 08 时 500 hPa 高度场图

附录 A　台风委员会西北太平洋和南海热带气旋命名方案

表 A.1　台风委员会西北太平洋和南海热带气旋命名表

（2020 年 6 月起执行）

第 1 列		第 2 列		第 3 列		第 4 列		第 5 列		备 注
英文名	中文名	英文名	中文名	英文名	中文名	英文名	中文名	英文名	中文名	名字来源
Damrey	达维	Kong-rey	康妮	Nakri	娜基莉	Krovanh	科罗旺	Trases	翠丝	柬埔寨
Haikui	海葵	Yutu**	玉兔	Fengshen	风神	Dujuan	杜鹃	Mulan	木兰	中国
Kirogi	鸿雁	Toraji	桃芝	Kalmaegi	海鸥	Surigae	舒力基	Meari	米雷	朝鲜
Yun-Yeung	鸳鸯	Man-yi	万宜	Fung-wong	凤凰	Choi-wan	彩云	Ma-on	马鞍	中国香港
Koinu	小犬	Usagi	天兔	Kammuri**	北冕	Koguma	小熊	Tokage	蝎虎	日本
Bolaven	布拉万	Pabuk	帕布	Phanfone**	巴蓬	Champi	蔷琵	Hinnamnor	轩岚诺	老挝
Sanba	三巴	Wutip	蝴蝶	Vongfong	黄蜂	In-fa	烟花	Muifa	梅花	中国澳门
Jelawat	杰拉华	Sepat	圣帕	Nuri	鹦鹉	Cempaka	查帕卡	Merbok	苗柏	马来西亚
Ewiniar	艾云尼	Mun	木恩	Sinlaku	森拉克	Nepartak	尼伯特	Namadol	南玛都	密克罗尼西亚
Maliksi	马力斯	Danas	丹娜丝	Hagupit	黑格比	Lupit	卢碧	Talas	塔拉斯	菲律宾
Gaemi	格美	Nari	百合	Jangmi	蔷薇	Mirinae	银河	Noru	奥鹿	韩国
Prapiroon	派比安	Wipha	韦帕	Mekkhala	米克拉	Nida	妮妲	Kulap	玫瑰	泰国
Maria	玛莉亚	Francisco	范斯高	Higos	海高斯	Omais	奥麦斯	Roke	洛克	美国
Son-Tinh	山神	Lekima**	利奇马	Bavi	巴威	Conson	康森	Sonca	桑卡	越南
Ampil	安比	Krosa	罗莎	Maysak	美莎克	Chanthu	灿都	Nesat	纳沙	柬埔寨
Wukong	悟空	Bailu	白鹿	Haishen	海神	Dianmu	电母	Haitang	海棠	中国
Jongdari	云雀	Podul	杨柳	Noul	红霞	Mindulle	蒲公英	Nalgae	尼格	朝鲜
Shanshan	珊珊	Lingling	玲玲	Dolphin	白海豚	Lionrock	狮子山	Banyan	榕树	中国香港
Yagi	摩羯	Kajiki	剑鱼	Kujira	鲸鱼	Kompasu	圆规	Yamaneko	山猫	日本
Leepi	丽琵	Faxai**	法茜	Chan-hom	灿鸿	Namtheun	南川	Pakhar	帕卡	老挝
Bebinca	贝碧嘉	Peipah	琵琶	Linfa	莲花	Malou	玛瑙	Sanvu	珊瑚	中国澳门
Pulasan*	普拉桑	Tapah	塔巴	Nangka	浪卡	Nyatoh	妮亚图	Mawar	玛娃	马来西亚
Soulik	苏力	Mitag	米娜	Saudel	沙德尔	Rai	雷伊	Guchol	古超	密克罗尼西亚
Cimaron	西马仑	Hagibis**	海贝思	Molave	莫拉菲	Malakas	马勒卡	Talim	泰利	菲律宾
Jebi	飞燕	Neoguri	浣熊	Goni	天鹅	Megi	鲇鱼	Doksuri	杜苏芮	韩国
Krathon*	山陀儿	Bualoi	芭洛	Atsani	艾莎尼	Chaba	暹芭	Khanun	卡努	泰国
Barijat	百里嘉	Matmo	麦德姆	Etau	艾涛	Aere	艾利	Lan	兰恩	美国
Trami	潭美	Halong	夏浪	Vamco	环高	Songda	桑达	Saola	苏拉	越南

* 根据 2020 年 6 月亚太经社理事会 / 世界气象组织（ESCAP/WMO）台风委员会第 52 届会议的决定，由“山陀儿”（Krathon）取代“山竹”（Mangkhut）、“普拉桑”（Pulasan）取代“温比亚”（Rumbia）。

** “海贝思”（Hagibis）、“法茜”（Faxai）、“北冕”（Kammuri）、“巴蓬”（Phanfone）、“利奇马”（Lekima）、“玉兔”（Yutu）被从命名表中除名，新的名字将在 2021 年初举行的第 53 届台风委员会届会大会进行审议后，再行给出新的命名。

表 A.2 西北太平洋和南海热带气旋名称的意义

第 1 组			
英文名	中文名	名字来源	意 义
Damrey	达维	柬埔寨	大象
Haikui	海葵	中国	一种形状如花朵的海洋动物
Kirogi	鸿雁	朝鲜	一种候鸟，在朝鲜秋来春去，和台风的活动很相似
Yun-yeung	鸳鸯	中国香港	一种水鸟
Koinu	小犬	日本	星座名称
Bolaven	布拉万	老挝	高原
Sanba	三巴	中国澳门	澳门旅游名胜
Jelawat	杰拉华	马来西亚	一种淡水鱼
Ewiniar	艾云尼	密克罗尼西亚	传统的风暴神（Chuuk 语）
Maliksi	马力斯	菲律宾	快速
Gaemi	格美	韩国	蚂蚁
Prapiroon	派比安	泰国	雨神
Maria	玛莉亚	美国	女士名（Chamarro 语）
Son-Tinh	山神	越南	山神
Ampil	安比	柬埔寨	罗望子
Wukong	悟空	中国	孙悟空
Jongdar	云雀	朝鲜	云雀
Shanshan	珊珊	中国香港	女孩儿名
Yagi	摩羯	日本	摩羯星座
Leepi	丽琵	老挝	老挝南部最美丽的瀑布
Bebinca	贝碧嘉	中国澳门	澳门牛奶布丁
Pulasan	普拉桑	马来西亚	一种水果
Soulik	苏力	密克罗尼西亚	传统的 Pohnpei 酋长头衔
Cimaron	西马仑	菲律宾	菲律宾野牛
Jebi	飞燕	韩国	燕子
Krathon	山陀儿	泰国	一种水果
Barijat	百里嘉	美国	沿岸地区受风浪影响的意思（马绍尔语）
Trami	潭美	越南	一种花

（续表）

第 2 组			
英文名	中文名	名字来源	意 义
Kong-rey	康妮	柬埔寨	高棉传说中的可爱女孩儿
Yutu	玉兔	中国	神话传说中的兔子
Toraji	桃芝	朝鲜	朝鲜深山中的一种花，开花时无声无息不惹人注意，花能食用和入药
Man-yi	万宜	中国香港	海峡名，现为水库
Usagi	天兔	日本	天兔星座
Pabuk	帕布	老挝	大淡水鱼
Wutip	蝴蝶	中国澳门	一种昆虫
Sepat	圣帕	马来西亚	一种淡水鱼
Mun	木恩	密克罗尼西亚	六月的意思（Yapese 语）
Danas	丹娜丝	菲律宾	经历
Nari	百合	韩国	一种花
Wipha	韦帕	泰国	女士名字
Francisco	范斯高	美国	男子名（Chamarro 语）
Lekima	利奇马	越南	一种水果
Krosa	罗莎	柬埔寨	鹤
Bailu	白鹿	中国	白色的鹿，意指吉祥
Podul	杨柳	朝鲜	一种在城乡均有种植的树，闷热天气时人们喜欢在其树荫下休息聊天
Lingling	玲玲	中国香港	女孩儿名
Kajiki	剑鱼	日本	剑鱼星座
Faxai	法茜	老挝	女士名字
Peipah	琵琶	中国澳门	一种在澳门受欢迎的宠物鱼
Tapah	塔巴	马来西亚	一种淡水鱼
Mitag	米娜	密克罗尼西亚	女士名字（Yap 语）
Hagibis	海贝思	菲律宾	褐雨燕
Neoguri	浣熊	韩国	狗
Bualoi	芭洛	泰国	泰式椰奶
Matmo	麦德姆	美国	大雨
Halong	夏浪	越南	越南一海湾名

（续表）

第 3 组			
英文名	中文名	名字来源	意 义
Nakri	娜基莉	柬埔寨	一种花
Fengshen	风神	中国	神话中的风之神
Kalmaegi	海鸥	朝鲜	一种海鸟
Fung-wong	凤凰	中国香港	山峰名
Kammuri	北冕	日本	北冕星座
Phanfone	巴蓬	老挝	动物
Vongfong	黄蜂	中国澳门	一类昆虫
Nuri	鹦鹉	马来西亚	一种蓝色冠羽的鹦鹉
Sinlaku	森拉克	密克罗尼西亚	传说中的 Kosrae 女神
Hagupit	黑格比	菲律宾	鞭子
Jangmi	蔷薇	韩国	花名
Mekkhala	米克拉	泰国	雷天使
Higos	海高斯	美国	无花果（Chamarro 语）
Bavi	巴威	越南	越南北部一山名
Maysak	美莎克	柬埔寨	一种树
Haishen	海神	中国	神话中的大海之神
Noul	红霞	朝鲜	红色的天空
Dolphin	白海豚	中国香港	生活在香港水域的中华白海豚，亦是香港的吉祥物
Kujira	鲸鱼	日本	鲸鱼星座
Chan-hom	灿鸿	老挝	一种树
Linfa	莲花	中国澳门	一种花
Nangka	浪卡	马来西亚	一种水果
Saudel	沙德尔	密克罗尼西亚	传说中的将领“苏迪罗”的首席守卫 / 士兵
Molave	莫拉菲	菲律宾	一种常用于制造家具的硬木
Goni	天鹅	韩国	一种鸟
Atsani	艾莎尼	泰国	闪电
Etau	艾涛	美国	风暴云（Palauan）
Vamco	环高	越南	越南南部一河流

（续表）

第 4 组			
英文名 中文名		名字来源	意 义
Krovanh	科罗旺	柬埔寨	一种树
Dujuan	杜鹃	中国	一种花
Surigae	舒力基	朝鲜	一种鹰
Choi-wan	彩云	中国香港	天上的云彩
Koguma	小熊	日本	小熊星座
Champi	蔷琵	老挝	一种花
In-Fa	烟花	中国澳门	烟花
Cempaka	查帕卡	马来西亚	以其芬芳的花闻名的植物
Nepartak	尼伯特	密克罗尼西亚	著名的勇士（Kosrae 语）
Lupit	卢碧	菲律宾	残酷
Mirinae	银河	韩国	宇宙的银河
Nida	妮妲	泰国	女士名字
Omais	奥麦斯	美国	漫游（Palauan 语）
Conson	康森	越南	古迹
Chanthu	灿都	柬埔寨	一种花
Dianmu	电母	中国	神话中的雷电之神
Mindulle	蒲公英	朝鲜	一种小黄花，春天开放，蒲公英属，是朝鲜妇女淳朴识礼的象征
Lionrock	狮子山	中国香港	香港一座远眺九龙半岛的山峰名称
Kompasu	圆规	日本	圆规星座
Namtheun	南川	老挝	河
Malou	玛瑙	中国澳门	玛瑙
Nyatoh	妮亚图	马来西亚	一种在东南亚热带雨林环境中生长的树木
Rai	雷伊	密克罗尼西亚	雅浦岛石币
Malakas	马勒卡	菲律宾	强壮，有力
Megi	鲇鱼	韩国	鱼
Chaba	暹芭	泰国	热带花
Aere	艾利	美国	风暴（Marshalese 语）
Songda	桑达	越南	越南西北部一河

（续表）

第 5 组			
英文名	中文名	名字来源	意 义
Trases	翠丝	柬埔寨	啄木鸟
Mulan	木兰	中国	木兰花—— 一种原产于中国的花
Meari	米雷	朝鲜	回波
Ma-on	马鞍	中国香港	山峰名
Tokage	蝎虎	日本	蝎虎星座
Hinnamnor	轩岚诺	老挝	老挝一个国家保护区的名称
Muifa	梅花	中国澳门	一种花
Merbok	苗柏	马来西亚	一种鸟
Namadol	南玛都	密克罗尼西亚	著名的 Pohnpei 废墟
Talas	塔拉斯	菲律宾	锐利
Noru	奥鹿	韩国	狍鹿
Kulap	玫瑰	泰国	一种花
Roke	洛克	美国	男子名（Chamarro 语）
Sonca	桑卡	越南	一种会唱歌的鸟
Nesat	纳沙	柬埔寨	渔夫
Haitang	海棠	中国	花
Nalgae	尼格	朝鲜	有生气，自由翱翔
Banyan	榕树	中国香港	一种树
Yamaneko	山猫	日本	一种动物
Pakhar	帕卡	老挝	生长在湄公河下游的一种淡水鱼
Sanvu	珊瑚	中国澳门	一种水生物
Mawar	玛娃	马来西亚	玫瑰花
Guchol	古超	密克罗尼西亚	一种香料（调味品）（Yapese 语）
Talim	泰利	菲律宾	明显的边缘
Doksuri	杜苏芮	韩国	一种猛禽
Khanun	卡努	泰国	泰国水果
Lan	兰恩	美国	风暴的意思（马绍尔语）
Saola	苏拉	越南	越南最近发现的一种珍贵动物

附录 B　2020 年热带气旋在西北太平洋和南海活动时的气象卫星云图

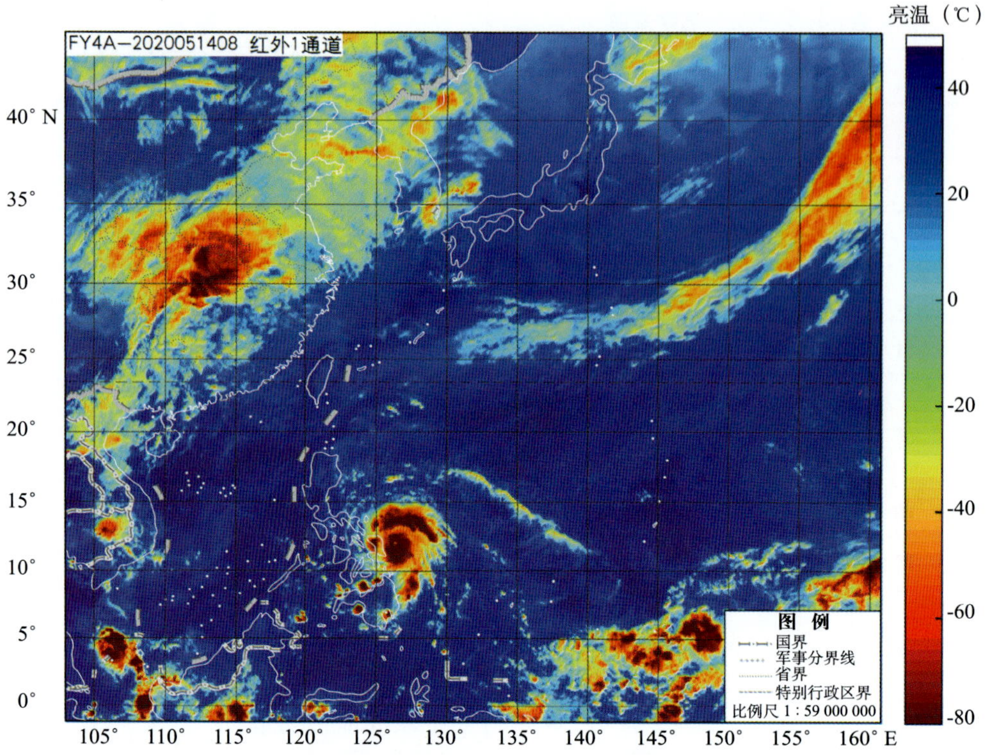

2001 号强台风“黄蜂”（Vongfong）

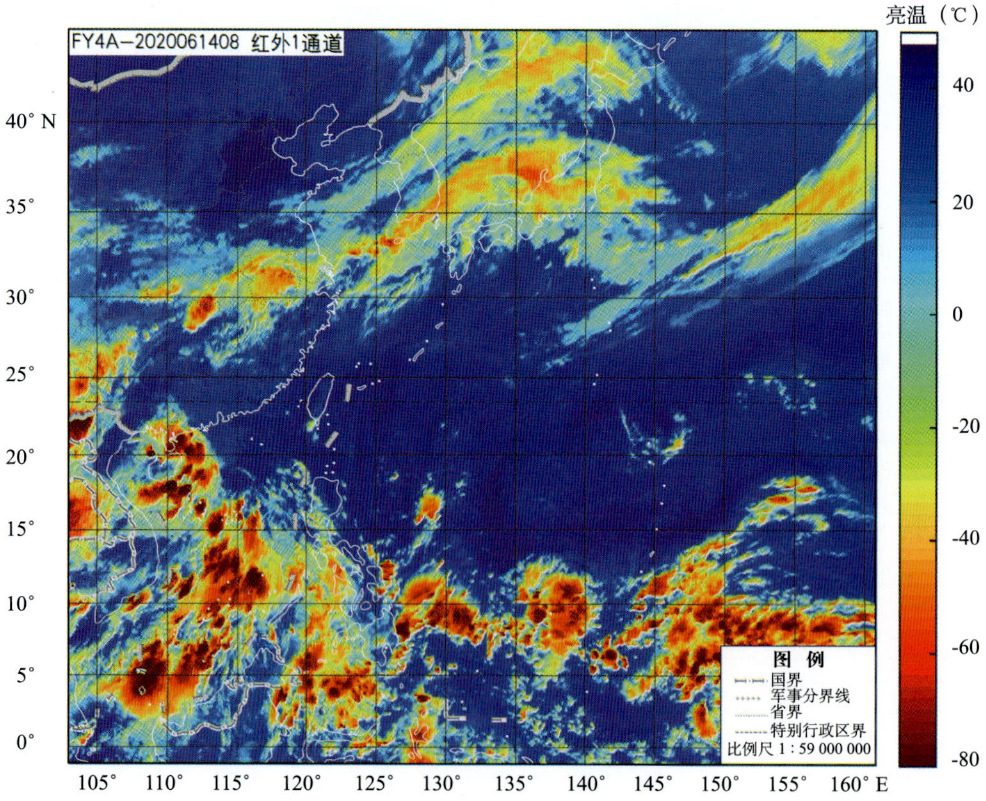

2002 号热带风暴“鹦鹉”（Nuri）

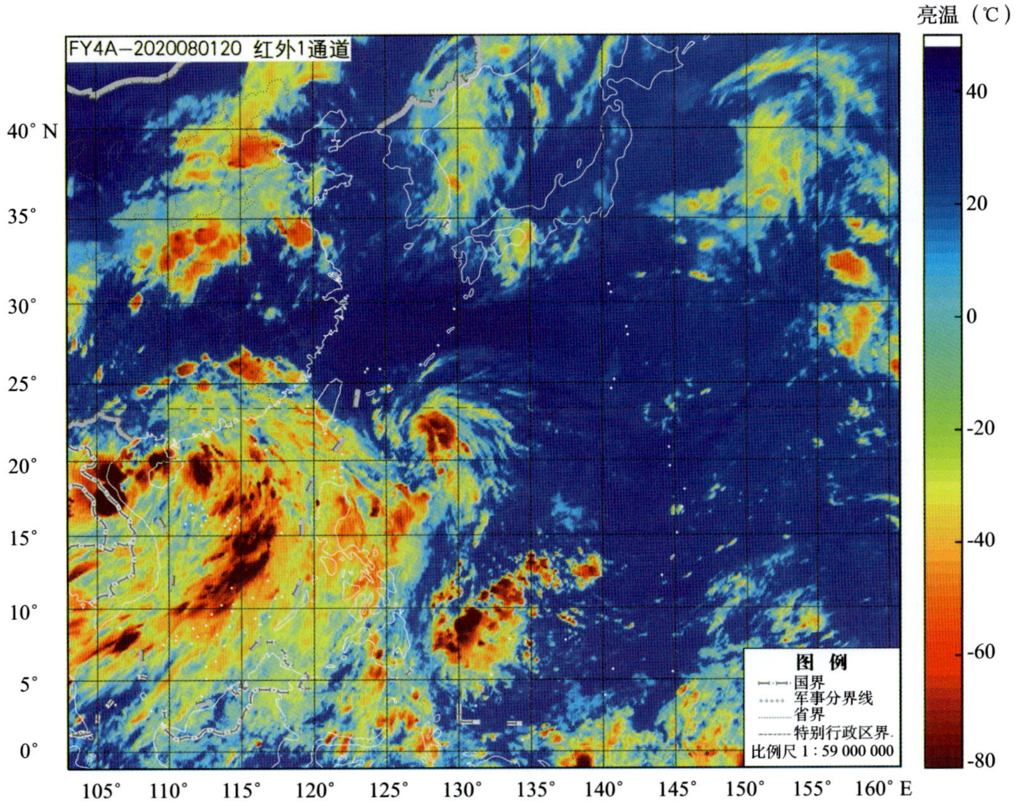

2003 号热带风暴“森拉克”（Sinlaku）

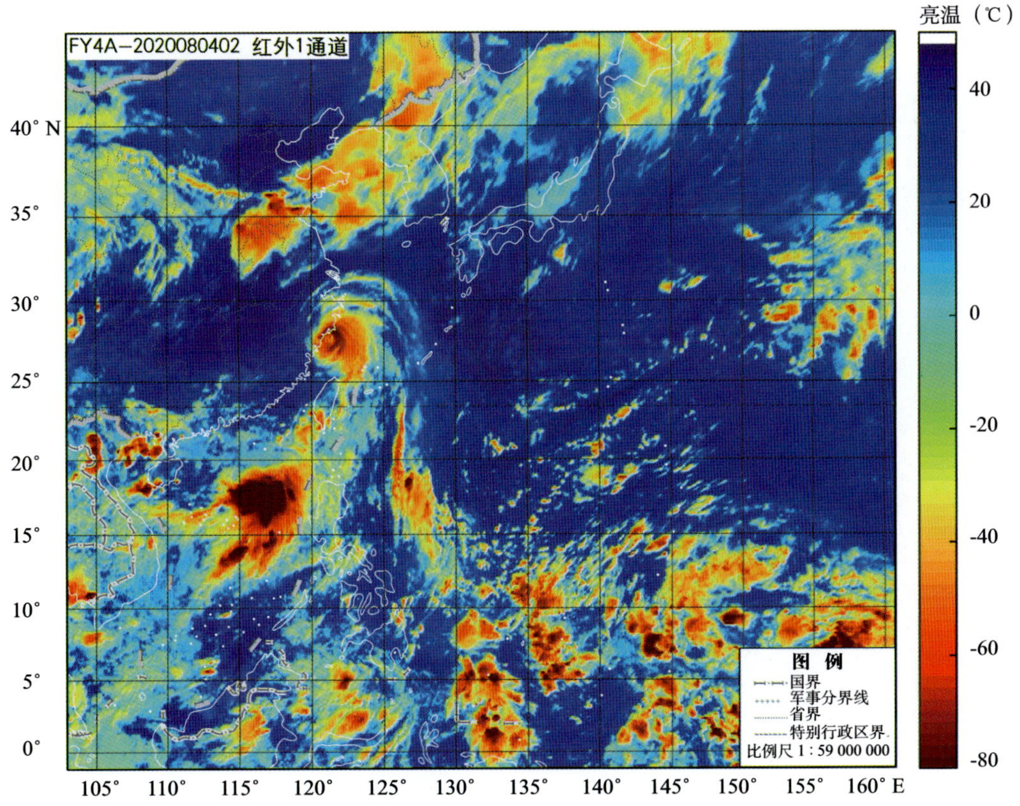

2004 号强台风“黑格比”（Hagupit）

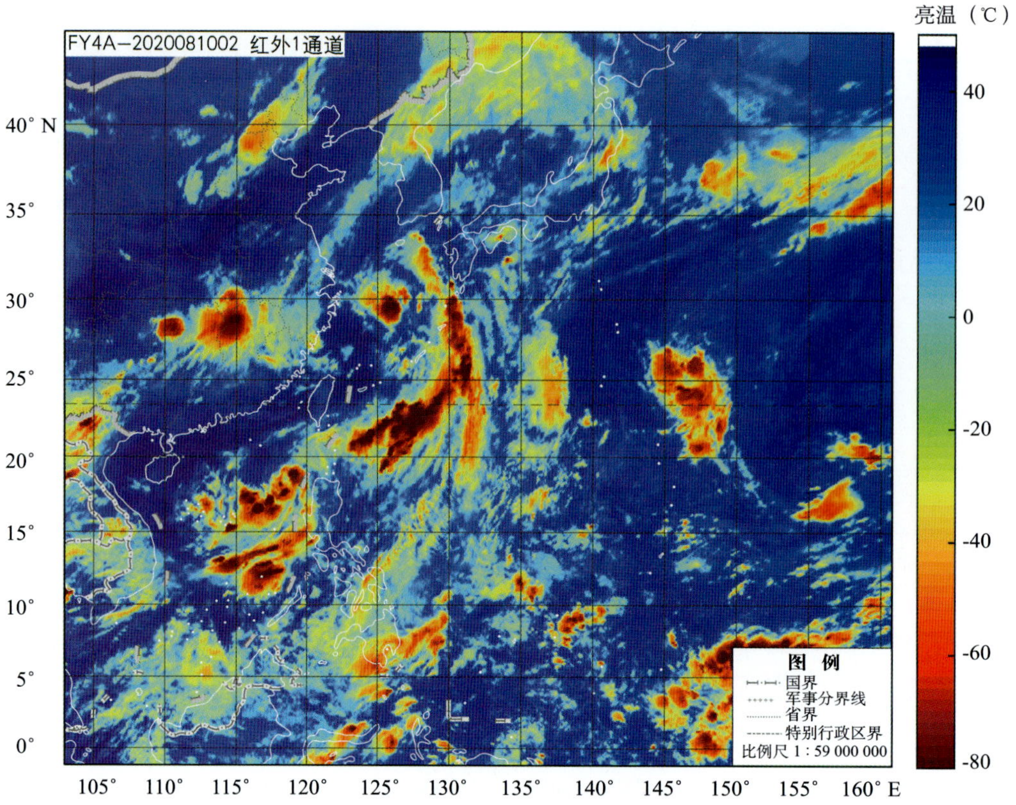

2005 号热带风暴“蔷薇”（Jangmi）

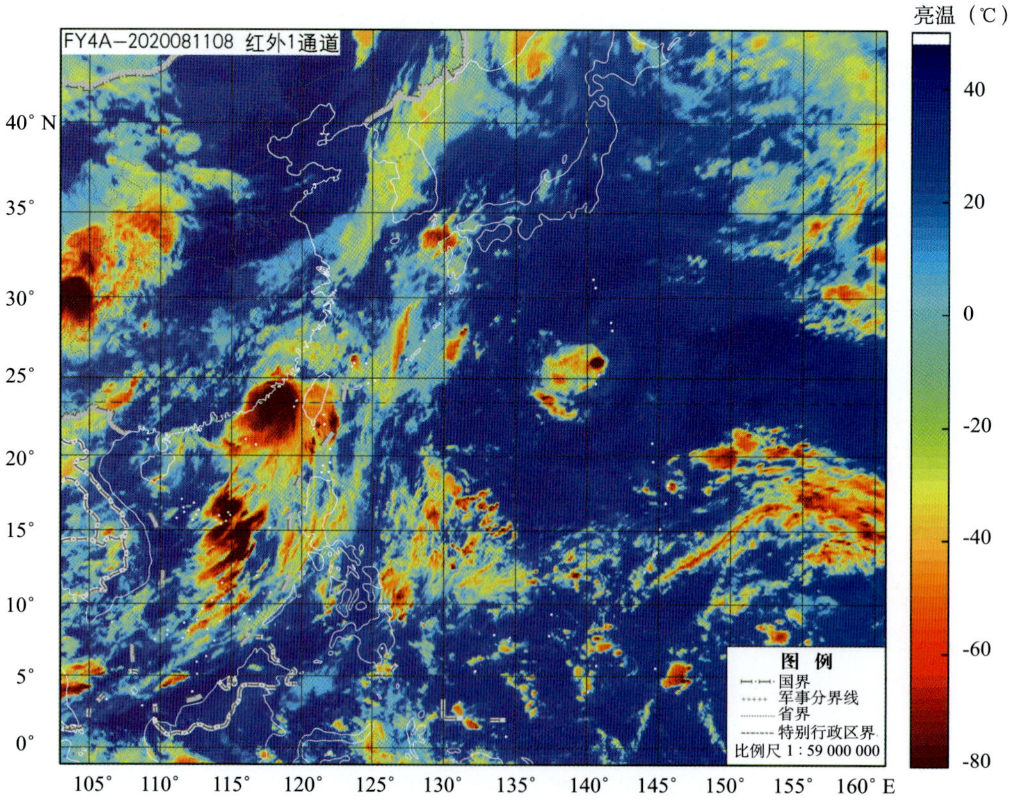

2006 号台风“米克拉”（Mekkhala）

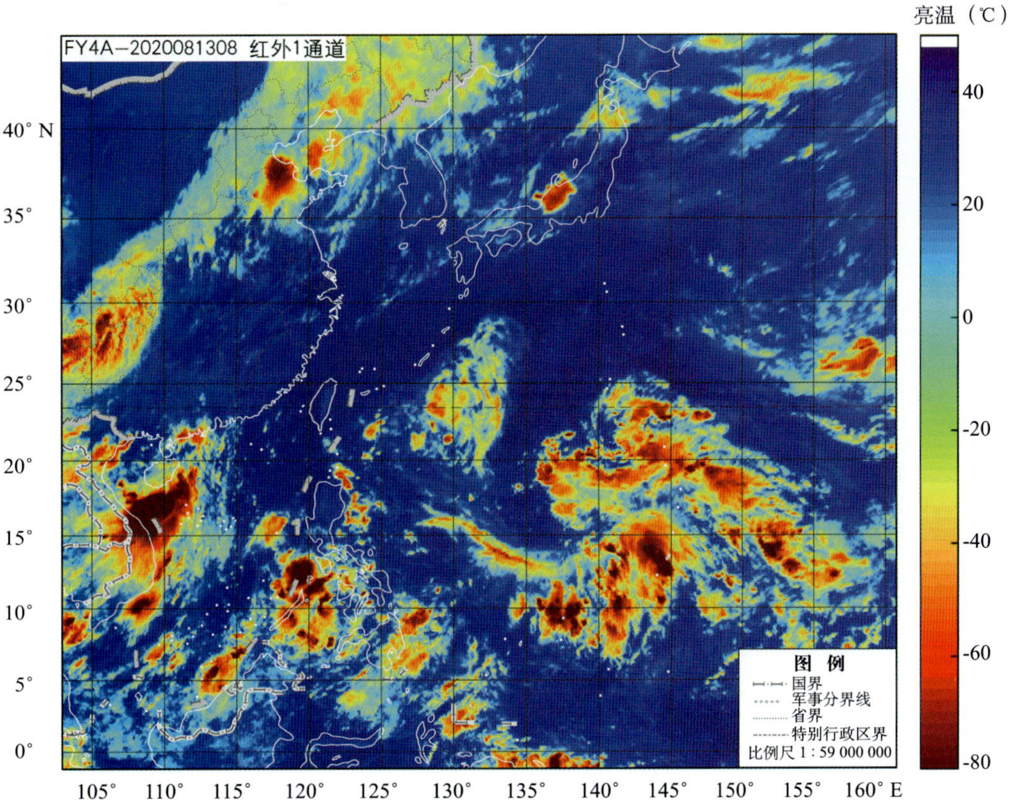

热带低压（TD2001）

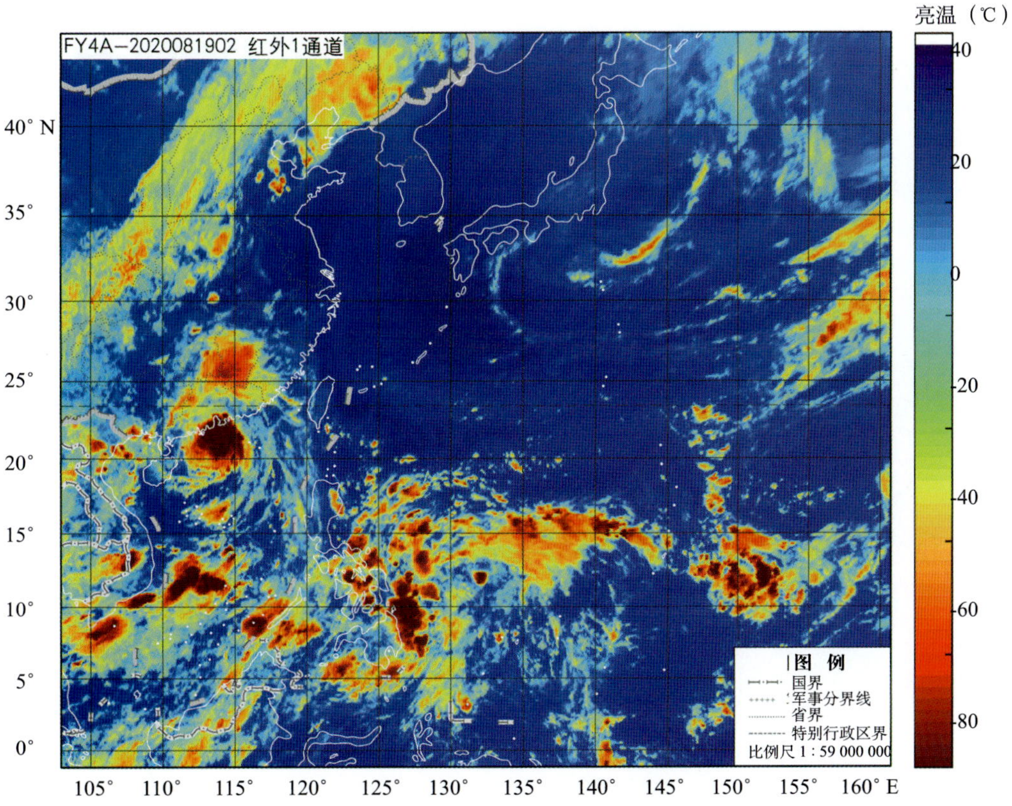

2007 号台风“海高斯”（Higos）

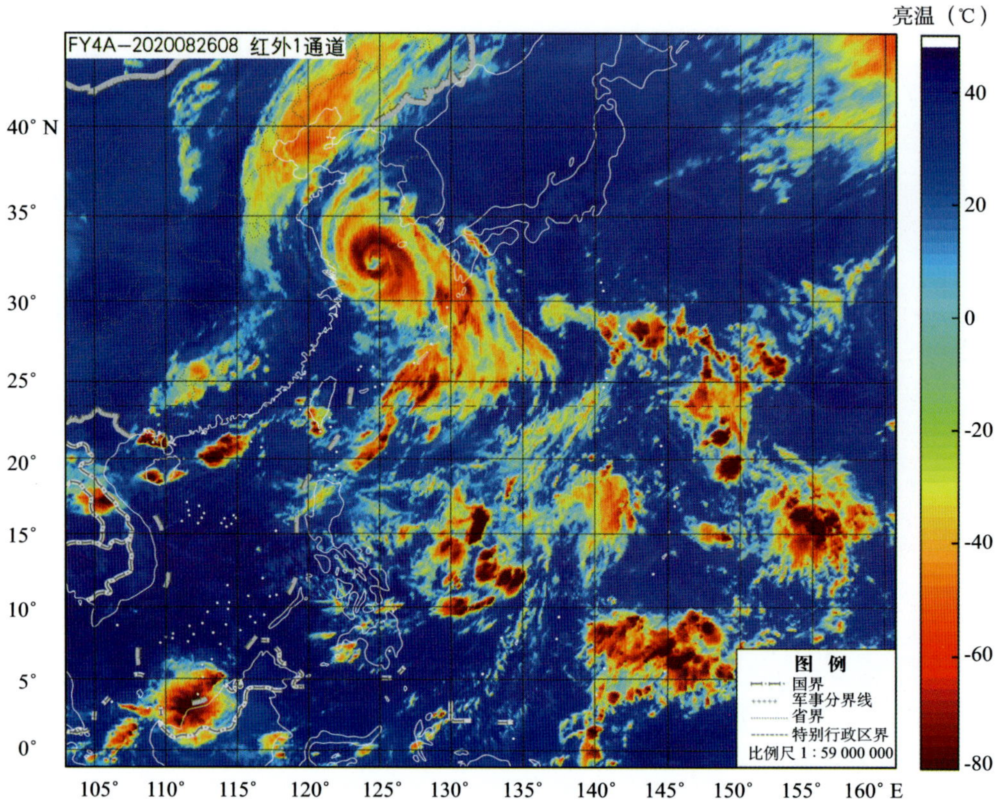

2008 号强台风“巴威”（Bavi）

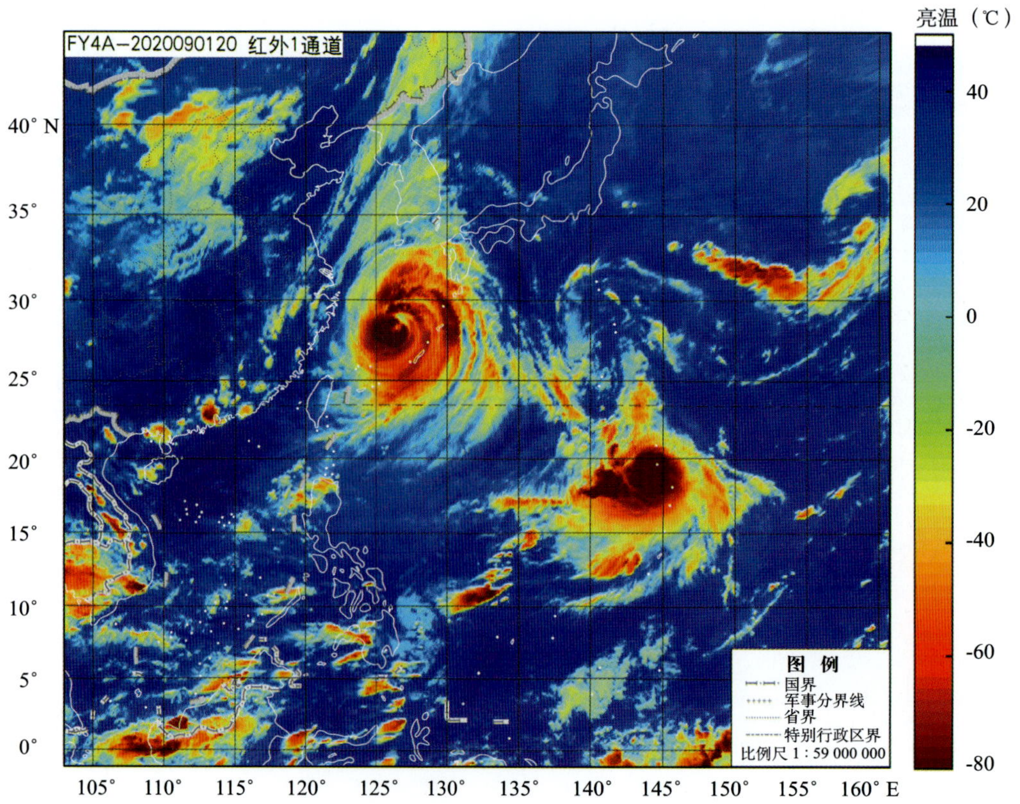

2009 号超强台风“美莎克”（Maysak）

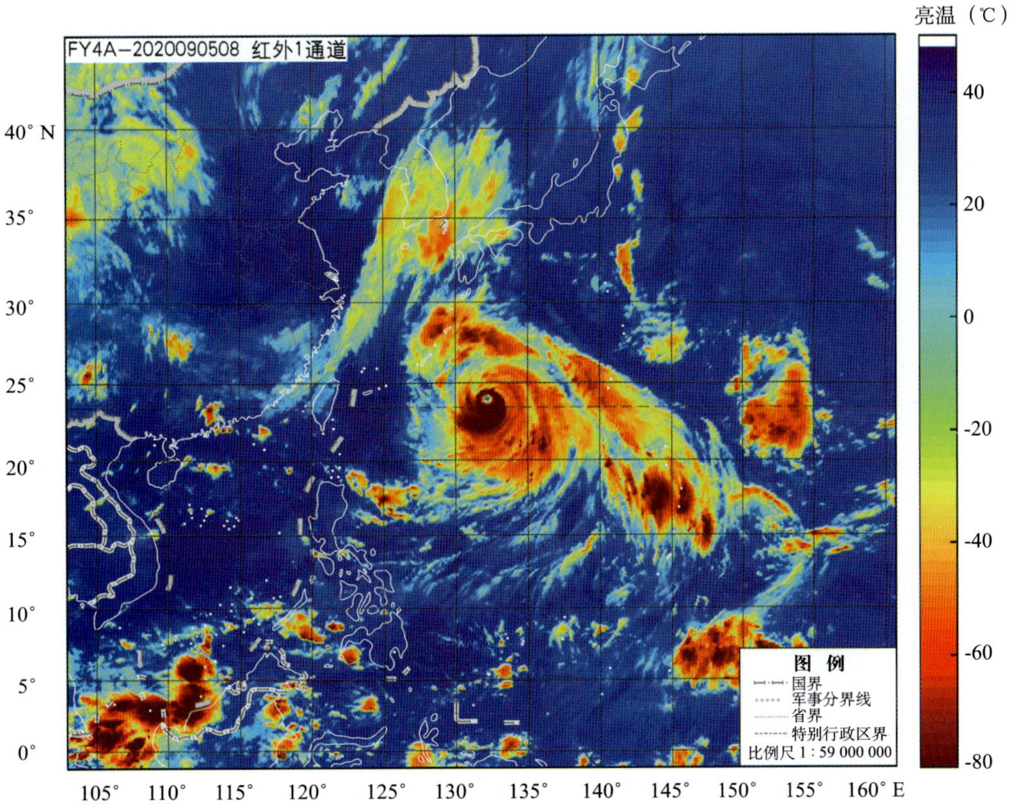

2010 号超强台风“海神”（Haishen）

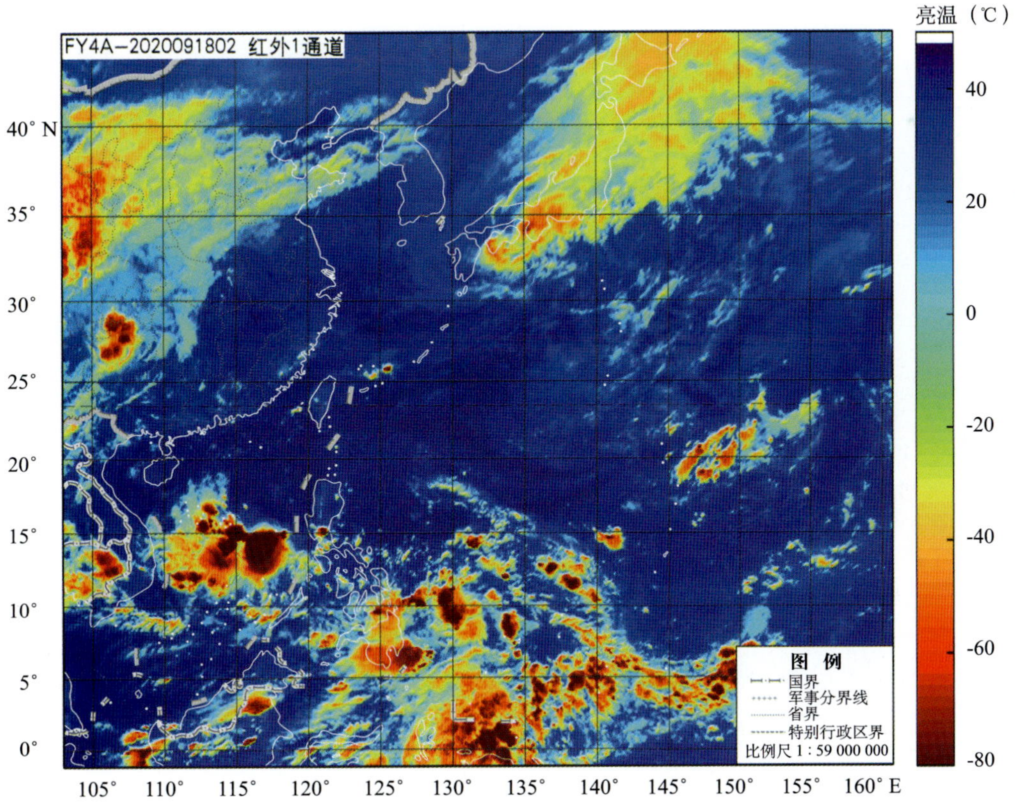

2011 号强热带风暴“红霞”（Noul）

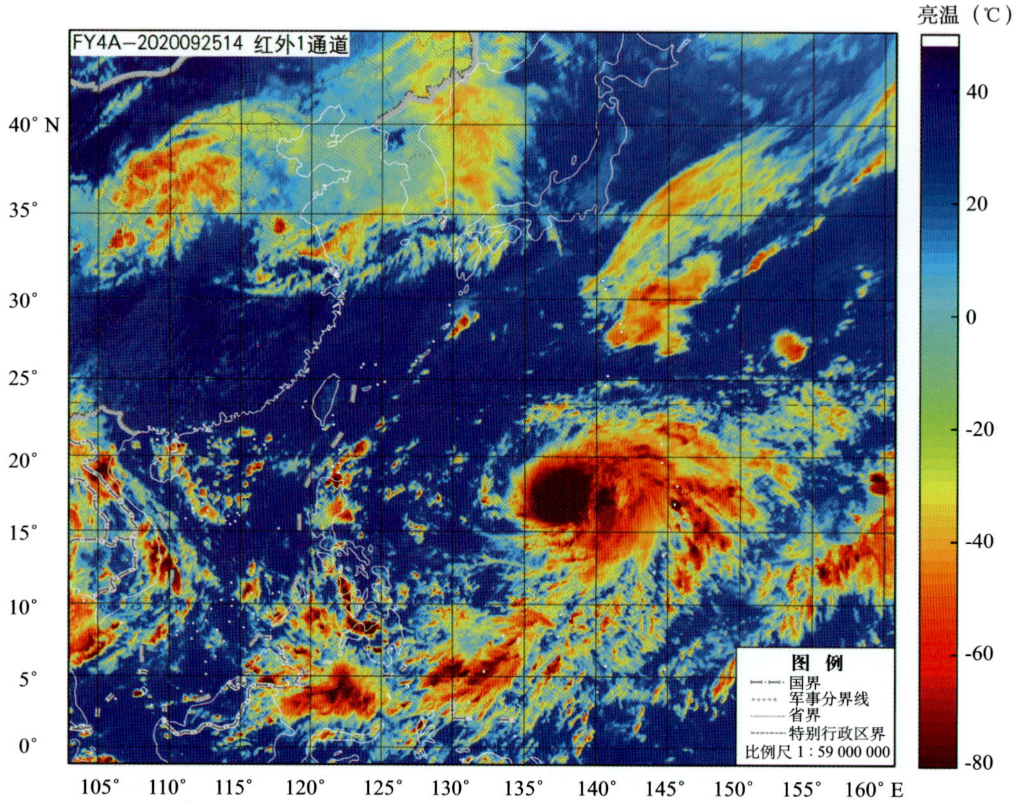

2012 号强热带风暴“白海豚”（Dolphin）

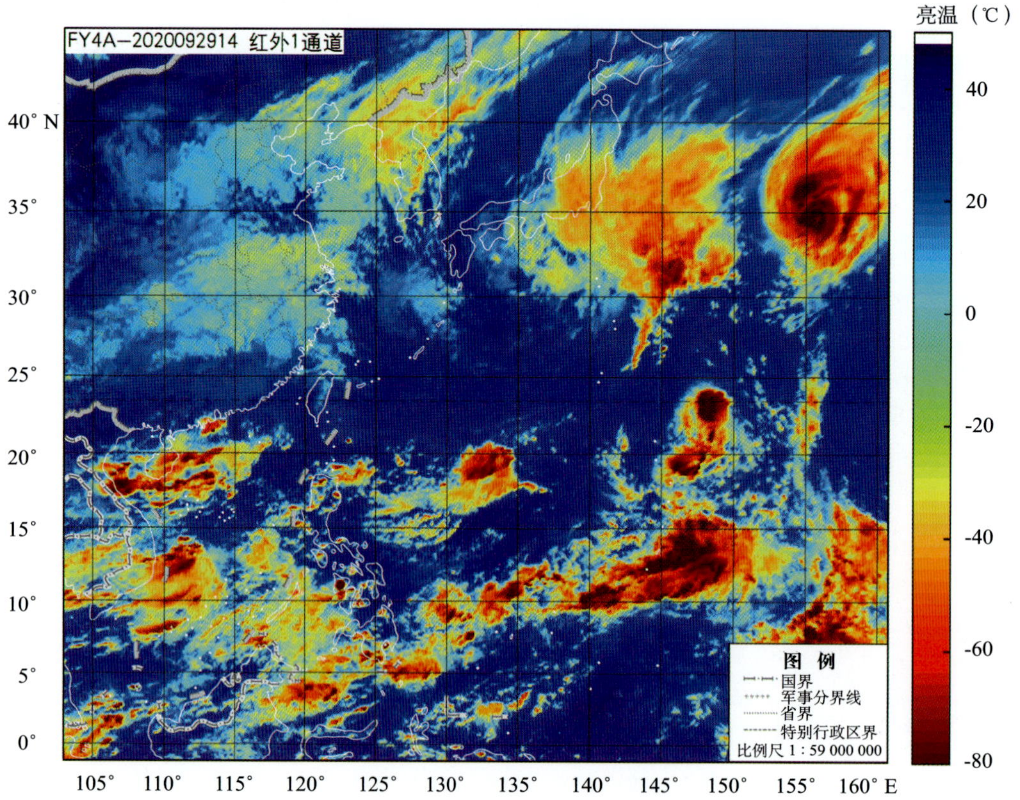

2013 号台风“鲸鱼”（Kujira）

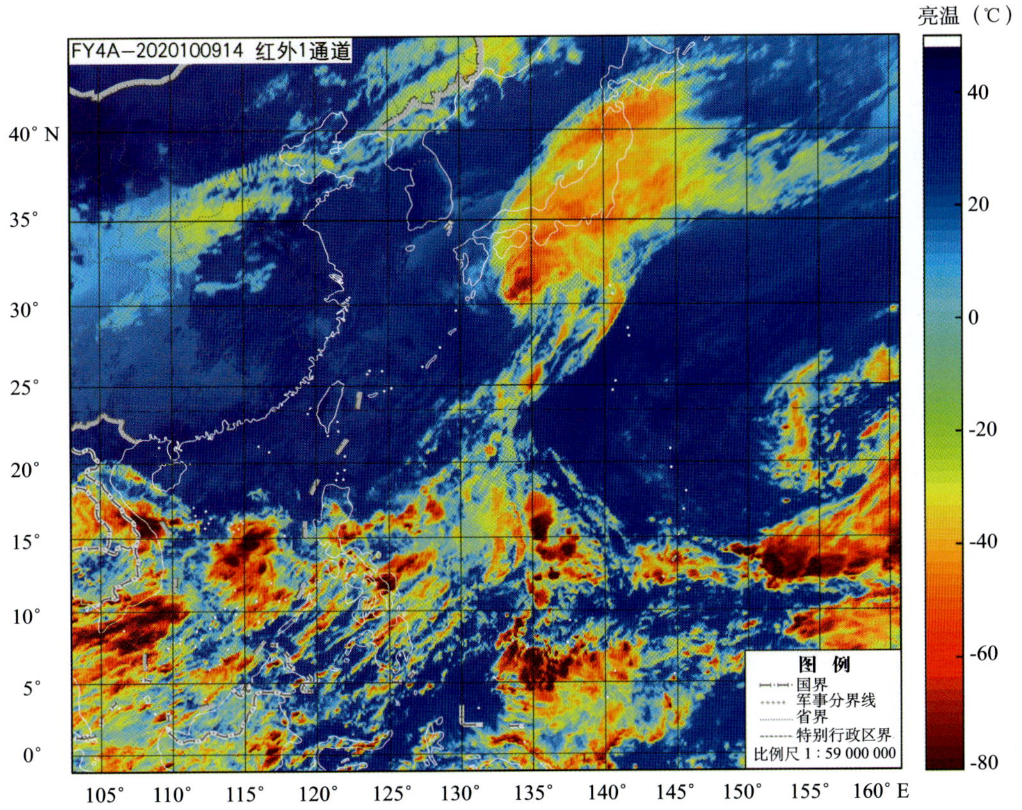

2014 号台风“灿鸿”（Chan-hom）

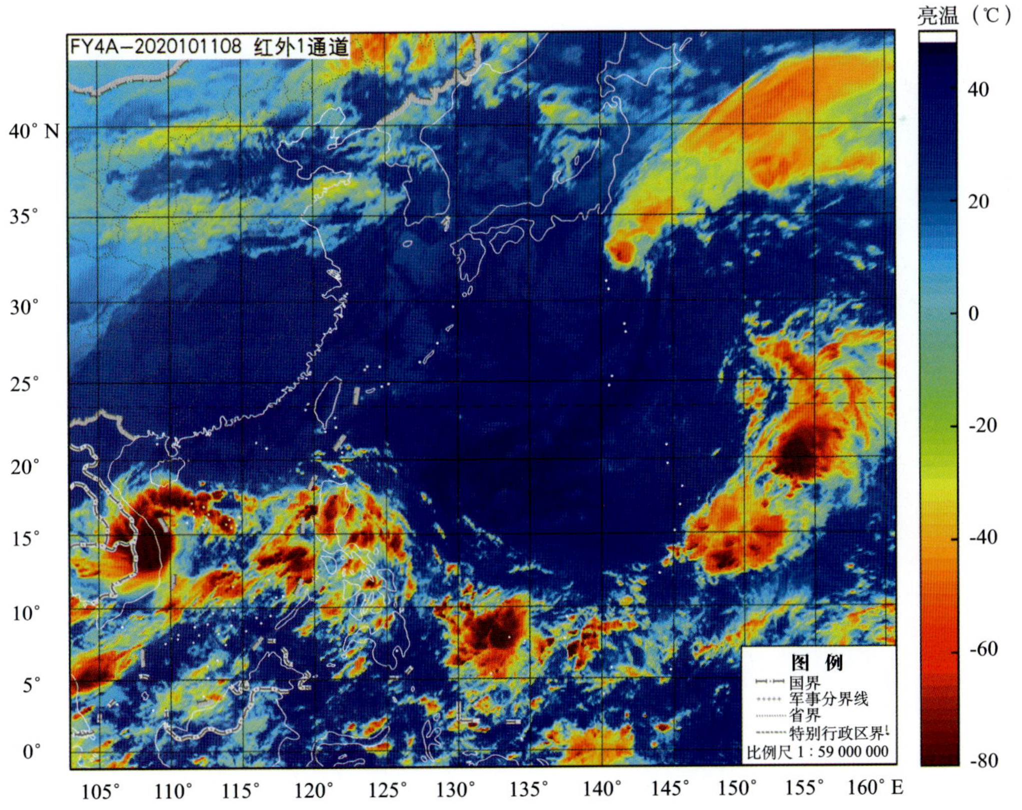

2015 号热带风暴“莲花”（Linfa）

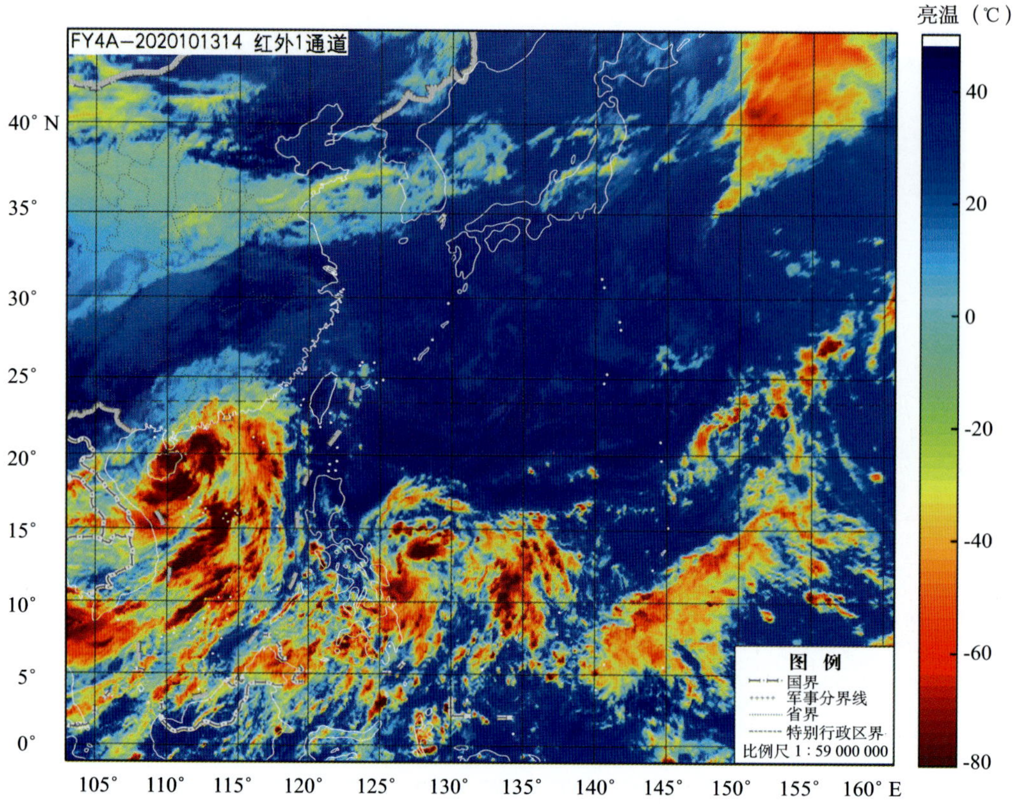

2016 号强热带风暴“浪卡”（Nangka）

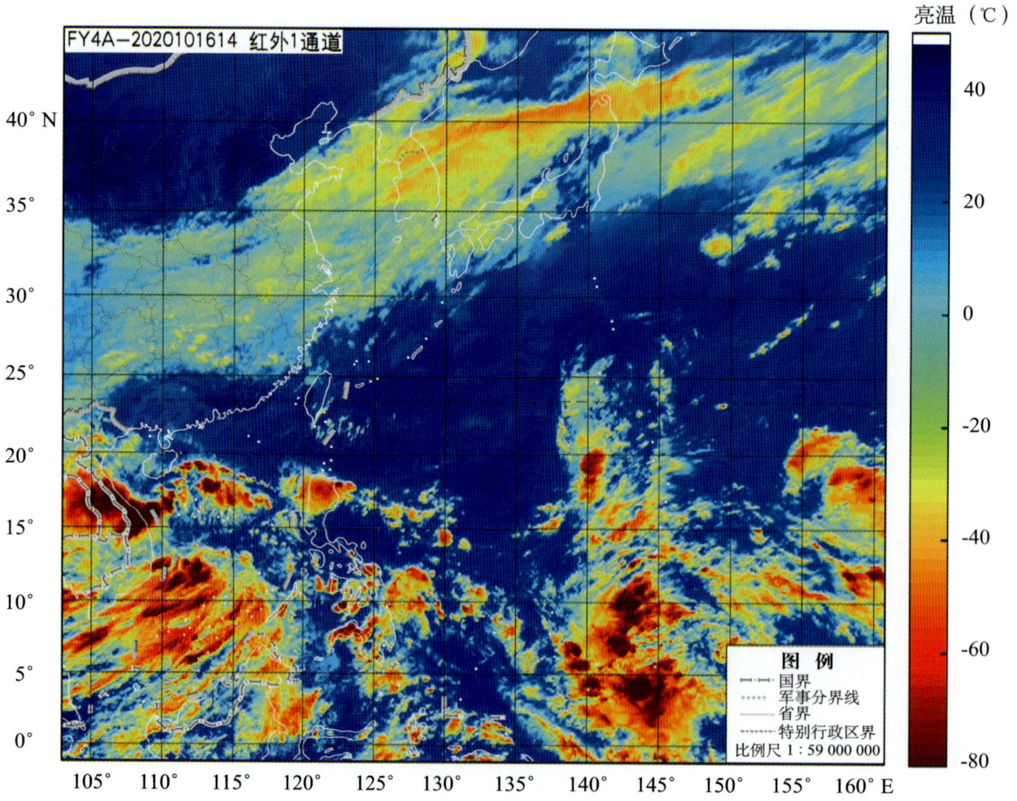

热带低压（TD2002）

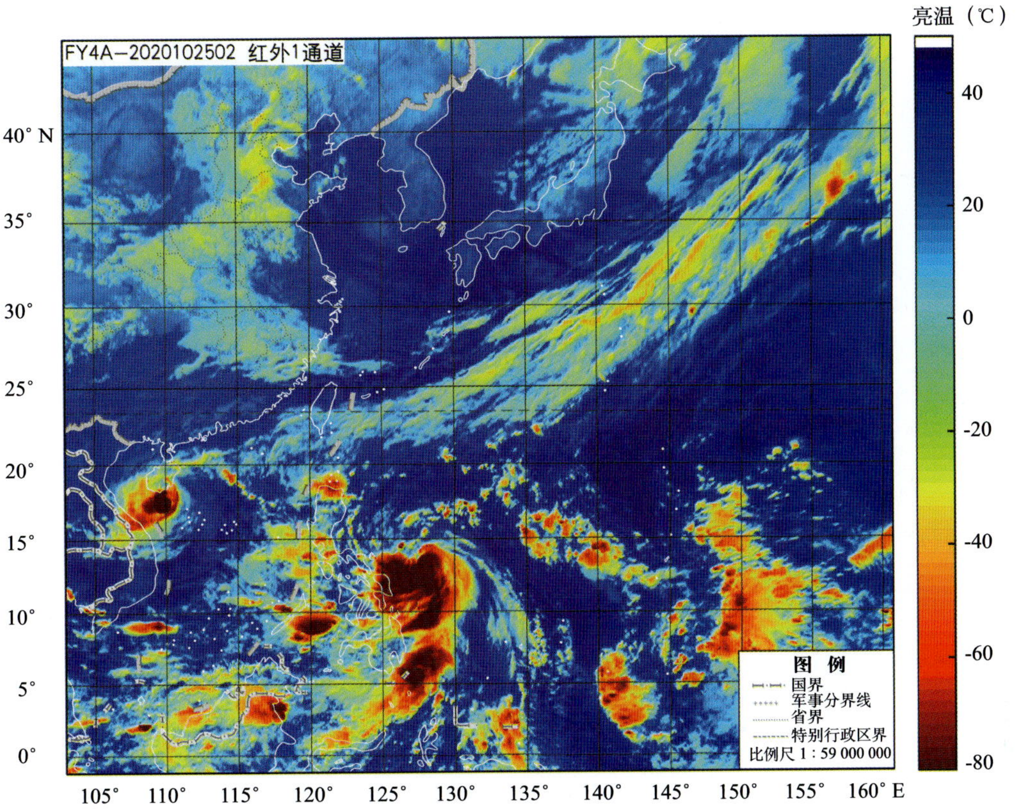

2017 号台风“沙德尔”（Saudel）

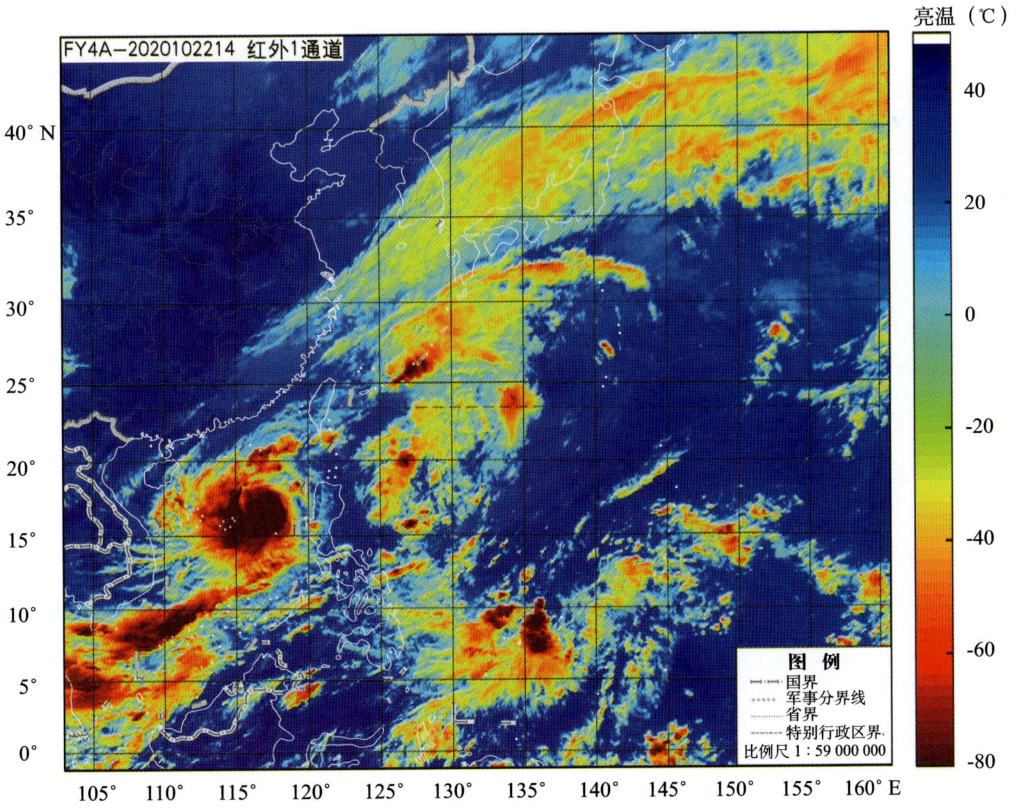

热带低压（TD2003）

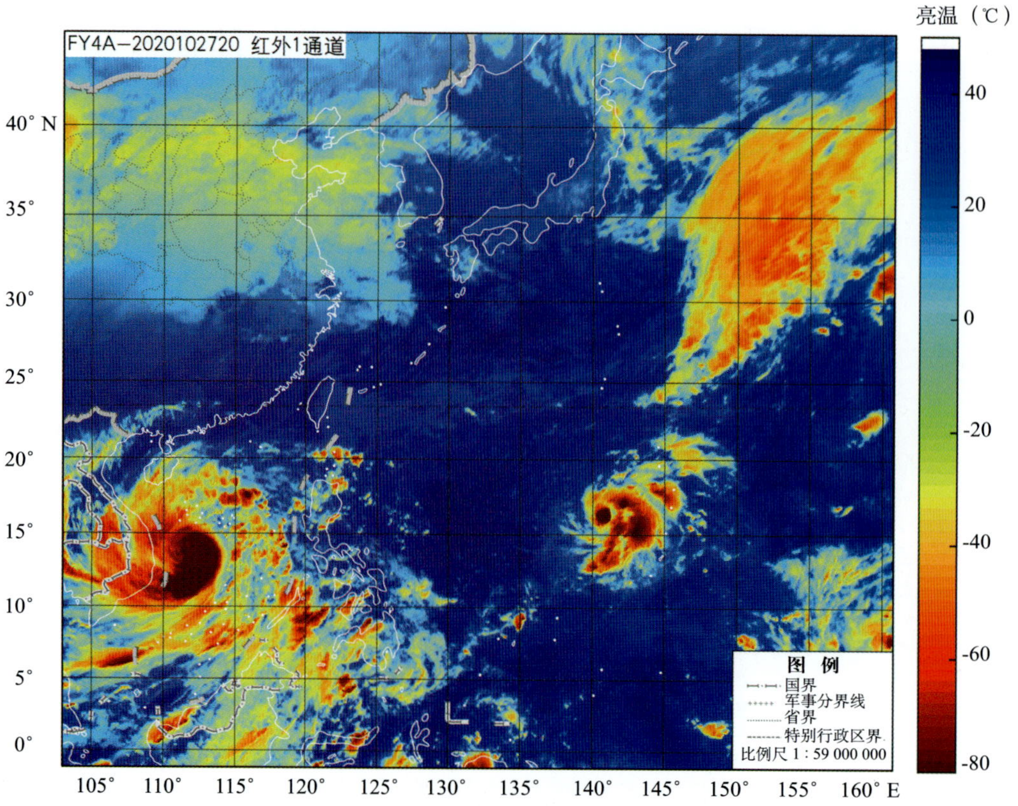

2018 号强台风“莫拉菲”（Molave）

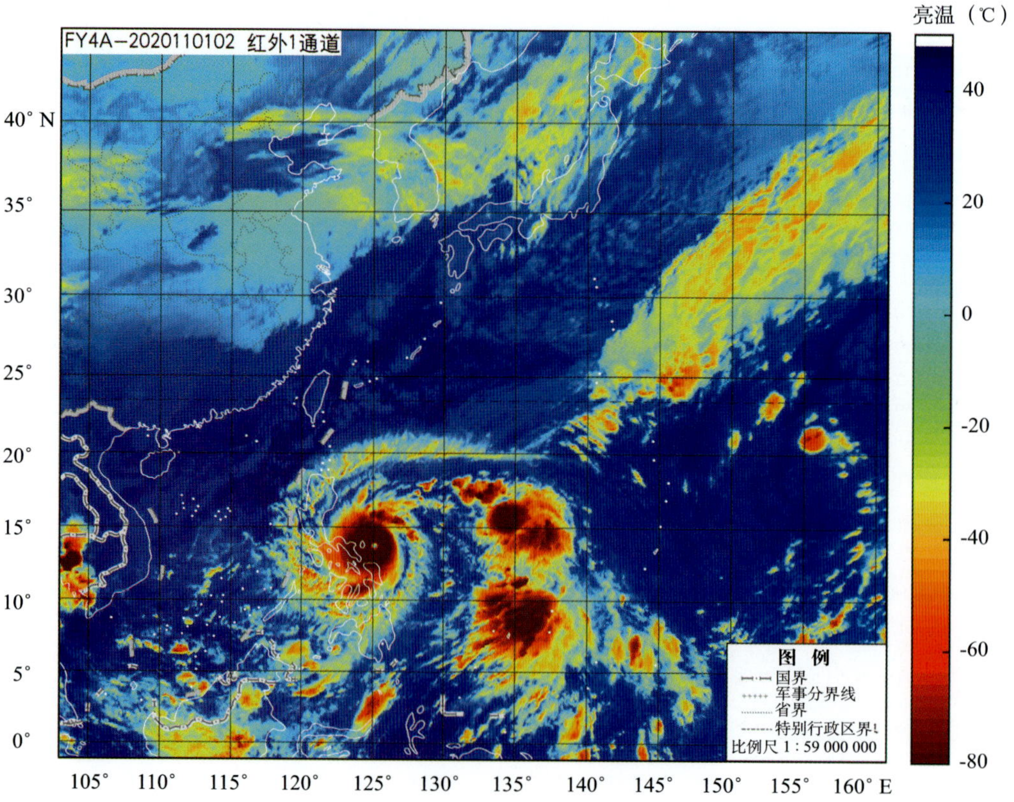

2019 号超强台风“天鹅”（Goni）

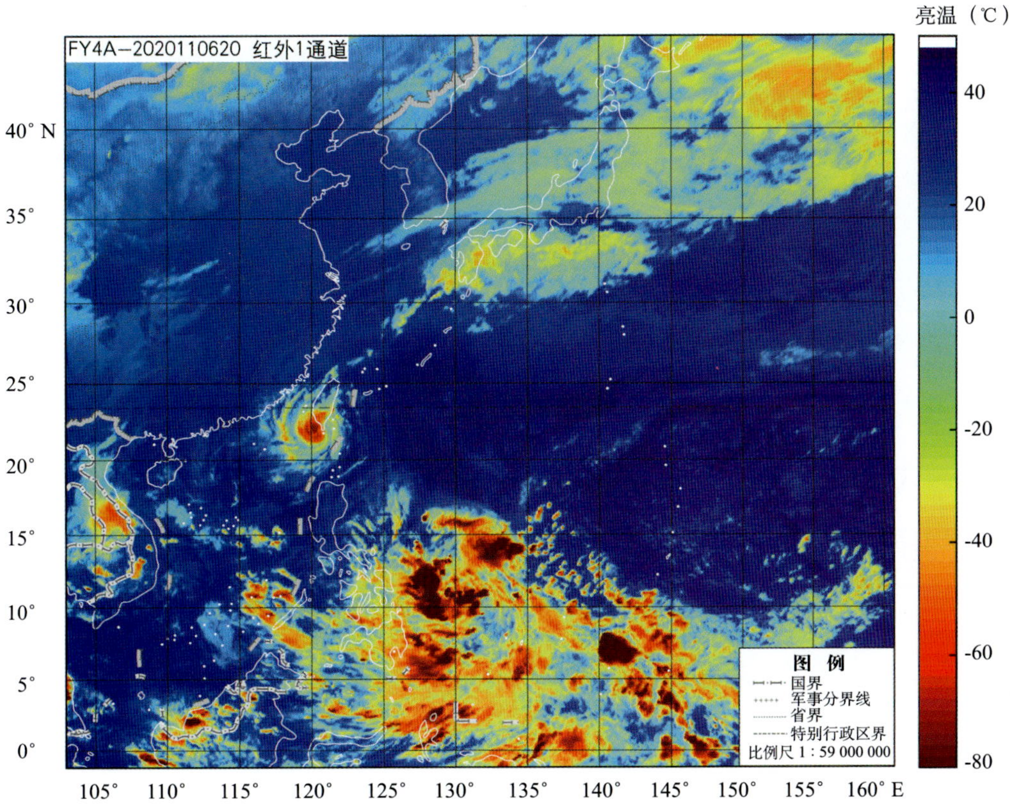

2020 号强热带风暴“艾莎尼”（Atsani）

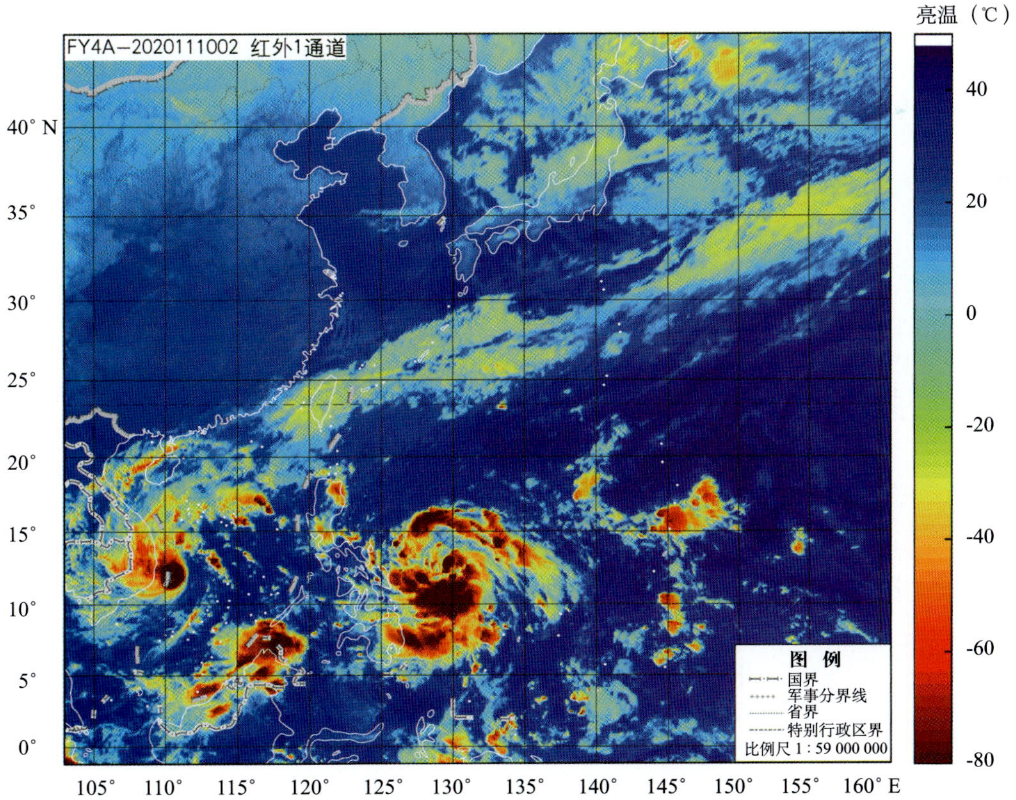

2021 号强热带风暴“艾涛”（Etau）

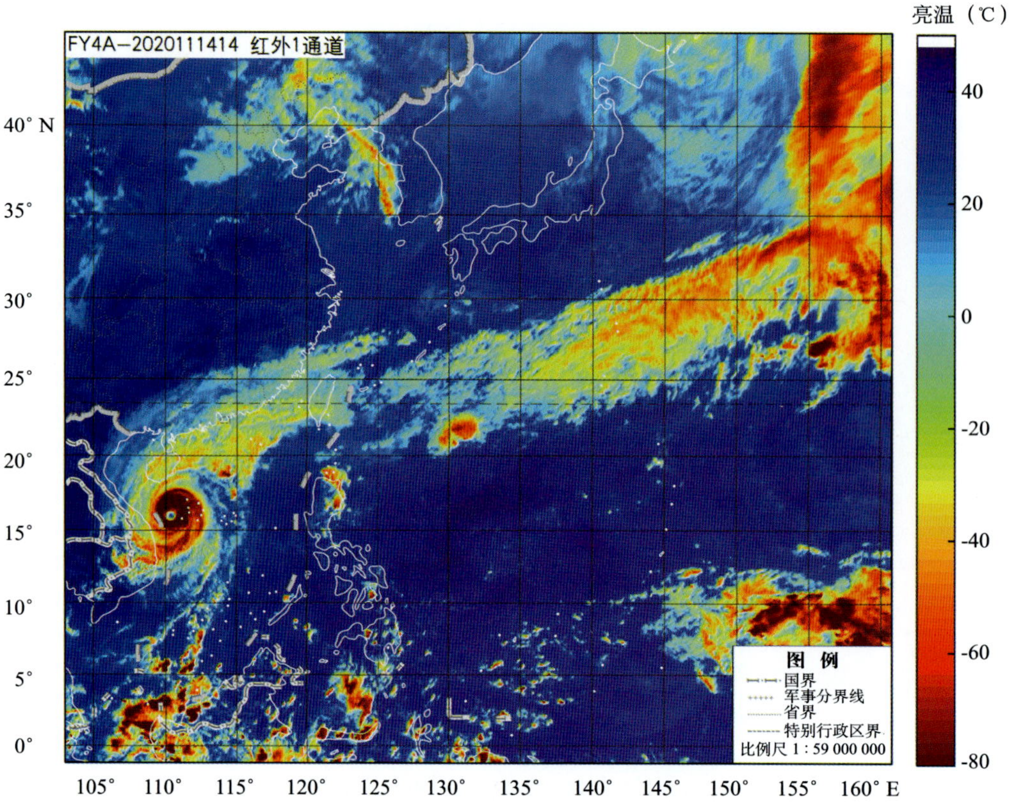

2022 号强台风“环高”（Vamco）

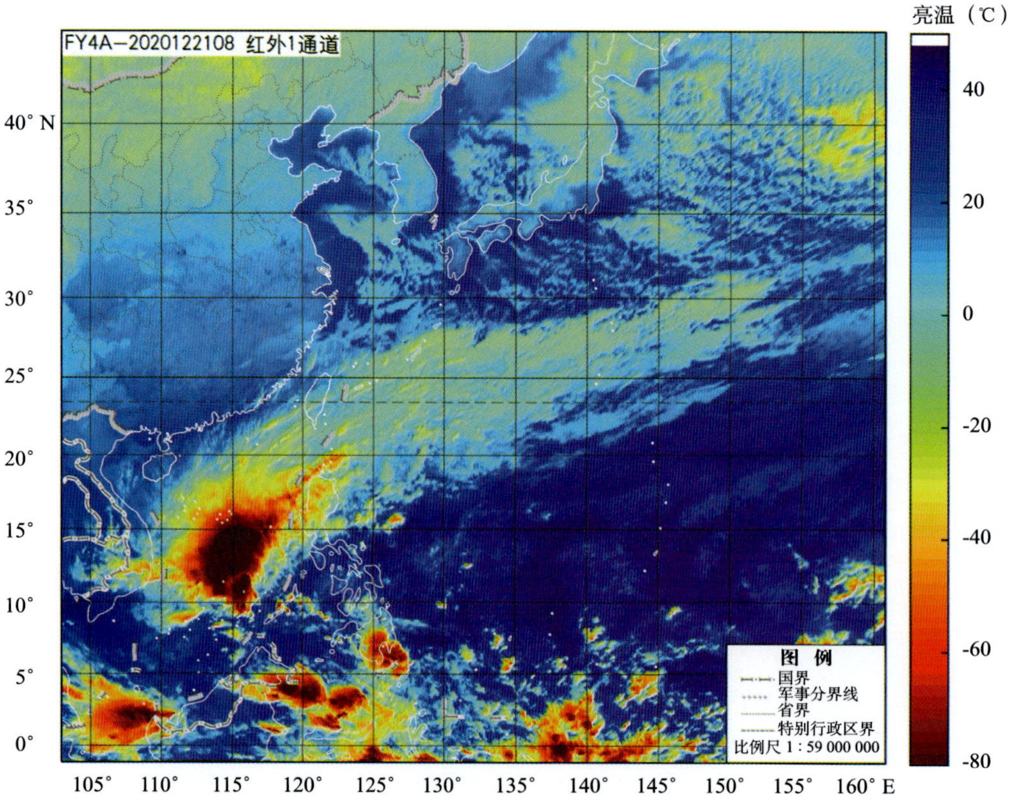

2023 号热带风暴“科罗旺”（Krovanh）